采场顶板事故及预防

王存飞　张立辉　张向东　王新国　胡建平
闫寅山　刘建宇　张雪峰　刘　鹏　著

中国矿业大学出版社
·徐州·

内容提要

本专著针对上湾煤矿冒顶事故的成因、预兆和预防措施进行了系统性研究。书中首先概述了煤矿顶板事故的国内概况，深入分析了各种致灾因素，涵盖了巷道顶板和采场顶板的事故案例。专著总结了顶板事故的不同类型及其发生机制，并阐述了现代顶板支护理论与技术的应用。通过典型事故的案例分析，揭示了当前顶板安全管理中的问题和改进方向。最后，书中提出了一系列基于风险评估的顶板安全监测预警体系和科学有效的预防措施，为提升煤矿安全管理水平提供了理论依据和实践指导。

本书可供煤矿行业科研与技术人员参考使用。

图书在版编目(CIP)数据

采场顶板事故及预防 / 王存飞等著. — 徐州 ：中国矿业大学出版社，2025. 4. — ISBN 978-7-5646-6799-3

Ⅰ. TD77

中国国家版本馆 CIP 数据核字第 2025QH6855 号

书　　名　采场顶板事故及预防

著　　者　王存飞　张立辉　张向东　王新国　胡建平　闫寅山　刘建宇　张雪峰　刘　鹏

责任编辑　杨　洋

出版发行　中国矿业大学出版社有限责任公司

（江苏省徐州市解放南路　邮编 221008）

营销热线　(0516)83885370　83884103

出版服务　(0516)83995789　83884920

网　　址　http://www.cumtp.com　**E-mail**:cumtpvip@cumtp.com

印　　刷　江苏淮阴新华印务有限公司

开　　本　787 mm×1092 mm　1/16　**印张** 11　**字数** 281 千字

版次印次　2025 年 4 月第 1 版　2025 年 4 月第 1 次印刷

定　　价　66.00 元

前　言

受生产力发展水平的制约和从业人员素质的影响，目前我国煤炭企业安全生产形势依然相当严峻，重特大事故时有发生。从2015—2023年我国煤矿事故类型分布统计来看，顶板事故的数量最多，超过了瓦斯事故的数量，在所有煤矿事故中占有相当大比例，而由顶板事故造成的死亡人数也占据很大比例。因此，撰写本书对于高校培养煤矿安全专业本科生实践操作能力，提高煤炭企业干部、职工整体安全技术素质和管理水平，减少和杜绝顶板灾害事故的发生，进而扭转煤炭企业安全生产被动局面，实现煤炭工业的可持续发展具有重要意义。

本书首先从国内煤矿事故的总体趋势入手，详细描述了煤矿顶板事故的类型、发生频率及其导致的后果，强调了人为因素和管理不善在顶板事故中的关键作用。进一步分析了煤矿顶板事故的致灾因素，包括地质条件、采掘技术、支护设备以及安全管理等。针对煤矿顶板事故的多发性，书中不仅总结了多种事故类型及其成因，还结合具体案例，提出了有效的预防措施和管理建议。书中详细列举了若干典型煤矿顶板事故，逐一分析事故发生的过程、原因以及损失，提出了防范类似事故的策略。这些案例不仅为煤矿安全管理提供了宝贵的经验，也为今后预防类似事故的发生提供了参考。

本书探讨了现代科技在煤矿顶板安全管理中的应用前景，特别是信息化、智能化技术的引入，通过数据分析和智能监控提高顶板事故的预测与预防能力。随着科技的进步，煤矿安全管理将逐步向智能化、自动化方向发展，进一步提升矿井的安全性。

本书不仅为煤矿企业提供了煤矿顶板事故的防治理论与实践指导，还对煤矿安全管理中出现的常见问题进行了深入剖析，提出了切实可行的改进措施。希望通过阅读本书，煤矿企业人员能够提高顶板事故防范意识，完善安全管理体系，保障矿工的生命安全，推动煤矿行业的可持续发展。

借此机会向为本书的编写、出版和指导付出辛勤劳动的领导、专家、学者表示最诚挚的感谢。由于水平有限，书中难免存在不妥之处，敬请读者批评指正。

著　者

2024 年 10 月

目　　录

1　绪论 …………………………………………………………………… 1

1.1　煤矿顶板事故概述 ……………………………………………… 1

1.2　煤矿顶板事故人为因素分析 …………………………………… 4

1.3　煤矿典型顶板事故案例分析 …………………………………… 7

1.4　煤矿顶板安全监察的现代化趋势 ……………………………… 14

2　顶板支护理论 …………………………………………………… 17

2.1　巷道顶板支护理论 ……………………………………………… 17

2.2　巷道支护技术 …………………………………………………… 20

2.3　采场顶板支护原理和方法 ……………………………………… 26

3　巷道矿压显现规律 ……………………………………………… 32

3.1　巷道围岩应力分布规律 ………………………………………… 32

3.2　受采动影响巷道矿压显现规律 ………………………………… 39

3.3　不同类型巷道的矿压显现规律及其与支护的相互关系 ……… 44

4　采煤工作面上覆岩层的活动与矿压显现规律 ………………… 48

4.1　开采后上覆岩层的移动特征 …………………………………… 48

4.2　采煤工作面矿压显现基本规律 ………………………………… 53

4.3　影响采煤工作面矿山压力显现的主要因素 …………………… 60

5　煤矿顶板事故及预防 …………………………………………… 66

5.1　顶板事故分类及发生机理 ……………………………………… 66

5.2　顶板事故安全风险评估及监测预警体系 ……………………… 71

5.3　煤矿顶板事故预防 ……………………………………………… 82

6　顶板事故的现场处理和技术分析 ……………………………… 90

6.1　顶板事故特点 …………………………………………………… 90

6.2　顶板事故的原因分析 …………………………………………… 91

6.3　顶板事故的应急救援 …………………………………………… 93

6.4　顶板事故的现场处理技术 ……………………………………… 94

7 神东煤炭上湾煤矿特大采高工作面冒顶事故分析 …… 105
7.1 工程概况 …… 105
7.2 顶板岩层宏细观物理力学特征 …… 113
7.3 上湾煤矿 12403 综采面煤层顶板破裂失稳力学模型 …… 126
7.4 顶板稳定性分析及计算机仿真模型 …… 134
7.5 注浆加固参数对煤层顶板稳定性的影响规律 …… 147
7.6 冒顶原因分析 …… 155

参考文献 …… 163

1　绪论

1.1　煤矿顶板事故概述

1.1.1　国内煤矿事故概况

近年来，国内煤矿事故总体趋势随着煤炭行业经济形势而发生变化[1-2]。国内煤炭产量以 2002 年为拐点，经历了 1996—2002 年的产量减少和 2002—2013 年的煤炭产量剧增，之后由于经济结构的调整，2014—2023 年煤炭产量略微下降[3-4]。在煤矿灾害方面，国内煤矿灾害事故发生次数、死亡人数同样经历了 2000—2002 年的递增和 2002—2023 年的递减[5-6]。据煤矿事故安全数据，国内煤炭产量变化的主要原因是 2000—2002 年煤炭经济形势低迷减产；2002 年以前，煤炭产量没有太大波动，使得众多小煤窑关停；2002 年以后，随着国内经济的高速发展，对煤炭资源的需求迅猛增长[7]。自 2003 年以来，伴随着国内煤炭安全形势持续好转和煤矿生产技术的提高，煤矿事故的发生次数和死亡人数大幅度降低[8-9]。

井工煤矿主要事故按照类型可以分为顶板、瓦斯、机电、运输、爆破、水害、火灾七种，在近十年发生的煤矿事故中，顶板和瓦斯事故占比较多，共占煤矿事故总数的 47.11％，死亡人数占总死亡人数的 62.03％，水害、机电、运输和其他类事故也时常发生，共占事故总量的 46.97％、占总死亡人数的 29.53％，爆破和火灾类事故较少，共占事故总量的 5.92％，占总死亡人数的 8.44％。在各类型煤矿事故中，顶板事故最多，发生 182 起，占比 24.5％，顶板事故造成的死亡人数在所有煤矿事故类型中排第二，共造成 496 人死亡，占比 17.73％，其次是瓦斯事故，发生 168 起，占比 22.61％，且瓦斯事故造成死亡人数最多，共造成 1 239 人死亡，占比 44.3％，如图 1-1 和图 1-2 所示。

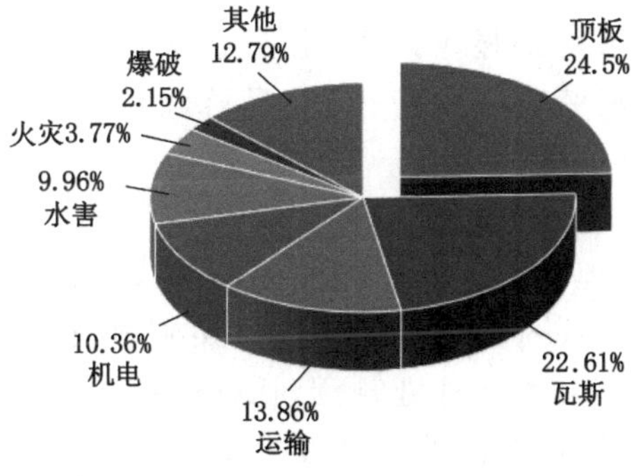

图 1-1　各类事故数量占比

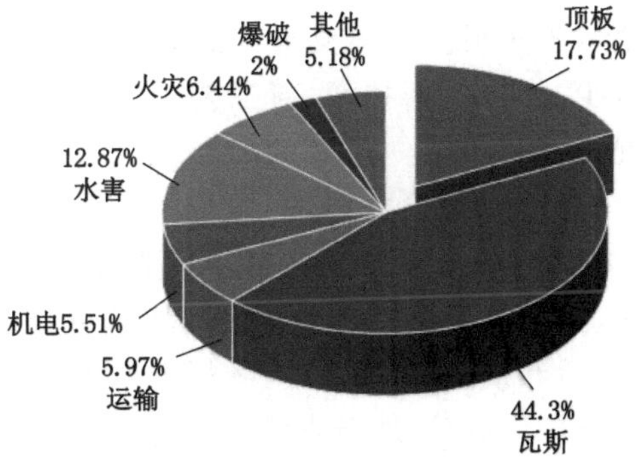

图 1-2　各类死亡人数占比

1.1.2 国内煤矿顶板事故概况及致灾因素

煤矿顶板事故是指在井下采掘过程中顶板意外垮落，造成人员伤亡、设备损毁和生产中断的事故。近年来，在煤矿各类事故(顶板、瓦斯、机电、运输、爆破、水害、火灾等)中，顶板事故的发生起数和死亡人数位于前列，严重影响煤矿的安全生产[10-11]。煤矿顶板事故按照事故发生的机理和顶板破坏模式可分为局部冒顶片帮、冲击地压、巷道塌方、底板滑落及陷落等，按照事故所处的工程扰动环境又可以分为采场顶板事故、巷道顶板事故和冲击地压引起的顶板事故。

根据数据统计，顶板事故具有以下特点：工作面回采及巷道掘进过程中的冒顶占据了顶板事故发生的95%以上，且事故多数发生于工作面开切眼、掘进迎头部位。随着煤炭资源开采深度的增大，冲击地压发生次数及死亡人数逐渐增大[12]。

煤矿顶板事故因其分布范围广、类型多样和机理复杂而具有多发、散发、偶发的特点，给事故防治带来了很大困难。顶板事故不但给人民的生命、国家财产造成巨大损失，而且对社会造成了不良影响。因此对顶板灾害的认识和防治具有重要的现实意义。引起顶板事故的因素有很多，归纳起来主要包括以下三个方面[13-14]。

(1) 煤矿井下地质与生产条件。

国内煤矿地域分布广，除少数矿区(如鄂尔多斯、陕北矿区)地质条件简单外，多数矿区的地质条件一般或复杂。随着开采深度、广度及强度的增大，出现了越来越多的复杂困难条件，软岩、破碎围岩、深部高应力、强矿压及冲击地压等矿区所占比例越来越大，显著增大了围岩控制的难度，同时也增大了顶板灾害的风险。另外，随着煤炭产量的增加，要求的巷道断面面积加大。回采煤巷的宽度达到5～6 m，开切眼的宽度超过10 m，采掘空间的增大对围岩的稳定性也产生明显影响。

(2) 煤炭开采与支护技术及装备。

国内煤炭开采技术经历了由人工采煤、炮采、普采、高档普采到综合机械化开采的发展过程。在引进和推广综采技术之前，工作面支护采用单体支柱，支护强度低、稳定性差，导致工作面顶板事故占比很高。随着液压支架的广泛应用，特别是高强度、大吨位、高端液压支架的开发应用，采场空间变得越来越安全，工作面顶板事故也大幅度减小。煤矿巷道支护技术经历了从木支护、砌碹支护、型钢支护到锚杆支护的发展过程。早期的棚式支护强度度、刚度低，属于被动支护，支护效果差，巷道冒顶事故频发。自从高强度、高刚度锚杆与锚索支护成为主体支护方式以来，巷道支护效果得到显著改善，巷道顶板事故也大幅度减少。可见，新技术、新工艺、新方法、新材料、新装备等的应用，会显著改善顶板安全状况。

(3) 顶板安全管理。

很多顶板事故的发生并不是技术问题，而是管理问题。没有按设计要求施工、施工质量差、安全监测及反馈不到位等均有可能引发顶板事故。因此，需要加强煤矿顶板管理工作，包括严格按照技术规范和标准要求设计采掘方案和编制作业规程；抓好采掘工程质量，严把支护质量关；加强质量检测、安全监测与监督，制定专门的安全技术措施并落实到位；加强安全技术培训；等等。

较大事故的发生暴露出更多的顶板管理问题，通过2016年至2020年上半年较大顶板事故发生位置及原因的统计结果，得出 2016 年至 2020 年上半年较大顶板事故发生位置及原因，如图 1-3 所示。

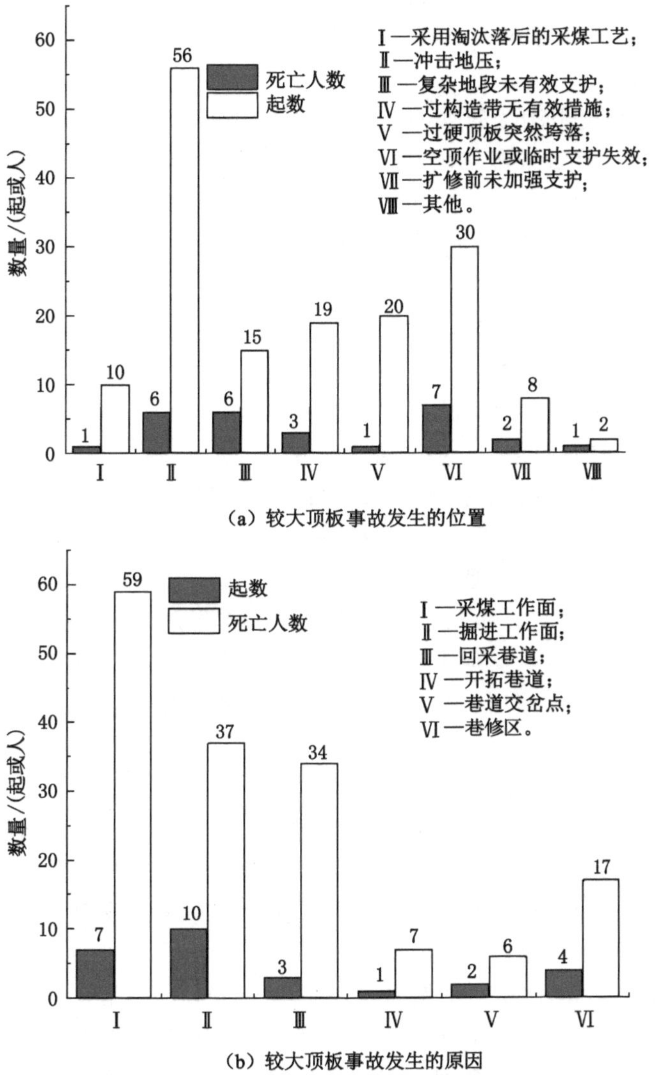

图 1-3 较大顶板事故发生位置及原因统计图

由统计数据可看出：顶板事故高发区域从多到少依次为掘进工作面、采煤工作面、巷修区、回采巷道、巷道交岔点和开拓巷道。其中采煤工作面事故发生起数不多，但死亡人数较多；掘进工作面事故发生频率较高，巷修区及巷道交岔点事故时有发生。

较大事故发生的诱因有以下四个方面：

（1）空顶作业或无有效支护。主要表现在掘进、回采或巷修期间，超循环空顶作业、临时支护不足，过复杂地段或构造带时支护强度不足，巷修刷扩未采取有效支护或采取的支护强度不足，未严格执行“敲帮问顶”工作制度等。

（2）冲击地压。冲击地压是近年来发生煤矿顶板事故的重要原因，严重威胁采掘工作面和巷道的顶板安全。冲击地压事故具有破坏程度大、一次性死亡人数多的特点，是顶板灾害防治的重点。

(3) 工作面坚硬难垮顶板未及时放顶。当回采工作面顶板存在坚硬、厚层难垮岩层或回采后初次垮落步距、周期垮落步距较大时，若坚硬顶板处理不及时，容易导致顶板大面积垮落而引发动力灾害。

(4) 违反安全规程使用淘汰的采掘工艺。仍有部分矿井违反《煤矿安全规程》，私自使用国家禁止使用的淘汰落后采掘工艺，导致顶板事故发生。

1.2　煤矿顶板事故人为因素分析

国内煤矿造成顶板事故的主要因素为人为因素，按照人为安全措施和管控缺陷内容可以将人为因素分为以下几个方面。

(1) 采掘区域围岩地质力学测试与评估不健全。

有效防治顶板灾害的前提条件是对采掘区域围岩地质力学特性的掌握，了解围岩变形破坏特性，并据此采取对应的控制措施。对采掘区域全范围、全服务周期、动态的围岩地质力学性能无有效的探测、评估和跟踪是导致顶板灾害事故的重要原因。

(2) 采掘空间支护设计不合理。

合理的支护设计、合格的材料和有效规范的矿压监测是保障采掘空间顶板安全的关键环节。支护强度不足，间排距、空顶距不合理，施工关键参数(如锚杆锚固力、预紧力)不足，支护材料不合格，无有效的矿压监测仪器及正常观测是最终引发顶板灾害事故的又一原因。

(3) 特殊区域顶板支护与管理不合理。

特殊区域主要包括地质构造区，如褶曲、断层、陷落柱、风氧化带、流沙层、破碎带、淋水区、穿层段等；复杂地段，如巷道交岔口、大断面、巷道刷扩区、高冒区、工作面上下端头、工作面片帮冒顶区、各种原因导致的应力集中区等地段。特殊区域围岩结构、强度、应力环境均较复杂，支护难度较大，极易引发顶板事故。

(4) 冲击地压矿井未按规定采取防冲措施。

冲击地压是近年来国内煤矿的重大安全隐患，因冲击地压造成的顶板灾害呈现不断上升趋势。冲击地压是一种极其危险的矿山灾害，通常发生在深部矿井中，由于应力集中或突然释放，岩体突然破坏并产生强烈的震动和冲击波。如果矿井在高应力环境下未按规定采取有效的防冲措施，可能会引发严重事故，造成人员伤亡和设备损坏。以下是对未按规定采取防冲措施的情况进行的扩展分析。

① 未采取防冲措施的风险。

a. 顶板塌陷和岩体破碎：冲击地压会导致矿井顶板和岩体突然破碎或塌陷，未采取防冲措施将大幅度增加顶板失稳的风险。这不仅威胁地下作业人员的安全，还可能破坏井下通道和设备。

b. 工作面设备损坏：高强度的地压冲击会使井下的机械设备，如采煤机、液压支架和运输设备，遭到严重破坏，导致生产中断和经济损失。

c. 人员伤亡风险增加：冲击地压的突然性和高强度常常使人员来不及撤离，若矿井未采取有效的防冲措施，灾害发生时的救援和逃生将变得非常困难，从而导致高死亡率。

② 防冲措施的重要性。

a. 预防与监测：在高应力矿井中，提前识别和监测冲击地压的风险是至关重要的。通过应力监测、声发射检测、微震监测等手段可以有效判断矿区的应力集中区域，并在冲击地压发生前采取防控措施。如果未按规定采取这些措施，矿井将处于无法预判的危险状态。

b. 压力释放和减震措施：常见的防冲措施包括超前钻孔、钻压力释放孔以及水力压裂等方法，以提前释放岩体中的集中应力，减小冲击地压的可能性。如果未采取这些措施，矿井中的应力会持续积累，直至超过岩体的承载能力，引发冲击。

c. 支护优化：矿井支护系统的优化设计也是防冲的重要组成部分，如通过合理布置支柱和锚杆，使用高强度支护材料，提高顶板和侧壁的稳定性。未按规定优化支护设计会导致支护系统在发生冲击地压时无法承受冲击力，从而失效。

③ 未按规定采取防冲措施的法律责任。

a. 违反矿山安全法规：矿井如果未按规定采取防冲措施，违反了相关的矿山安全法规，可能面临矿山管理部门的处罚，如停产整改、罚款等。此外，矿井的管理层和安全负责人可能承担法律责任，特别是在造成重大人员伤亡事故的情况下。

b. 安全生产责任：根据国家的安全生产法律，矿山企业必须确保作业环境的安全，并按规定采取相应的防护措施。如果未能履行该责任，企业不仅面临经济损失，负责人还可能被追究刑事责任。

④ 改进建议。

a. 强化防冲预警系统：安装先进的监测设备，如地震监测仪、应力传感器和变形监测装置，对矿井内的应力变化进行实时监控，建立早期预警系统，及时识别冲击地压的风险并采取行动。

b. 定期开展风险评估：对矿井的地质条件和应力分布进行定期评估，特别是在开采深度增加或开采区域扩大时，确保及时调整防冲策略，并制定相应的应急预案。

c. 加强人员培训与应急演练：定期对井下作业人员进行冲击地压防护培训，使其了解冲击地压的特征和应对措施；定期组织应急撤离演练，提升井下工人的自救和互救能力。

d. 优化开采工艺：通过改进开采方式，如分层开采、充填开采等，减少应力集中现象，降低冲击地压发生的可能性。

(5) 施工工艺落后或采用淘汰工艺施工。

合理的施工工艺可以有效防止煤矿顶板事故的发生，但是近年来仍有小部分煤矿采用落后及国家明令禁止使用的工艺施工，最终导致顶板事故发生，主要原因包括：

① 施工效率低下。

a. 生产力下降：落后或淘汰的施工工艺通常技术陈旧，设备性能差，自动化程度低，导致生产力下降，施工周期延长。这种低效的施工模式无法适应现代工程项目对工期和效率的高要求，导致项目进展缓慢，增加了项目成本。

b. 重复工作增加：落后的施工技术可能精度较低，导致施工质量不达标，甚至出现返工情况。返工不仅增加了材料和人力成本，还延误了工期，进一步降低施工效率。

② 施工质量难以保证。

a. 施工精度不足：淘汰的施工工艺往往难以满足现代工程对精度和细节的严格要求。例如，老旧的机械设备和技术手段可能无法确保钢筋混凝土结构的精准定位，导致建筑物强度不达标，影响其使用寿命和安全性。

b. 材料浪费：落后工艺往往无法精确控制施工过程中的材料使用，导致材料浪费或使用不当，不仅增加了施工成本，还可能导致工程质量下降，出现结构性缺陷。

③ 安全隐患增加。

a. 设备老化与故障频发：落后或已淘汰的施工设备通常缺乏现代化的安全保护装置，设备老化严重，易发生故障。设备故障不但影响施工进度，而且可能导致安全事故，威胁现场工人的生命安全。

b. 工人操作风险增加：老旧工艺通常需要更多的人工操作，自动化程度低，增加了工人在危险环境中的暴露时间。此外，缺乏先进的安全技术和防护措施，增加了工人受伤或发生事故的风险。

④ 不符合现代环保要求。

a. 能源消耗过大：落后的施工工艺往往能源效率低，导致高能耗，增加了项目的运行成本。在全球提倡节能减排的大环境下，采用这些工艺不仅不经济，还可能因超标的能源消耗受到政策或法律的限制。

b. 环境污染严重：淘汰的工艺通常缺乏有效的废弃物管理系统，施工过程中产生的大量废水、废气和固体废弃物未经处理直接排放到环境中，造成严重的环境污染，不符合现代绿色施工和可持续发展的要求。

⑤ 项目经济效益降低。

a. 成本增加：落后工艺导致施工时间延长、材料浪费、安全事故频发、设备维修频率高等问题，项目的总成本大幅度上升，影响了项目的经济效益。

b. 市场竞争力下降：现代工程项目注重高效、安全和环保的施工工艺。如果企业仍然采用淘汰的施工技术，可能会失去在市场上的竞争优势，无法满足客户对高质量、高效率、低成本工程的需求，最终导致市场份额缩减。

⑥ 改进建议。

a. 引入先进技术与设备：施工企业应及时更新技术设备，引进国内外先进的施工工艺和机械设备，以提高施工效率和质量。例如，采用自动化、数字化施工技术，如BIM（建筑信息模型）技术、3D打印建筑技术等，减少人工操作，提高施工精准度。

b. 加强工人技能培训：落后工艺的使用往往伴随着工人技能水平的滞后。企业应加强员工的技能培训，使其掌握先进的施工技术和设备操作方法，提升整体施工水平。

c. 提升项目管理水平：通过信息化管理系统（如ERP系统）优化项目的流程控制和资源分配，实时监控施工进度和成本控制，减少材料浪费，确保施工质量。

d. 环保与节能技术应用：推广使用节能环保技术，减少施工过程中的能源消耗和污染物排放。例如，采用清洁能源设备和废弃物处理技术，降低对环境的影响，提升企业的社会责任感。

(6) 违反《煤矿安全规程》。

国内煤矿安全生产的法律、法规，各地出台的各类顶板管理规程与规范是保障煤矿安全生产、保护矿工生命安全的重要制度，但是仍有部分矿井置若罔闻，屡屡发生违反规定进行开采的情况，并最终导致事故发生。2018 年因采用落后开采工艺、违反操作规程导致冒顶事故 26 起，占工作面顶板事故的 92.85%；2019 年仍有 17 起，占工作面顶板事故的 73.91%。

1.3 煤矿典型顶板事故案例分析

1.3.1 采场顶板事故案例

1.3.1.1 回撤通道空顶作业伤人事故案例分析

（1）事故经过

2011 年 10 月 9 日早班，某矿综合工区值班人员安排工长蒋某带领 16 名职工，到北一采区工作面继续回撤综采支架，到达现场后，蒋某安排 6 人到工作面拆装支架。安排组长宗某带领 3 人由运输巷道向处运支架，早 8 时左右，宗某安排范某开四岔门上的 25 kW 绞车，倪某开四岔门下部的 11.4 kW 绞车，两车对拉，向下牵钩头，钩头将放在四岔门上部 50 m 处存放的一辆装有支架的平板车刮住，撞掉了阻车的道板，导致平板车滑动，到四岔门处平板车脱离轨道，支架从平板车上射下，把四岔门水仓侧的一抬棚腿撞掉，并撞断两路 4 寸（1 寸＝0.333 m）的排水管路。组长宗某发现后及时向有关领导汇报，在没有处理抬棚的情况下安排工人范某、葛某、倪某负责处理排水管路。到 8 时 50 分左右，宗某和跟班工长蒋某、工人徐某刚回到四岔门处，四岔门的顶板突然冒落，徐某、倪某、宗某 3 人当场被埋，后经矿方组织人员全力抢救无效死亡。

（2）事故原因

① 轨道斜巷违章存入车辆，造成跑车撞倒四岔门抬棚，因没有及时支护，造成顶板冒落埋人致死。该段巷道属于对拉绞车运输，不得存放任何车辆，但违章指挥存放了车辆，钢丝绳将挡车装置撞掉，造成跑车撞倒四岔门抬棚。抬棚缺腿等于空顶，有关人员在空顶情况下抢修水管，还认为“没事”，不在乎，导致顶板冒落被埋。

② 现场运输管理混乱。一是两段巷道不直的情况下安装对拉绞车；二是现场管理人员和作业人员“三乎”思想严重，该处经常存入车辆；三是劳动组织不合理，当班生产任务未完成的情况下交接班，接班后又未及时完成上班交给的任务；四是重任务轻安全的思想严重，超强度安排任务，工作时间内违反有关规定；五是非运输时不封车。

③ 安全技术措施编制违反“三在规程”有关规定，车辆存放严重违章，对封车措施不严不细，措施审批把关不严。

④ 监督检查不到位。安监员发现隐患时没有引起重视，对该区域长期存在的违章行为监督不力。

（3）接受教训

这是一次因空顶处理抬棚造成的事故，应接受以下教训：

① 严禁违章指挥和空顶作业。

② 严禁轨道斜巷存放车辆，否则必须采取稳妥措施。

③ 坚决杜绝重任务轻安全的麻痹思想，超强度、超时间安排工作任务。

④ 车场内非运输车辆封车要牢固可靠。

(4) 防范措施

① 严格按照机电运输安全技术措施施工，严禁违章作业。

② 完善安全技术措施的编制、审批制度，确保安全技术措施正确指导生产。

③ 加强现场安全管理，充分发挥跟班管理人员的监督检查职能，确保施工现场安全。

1.3.1.2 煤机司机进入空顶区域处理煤机滚筒缠绕网落矸伤人事故

(1) 事故经过

2016 年 7 月 10 日，某煤矿综采一区采煤机司机张某进入空顶区域处理采煤机滚筒缠绕网时，不幸被掉落的矸石砸成重伤。2016 年 7 月 10 日中班开完班前会后，工长分工将张某、刘某分在一起开采煤机。生产班接班后从运输巷道尾部开机割煤，割完第一刀，第二刀从运输巷道头部返机至 20# 架处，由于采煤机右滚筒割到顶板上的网，张某立即停机到煤壁侧处理右滚筒缠的网时不幸被冒落的约 0.42 m^3(1 500 mm×700 mm×400 mm)的顶煤砸倒，摔在运输巷道上，造成右胸骨、两手腕、右下肢股骨折。

(2) 事故原因

① 没有认真执行敲帮问顶制度，不重视检查煤壁，靠近煤壁作业时未采取拉架(或伸前梁)等防护措施，忽视安全，是造成事故的直接原因。

② 操作人员违章进入无支护空顶区域，并单独作业。

(3) 接受教训

这是一起因空顶处理煤机滚筒缠网造成的事故，应接受以下教训：

① 必须严格执行敲帮问顶制度，严禁空顶作业。

② 处理空顶区域的问题时必须首先采取安全措施，排除安全隐患。

(4) 防范措施

① 强化职工安全思想教育，增强安全意识，提高遵章作业的自觉性。

② 加强现场管理，严格落实敲帮问顶制度。人员进入作业地点前必须认真检查现场的支护情况，采取必要的护帮护顶措施，确认安全后作业。

③ 加强互保联保意识，人员进入机道及煤壁侧作业时，必须设专人监护安全。

1.3.1.3 处理工作面内局部冒顶时造成伤人事故

(1) 事故经过

2018 年 7 月 13 日某矿采煤队在综采工作面生产时，由于面内顶板破碎，煤壁折帮严重，导致面内局部冒顶，当班工人立即进行装顶维护时，支架工曹某站在前部运输机上给班长递料，突然被一块小矸石砸在脖子上，造成脊椎受伤，导致下半身半身不遂。

(2) 事故原因

① 伤者曹某自主保安意识差，装顶递料时站在两支架之间，而两支架前梁之间漏矸，导致自身伤害。

② 班长李某安全意识淡薄，互保意识差，没发现曹某所站位置危险。

③ 现场管理不到位，跟班副区长在旁监护，没有及时发现。

(3) 接受教训

这是一起因空顶处理工作面内局部冒顶造成的事故，应接受以下教训：

① 严禁空顶作业，时时处处牢记自主保安意识和互保、联保意识。

② 提高现场管理人员超前防范意识和业务素质，防患于未然。

(4) 防范措施

① 加强对职工的安全培训，积极开展岗位描述活动，增强广大职工自主保安和互保意识。

② 提高各级管理人员的责任心，加强薄弱环节管理，加强现场流程控制，切实做好安全工作。

1.3.1.4 爆破崩倒支柱未及时支设而造成空顶冒落伤人事故

(1) 事故经过

2020年7月13日，某区早班，要求完成两刀割煤任务，为超额完成当班生产任务，跟班区长李某、班长王某催促端头支护工张某、刘某抓紧时间装药和挂梁支柱。挂梁时，发现顶板有一落差为0.3 m的小断层，但因班长王某催促，爆破员急于爆破，没等顶板接实，便进行爆破，因该地段支护质量差，爆破时崩倒一架支柱没有及时支上，刘某即进入煤壁攉煤，此时顶部矸石冒落，将正在攉煤的刘某头部砸伤。

(2) 事故原因

① 端头支护质量差，棚距不符合规程要求，规程规定为0.5 m，现场为0.67 m。

② 爆破后，崩倒的支柱没及时支上人便进入机道作业，属于空顶作业。

③ 发现隐患后没有及时认真处理，即进行爆破作业。

④ 现场工程质量差，事故隐患多，没有严格按照规程规定的程序作业。

(3) 接受教训

这是一起因空顶作业造成的事故，应接受以下教训：

① 严格执行敲帮问顶制度，坚决杜绝空顶作业。

② 高标准打造工程质量，优良的工程质量才能保障安全。

③ 坚决杜绝为抢进尺、抢任务、抢时间而忽视工程质量和安全隐患的思想。

(4) 防范措施

① 加强对职工的安全教育，提高职工的自保互保意识和业务技术素质。

② 强化工作面工程质量，确保工程质量动态达标。

③ 严格按照规程施工，杜绝违章指挥和违章作业。

④ 发现隐患及时整改，坚决做到安全第一、生产第二。

1.3.1.5 工作面支架调整时架间矸石掉落造成伤人事故

(1) 事故经过

2021年6月20日21时40分，由工区副区长李某带领3名工人进行工作面支架调整，当调整到38#架时，顶板破碎，从架间掉下一块矸石砸在李某脚面上，造成李某大拇指骨折。

(2) 事故原因

此次架间掉落矸石砸伤脚趾的主要原因如下：

① 工作面支架歪斜，造成两架间距大，顶板破碎，职工李某在操作过程中没有按措施要求首先对顶板进行维护，在确保顶板安全的情况下施工。

② 个人自主保护安全意识差，现场跟班管理人员管理不到位，造成了此次人身伤害

事故。

③ 在2人以上作业地点未指定安全负责人对顶帮安全情况进行监控。

(3) 接受教训

这是一起因顶板维护不到位造成的事故，应接受以下教训：

① 严禁空顶作业，创造安全生产环境，坚决排除现场安全隐患后再生产。

② 严格按照规程措施施工，消除在施工现场麻痹懒惰思想，增强职工自主保安意识。

(4) 防范措施

① 加强安全教育，认真执行“敲帮问顶”制度。

② 加强跟班制度管理，现场指定安全负责人具体负责安全工作，做到互保联保。

③ 加强顶板管理，当生产和安全相矛盾时，必须把“安全”放在第一位。

1.3.1.6 顶板来压造成支架歪斜伤人

(1) 事故经过

某煤矿 $3_{上}$ 204工作面是悬移支架放顶煤工作面。2022年5月20日夜班，本班人员到达工作面后，秦某、任某负责1#～4#架的移架工作，郭某、王某负责5#～8#架的移架工作。在完成撤贴帮柱、割煤、移溜(刮板输送机)、联网、挑梁等工作后开始移架，任某移2#架，秦某移完4#架，接着开始移3#架，郭某移5#架，王某在7#架打前梁。0时10分顶板突然来压，王某喊人快跑，但是此时支架已由老塘向煤壁侧扑倒，将任某压在2#架下，其他人员安全撤出。

(2) 事故原因

① 秦某、任某、郭某、王某等人违章作业是造成事故的直接原因。该班工人进入工作面没有按规定进行二次注浆，割煤后没有按规定在工作面前及时支设贴帮柱，移架时没有按照规定一人观察、一人操作。

② 职工安全第一的思想树立不牢固，安全教育不够深入扎实，作业规程的贯彻学习效果不明显，职工没有做到应知、应会，安全意识比较淡薄，安全技术素质较低，自主和相互保安意识较差。

(3) 接受教训

这是一起因不按规定进行二次注浆造成支架歪斜伤人事故，应接受以下教训：

① 必须严格按照作业规程施工。

② 今后必须强化职工安全意识培训，提高职工技术素质修养。

(4) 防范措施

① 进一步明确和落实各级安全生产责任制，强化关键工序和重点隐患的双重预警，并加强对特殊作业人员的安全管理。

② 加强工作面顶板管理，认真排查工作面支护方式与支护材料，及时调整工作面支架状态，坚持支架及支柱的二次注浆制度，确保工作面支护质量符合规程措施的要求。

1.3.1.7 顶板压力显现发现不及时、措施不得力造成伤人事故

(1) 事故经过

2022年5月26日某矿采煤工作面发生一起冒顶事故，3名工人不幸遇难。该工区生产的工作面为 $3_{上}$ 煤层悬移支架放顶煤工作面，25日中班，工区区长下井检查时发现：工作面40#架至机尾撤后，8#～20#架面前有冒顶煤现象，运输巷道至6#架采煤高度降低。上井

后，向工区值班的技术员讲明现场存在的问题，并提出处理意见。夜班班前会上，技术员传达区长的安排意见，落实当班任务。班长进行了分工，到达现场后秦某、任某负责 1# ～4# 架，郭某、徐某负责 5# ～8# 架，并开始移架：任某移 1# 架，秦某移完 4# 架接着移 3# 架，郭某移 5# 架，徐某在 7# 架打前梁。此时，顶板突然来压，支架已由老塘向煤壁侧扑倒，把徐某、郭某、秦某压在架下，其他人员安全撤出。

（2）事故原因

① 违章作业是造成事故的直接原因。

② 安全管理不到位、监督检查不力是造成这起事故的重要原因。工区管理人员没能处理好安全与生产的关系，现场安全管理不严，没有严格按规程要求组织施工。

③ 职工安全第一的思想树立不牢固，安全教育不够深入扎实，作业规程的贯彻学习效果不明显，职工没有做到应知应会，安全意识比较淡薄，安全技术素质较低，自主和相互保安能力较差。

④ 顶板压力显现及冒顶危险征兆，发现不及时，采取措施不力，这是造成本次事故的又一重要原因。

（3）接受教训

这是一起因顶板压力显现发现不及时、措施不得力而导致的伤人事故，应接受以下教训：

① 加强现场安全管理，加大监督检查力度，正确处理安全和生产的关系。

② 强化规程学习是干部职工提高素质、避免事故的第一要素。

（4）防范措施

① 加强干部职工作业规程学习，强化现场规范操作。

② 加强现场管理，加大监督检查力度，杜绝违章现象。

③ 强化干部职工安全思想教育，增强自主保安意识。

1.3.1.8 初次来压推倒支柱导致伤人事故

（1）事故经过

2021 年 1 月 26 日中班 18:00，某区在 2331 面组织生产时，老塘侧顶板突然大面积冒落（23312 工作面顶板为坚硬顶板，不易冒落，该面截至 1 月 26 日已推出开切眼 42 m，但顶板仍无冒落迹象），工作面 38 节运输巷道老塘侧 3 棚支柱被推倒，此时，支柱工王某正准备整改，突然老塘侧的一棵不正规支柱被强大的气流冲击倒地，推倒了旁边的一棵支柱，正好砸在其左腿根部，造成粉碎性骨折。

（2）事故原因

① 推棚地段有不正规支柱，支护强度不够，工程质量极差，且没有进行二次注浆和初撑力测定。

② 顶板为坚硬顶板，老塘长时间悬顶，积聚了极大的能量。

③ 现场安全监督检查力度不够，采煤面支护质量差，未及时发现和修正。

（3）接受教训

这是一起初次来压推倒支柱导致伤人的事故，应接受以下教训：

① 高标准的工程质量是保证安全的重要条件。

② 严格的现场隐患排查是保证安全的重要措施。

(4) 防范措施

① 加强安全学习,提高自保互保意识和业务技术素质。

② 坚硬顶板应加强老塘侧支护质量,确保支护强度。

③ 加强坚硬顶板条件下开采的技术管理和现场管理。

1.3.2 巷道顶板事故案例

1.3.2.1 用支护锚杆作为起吊点的顶板冒落伤人事故

(1) 事故经过

2022 年 8 月 20 日,原综掘一队下料班人员人力推车至西五一横贯位置时,矿车脱离轨道,在处理脱离轨道过程中,用支护锚杆作为起吊点,顶板一片浆皮突然冒落,致使职工张某腿部被砸骨折。

(2) 事故原因

人员在处理脱离轨道时未对起吊锚杆进行拉力试验,且未安排专人监护顶板安全,致使出现突发情况时人员躲避不及时。

(3) 接受教训

这是一起因用支护锚杆作为起吊点的顶板冒落伤人事故,专业知识缺乏是此次事故发生的根本原因,今后在事故处理中要以规程为标尺,以安全为基点。严禁侥幸心理滋生,克服懒惰思想。

(4) 防范措施

① 人工处理矿车脱离轨道,若采用手拉葫芦,则必须打专用的锚杆作为起吊生根点。

② 起吊前必须对起吊生根用锚杆进行拉力试验,锚杆所能承受拉力不得小于起吊重物重量的 1.5 倍。

③ 人工处理矿车脱离轨道时,必须安排专人负责监护顶板安全,发现异常情况及时发出警报,通知工作人员撤至安全地点。

1.3.2.2 不使用临时支护造成冒顶事故

(1) 事故经过

2015 年 11 月,某施工队在 510 工作面打开切眼,中班班组长何某带领 6 名工人在迎头施工,在切割完窑后,何某带着刘某进入迎头找顶,找完顶后觉得顶板很好,在没有前移前探梁支护的情况下就进行打锚杆眼,在打完第二个顶部锚杆眼退钎子时突然冒落一块长 500 mm、宽 300 mm、厚 250 mm 的煤体,将刘某的胳膊砸伤。

(2) 事故原因

① 没有及时前移前探梁,空顶违规作业是造成这起冒顶伤人事故的直接原因。

② 安全责任落实不力。跟班副职走动式管理不到位,迎头空顶不使用前探梁,没检查,没制止。

③ 班组长何某带头违规指挥,违规作业,不按规程施工。

④ 工人安全技术素质低,自主保安能力差。

⑤ 工区现场安全管理不到位,对职工的安全宣传教育力度不够。

（3）接受教训

这是因不使用前探梁临时支护造成冒顶伤人的事故，应接受以下教训：

① 这是一起班长违规指挥在先、集体违规在后的典型案例，在施工现场应吸取其自主保安意识差，“三乎”（马虎、凑乎、不在乎）思想严重带来的深刻教训。

② 工区管理人员应增加现场巡查次数，防止巡查漏洞。在平时组织的安全学习中应注意加强对职工进行安全意识教育。

（4）防范措施

① 加强对职工的安全教育，提高安全操作意识。

② 转变班长的职能，切实起到带头按规作业的作用。

③ 加大副职走动式管理力度，对不良的行为要及时制止，坚决杜绝违规作业行为。

1.3.3　加强煤矿顶板安全管理的重要性

顶板事故对矿工的生命安全和矿井设备的正常运行构成直接威胁，因此在煤矿安全管理中占据着重要地位。以下是对顶板事故防治在煤矿安全管理中的地位及发展趋势的探讨。

首先，顶板事故防治在煤矿安全管理中的地位体现在其对人员安全和生产秩序的重要性上。煤矿是一个复杂的地下工程系统，顶板是支撑矿井保证其稳定的主要结构之一。一旦顶板发生事故，不仅会直接威胁井下人员的生命安全，还会导致矿井生产中断，影响煤炭供应和经济效益。因此，煤矿企业管理者必须高度重视顶板事故防治，采取科学有效的措施和管理手段，确保矿井顶板的稳定和安全。

其次，顶板事故防治在煤矿安全管理中的地位还体现在其对矿山环境保护的重要性上。顶板事故往往会导致煤尘、瓦斯等有害气体大量释放，对矿山环境造成污染。煤矿安全管理要求不仅保障人员安全，还要注重对环境的保护。通过加强顶板事故防治，可以降低煤矿事故的发生频率和破坏程度，从而降低煤炭开采对矿山环境的影响，实现可持续发展。

再次，顶板事故防治在煤矿安全管理中的地位得到了法律法规的支持和强化。煤矿安全管理法规的不断完善和执行力度的增强，对煤矿企业的顶板事故防治提出了更高的要求。煤矿企业必须依法履行安全生产主体责任，建立健全顶板事故防治制度，配备必要的设施设备，培养员工的安全意识和应急处理能力。同时，相关监管部门应对煤矿企业的安全生产进行定期检查和评估，对违法违规行为进行严厉处罚，推进煤矿企业加强顶板事故防治工作。

最后，顶板事故防治在煤矿安全管理中的趋势是向智能化、信息化、自动化方向发展。随着科技的不断进步和应用，煤矿企业可以利用现代化的技术手段进行顶板事故的预测、监测和控制。例如，通过使用高精度的测量仪器、无人机、人工智能等技术，可以实时监测顶板的位移和应力变化，及时对事故进行预警和采取措施防止事故发生。此外，还可以利用数据分析和模型预测技术，对矿井顶板的稳定性进行评估和预测，为决策提供科学依据。这些智能化技术的应用将大幅度提升煤矿企业对顶板事故的防治能力，减少事故的发生和损失。

综上所述，顶板事故防治在煤矿安全管理中具有重要地位。煤矿企业应加强对顶板事故的防治工作，确保矿井顶板的稳定和安全，保障人员的生命安全和保护矿山环境。同时，随着技术的发展，智能化、信息化、自动化将成为顶板事故防治的发展趋势，为煤矿安全管理提供更强有力的支持。

1.3.4 加强煤矿顶板事故防治的重要性

通过分析国内煤矿事故概况和国内煤矿顶板事故概况可以得出结论：顶板事故是煤矿中不容忽视的重要灾害事故之一，其主要特点不同于瓦斯煤尘爆炸，群死群伤的重特大恶性事故通常比较少见，而零散事故却频繁发生，而且凡是有人工作的地点都有可能发生这类事故，分布范围特别广泛。也正是因为一次死亡人数难以造成群死群伤的重大影响，人们往往重视不够，管理不细，忽视其累计恶果，这尤其要引起管理人员和广大职工的重视[15]。通过对煤矿顶板事故的统计分析可知人为因素导致事故发生的比例约为 91.57%。这足以说明人为加强顶板管理和加强顶板事故防治手段的重要性，特别是中小型煤矿，由于井型小，勘探资料不详，地质条件复杂，规划、设计及施工措施落后，技术力量薄弱，机械化程度偏低，安全投入不足，甚至管理不规范等，顶板事故屡屡发生。要充分认识到，要想降低煤矿百万吨死亡率，必须提高认识，加强顶板管理，这是安全生产的最基本要求。煤炭开采需有工作面，煤炭运输要通过巷道，完好的顶板支护是系统畅通、安全生产的前提。为此，支护形式和材料，支架的刚度、强度、柔度和密度，采掘设备和工艺，采高、控顶距和煤柱尺寸，释放压力的方法，采掘工程设计的合理性和科学性，作业规程的编制和审批的严密性，贯彻执行规程的严肃性，安全措施的针对性，日常监察、勘测的责任性等，都是顶板管理应注意的问题。对于煤矿开采来说，地质因素是产生事故的自然因素，人为改变其自然因素是不现实的，但提高管理水平、减少事故的发生是完全可以做到的。因此，按照“安全第一、预防为主、综合治理”的生产方针，树立牢固的安全意识，强化管理，堵塞漏洞是搞好安全生产的首要任务[16-18]。

1.4 煤矿顶板安全监察的现代化趋势

目前国内煤矿顶板安全监察工作向着更系统、更全面的方向发展，但仍存在事故预测和控制决策理论不完善、事故监察管理方法和模式不科学等问题，其中事故预测和控制决策理论不完善主要包括：① 没有抓住事故发生的“动力本质”，即开采覆岩运动和应力分布发展的规律。② 没有提供相应的动力信息基础。③ 事故控制方法彼此孤立，照章办事，效果不好，盲目性很大。事故监察管理方法和模式不科学，主要体现在依靠经验统计决策和不讲具体条件的统一条例管理两个方面。

结合目前所存在的问题，现代国内煤矿安全监察工作发展的方向主要是建立事故预测决策信息化体系，实现决策和实施管理的信息化、智能化和可视化。

（1）信息化：在可靠的采动信息基础上决策。

① 数据采集与整合：通过传感器、物联网设备以及其他监测工具，实时收集采动过程中的关键数据，包括矿井环境、设备运行状态、地质变化等多维度信息。数据来源不仅包括矿山内部，还应集成气象、地质灾害预警等外部数据，形成多源信息的整合数据库。

② 数据存储与处理：将采集到的大量数据通过云端或本地服务器进行存储，并运用大数据技术对其进行预处理，如数据清洗、格式化、降噪等，确保数据的完整性和可靠性。这一步是为后续的智能化决策奠定基础。

③ 决策支持系统：基于整合的采动数据，建立决策支持系统（DSS），根据历史数据分析和专家经验库，形成数据驱动的事故预测模型，为管理者提供科学的决策依据。系统应能够自动生成各种预测方案，并根据不同场景提出最佳应对措施。

④ 实时监控与反馈：在信息化系统中，设立监控模块，实时显示采矿过程中的动态数据变化，如压力、震动、温度等。当系统检测到异常变化时，可自动发出警报，并根据数据模型提出预警或应急处理建议。同时，系统应具备闭环反馈机制，将实施情况和监控数据反馈到系统中进行调整优化。

⑤ 数据共享与协同：信息化不仅限于单个矿区或部门的内部使用，还应通过云平台实现多方协作与数据共享。各部门（如生产、安全、环保等）可以随时访问和更新相关数据，实现跨部门、跨地区的协同工作，确保信息流通的及时性和有效性。

（2）智能化：在决策理论指导下，输入采动信息多目标、多方案计算机优化决策。

① 智能算法与模型构建：基于决策理论，使用先进的智能算法（如遗传算法、模糊逻辑、神经网络等）构建多目标、多方案的优化模型。这些算法能够处理复杂的采动信息，并自动生成多个备选方案。通过不断学习和迭代，智能化系统能够优化方案，平衡多个决策目标（如安全性、经济性、环境影响等）。

② 机器学习与深度学习的应用：引入机器学习和深度学习技术，系统可以通过大规模历史数据进行自我训练，提升预测准确性。特别是在事故预测、设备故障预警等方面，智能化系统可以通过深度学习模型捕捉数据中的隐含模式，提前识别潜在风险并提出应对方案。

③ 自适应优化：智能化系统应具备自适应优化功能，能够根据实时变化的采动信息和外部环境自动调整优化策略。例如，随着矿井条件的变化（如压力变化、设备老化等），系统能够动态更新优化模型，确保决策的实时有效性。

④ 专家系统与知识库整合：结合专家系统，将专家的经验和规则嵌入智能化系统，建立知识库。通过知识库，系统能够在应对复杂或突发事件时提供接近专家水平的建议。这种专家系统还能通过与实时数据结合，实现更加智能化的决策支持。

⑤ 智能监控与预警：在采矿过程中，智能化系统能够实时监控关键数据，并通过智能分析和识别，自动发出预警。比如，当系统检测到采动过程中的数据异常（如压力、震动等），它能够自动分析风险级别，提前生成事故防控措施，并通知相关人员。

⑥ 智能化决策的闭环反馈系统：智能化系统应具备闭环反馈机制，即在执行某个决策方案后，系统能够实时监控执行效果，并将实际结果反馈到模型中进行调整。通过这种循环，系统可以不断优化决策质量，提升智能化水平。

⑦ 多目标、多方案自动权衡：智能化决策系统不仅要根据输入的采动信息生成多种备选方案，还应根据预设的多个决策目标（如成本、安全、环保等），自动对不同方案进行权重分析，最终提供最佳决策建议。这可以大幅度减少人为干预，实现高效、科学的自动化决策。

⑧ 智能机器人与自动化设备结合：通过智能化决策系统，结合自动化采矿设备与机器人技术，实现决策的即时执行。系统可以通过实时反馈控制机器人和设备的操作，提高工作效率，降低事故风险，并实现远程监控与无人化操作。

（3）可视化：形象化输出决策结果。

① 多维数据可视化：通过多维数据可视化技术，将复杂的采动数据转化为直观的图形、图表和地理信息系统（GIS）地图。例如，使用 3D 模型显示矿井结构、岩层分布以及采矿过程中的实时数据，帮助决策者更直观地理解矿井现状、风险点和发展趋势。

② 动态数据可视化：结合实时监测数据，实现动态可视化。例如，采用动态曲线、热力图、趋势图等方式显示设备运行状态、地质变化、温度变化等，并通过不同颜色、形状的变化，实时反映矿井安全情况。这样可以帮助管理者快速识别异常情况，并及时作出反应。

③ 沉浸式虚拟现实（VR）与增强现实（AR）可视化：利用 VR 和 AR 技术，决策者可以“沉浸”在虚拟矿井环境中进行实时决策和监控。例如，通过 AR 眼镜，现场工作人员可以看到矿井关键点的实时数据投影，以及模拟设备的操作情况。而在 VR 环境中，管理者可以通过虚拟矿井模型模拟不同决策方案的实施效果，进行风险评估。

④ 决策结果的场景化呈现：将决策结果与实际操作场景相结合，使用情景模拟方式展示不同决策的潜在影响。例如，针对某一决策方案，展示该方案在未来一段时间内可能出现的矿井变化、设备运行状态以及环境影响等，帮助管理者提前预判并优化决策。

⑤ 交互式数据可视化：通过交互式仪表板或控制面板，用户可以自由选择、过滤、放大或缩小不同维度的数据，进行深入分析。管理者可以根据自己的需求查看特定区域的采动情况、设备运作状态、矿井安全等级等，实时调整决策依据，并对突发情况作出响应。

⑥ 预测模型的可视化：利用图形化界面展示预测模型的运行过程和结果，例如使用预测曲线、概率分布图等形式，展示未来矿井的安全风险、设备故障概率和环境变化情况。通过这种方式，决策者可以更直观地看到不同参数变化对未来趋势的影响，从而做出更明智的决策。

⑦ 多层次可视化展示：根据不同决策层级和管理需求，提供不同层次的可视化展示。高层管理者可以查看简洁的总体数据概览和关键决策指标，而操作层可以深入查看每个设备的详细运行数据和实时状态。这种多层次的展示方式能够满足不同岗位的决策需求，提升信息传达效率。

⑧ 风险地图和风险等级展示：将矿区内的风险等级通过可视化地图的方式展示出来，根据区域内的地质数据、设备运行状态和历史事故数据，使用颜色渐变和风险标识显示矿井的高、中、低风险区域，帮助管理者快速识别潜在威胁并及时采取措施。

⑨ 历史数据与决策结果的对比展示：通过将当前决策结果与历史数据进行可视化对比展示，帮助决策者了解决策的有效性和趋势变化。例如，展示某一决策方案实施后矿井的安全记录、生产效率、环境影响等关键指标的变化情况，从而优化决策。

2 顶板支护理论

2.1 巷道顶板支护理论

2.1.1 巷道围岩控制原理

巷道顶板支护理论的核心是掌握巷道围岩控制原理，降低巷道围岩应力、提高围岩稳定性以及选择合理的支护技术。采掘活动引起的支撑压力不但是原岩应力的数倍，而且影响范围大。巷道受到回采影响后，围岩应力、围岩变形会成倍甚至近十倍急剧增长。因此，巷道围岩控制手段的实质是利用煤层开采引起采场周围岩体应力重新分布的规律，正确选择巷道布置和护巷方法，使巷道位于应力降低区内，从而减轻或避免回采引起的支承压力的强烈影响，控制围岩压力。

2.1.1.1 巷道围岩压力及影响因素

(1) 围岩压力

采掘活动引起巷道围岩应力集中和重新分布，使巷道周边岩体自稳能力显著降低，导致向巷道空间移动。为了防止围岩变形和破坏，需要对围岩进行支护。这种围岩变形受阻而作用在支护结构物上的挤压力或塌落岩石的重力，统称为围岩压力。根据围岩压力的成因，围岩压力可分为以下四种类型：

① 松动围岩压力

它是由于巷道开挖而松动或塌落的岩体，以重力的形式直接作用在支护结构物上的压力，表现为松动围岩压力荷载形式。如支护不能有效控制围岩变形的发展，围岩形成松动垮塌圈时，将导致松动围岩压力出现，通常顶压显现严重。

② 变形围岩压力

支护能控制围岩变形的发展时，围岩位移挤压支架而产生的压力称为变形围岩压力，简称变形压力。在“围岩-支护”力学体系中，只要围岩与支护相互作用，围岩就会对支架施加变形压力。弹性变形压力是围岩弹性变形时作用在支护上的压力，弹性变形产生速度极快，变形量很小，对于围岩、支护相互作用过程而言，实际意义不大。塑性变形压力是由于围岩的塑性变形和破裂，围岩向巷道空间位移，使支护结构受到的压力，是变形围岩压力的主要形式。塑性变形大小主要取决于巷道塑性区和破裂区的范围。塑性区的扩展具有明显的时间效应，塑性区不再扩展时，围岩变形速度下降，逐渐稳定并趋于流变。

③ 膨胀围岩压力

围岩膨胀、崩解时体积增大而施加在支护上的压力称为膨胀围岩压力，简称膨胀压力。

膨胀压力与变形压力的基本区别在于它是由吸水膨胀引起的。从现象上来看，属于变形压力范畴，但是二者的变形机制截然不同，前者是指围岩与水发生物理化学反应，后者主要是围岩应力与结构效应。

④ 冲击和撞击围岩压力

冲击围岩压力是指围岩积累了大量弹性变形能之后突然释放出来所产生的压力；撞击围岩压力是回采工作面上覆岩层剧烈运动时对巷道支护体所产生的压力。

(2) 影响围岩压力的主要因素

影响围岩压力的因素基本上可以分为开采技术因素和地质因素两大类。开采技术因素中影响最大的是回采工作状况，即巷道与回采工作面相对空间、时间关系。例如，巷道是处于一侧、两侧或邻近煤层采动影响条件下，是受一次还是多次采动影响，采动影响已经稳定还是正在采动过程中。其次是巷道保护方法。例如，巷道支护方式、巷道断面形状和大小、巷道掘进方法、巷道基本支护类型和参数等。地质因素主要包括原岩应力状态、围岩力学性质、岩体结构、岩石的组成和胶结状态、围岩中水分的补给状况等。

2.1.1.2 巷道围岩控制原理和方法

(1) 巷道围岩控制原理

巷道围岩控制是指控制巷道围岩的矿山压力和周边位移所采取措施的总和。其基本原理：根据巷道围岩应力、围岩强度以及二者之间的关系，选择合适的巷道布置和保护及支护方式，降低围岩应力，提高围岩强度，改善围岩受力条件和赋存环境，有效控制围岩的变形和破坏。需要强调的是，受到采动影响的巷道，其围岩岩体结构、赋存条件在很大程度上受到回采的制约。因此，巷道围岩控制的效果基本取决于对回采活动影响巷道围岩控制的认识，对巷道围岩岩体力学模型、变形及破坏机制判断的正确性，以及对巷道围岩赋存条件和岩体力学性质掌握的程度。基于降低巷道围岩应力，提高围岩强度，改善围岩受力条件和赋存环境，巷道围岩控制方法可归结为巷道布置和巷道保护及支护方式两个方面内容。

(2) 巷道布置

从巷道围岩控制的角度出发，布置巷道时应重视下列问题：

① 在时间和空间上尽量避开采掘活动的影响，最好将巷道布置在煤层开采后所形成的应力降低区域内。

② 如果不能避开采动支承压力的影响，应尽量避免支承压力叠加的强烈作用，或尽量缩短支承压力影响时间，例如跨越巷道开采，避免在遗留煤柱下方布置巷道等。

③ 在采矿系统允许的距离范围内，选择稳定的岩层或煤层布置巷道，尽量避免水与松软膨胀岩层直接接触。

④ 巷道通过地质构造带时，巷道轴向应尽量垂直于断层构造带或向斜、背斜构造。

⑤ 相邻巷道或硐室之间选择合理的岩柱宽度。

⑥ 巷道的轴线方向尽可能与构造应力方向平行，避免与构造应力方向垂直。

(3) 巷道保护及支护

巷道的保护及支护措施可以归纳为以下几点：

① 采取在巷道围岩中钻孔卸压、切槽卸压、宽面掘巷卸压以及在巷旁留专门的卸压空

间等方法，使巷道围岩受到某种形式的不同程度的卸载，将本该作用于巷道周围的集中荷载转移到离巷道较远的新的支承区，达到降低围岩应力的目的。

② 采用围岩钻孔注浆、锚杆支护、锚索支护、巷道周边喷浆、支架壁后充填、围岩疏干封闭等方法，提高围岩强度，优化围岩受力条件和赋存环境。

③ 架设支架对围岩施加径向力，既能支撑松动塌落岩石，又能加大巷道的围压，保持围岩三向受力状态，提高围岩强度，限制塑性变形区和破裂区的发展。根据巷道不同时期的矿压显现规律，巷道支护可分为巷内基本支架支护、巷内加强支架支护、巷旁支护、联合支护四种形式。

2.1.2 巷道支护理论

巷道支护理论主要包括古典压力理论、新奥法支护理论、联合支护理论、应变控制理论、轴变论理论、松动圈支护理论、围岩强度强化理论、弹塑性理论等。

① 古典压力理论：在古典压力理论中，巷道支护的整体所承担的压力来源于巷道的上岩层质量。在开挖过程中发现，随着深度的增加，围岩自身要承担大部分围岩应力，只有小部分由支护结构承受，因此提出了塌落拱的概念。其中，在塌落拱的形状方面也存在不同观点，太沙基理论采用矩形的形状描述塌落拱，普氏拱理论则采用拱形描述[19]。

② 新奥法支护理论：新奥法支护理论[20-21]的基本观点是在巷道开挖后，采用岩体力学理论分析应力重分布规律，并利用围岩自身承载能力实现巷道支护。这种支护理论将围岩与支护结构相结合，共同控制围岩，可以达到更好的支护效果。

③ 联合支护理论：联合支护理论认为，当巷道处于复杂情况时，围岩的变形要想得到高效控制，提高支护刚度不是有效的解决方法。应该采用先柔后刚，先让后抗的策略，适当减小支护体的刚度，实现稳定的支护效果[22]。

④ 应变控制理论：应变控制理论认为在巷道开挖后围岩的应变不断增加，通过支护结构的作用，应变得到控制，并且随着支护结构与围岩的相互作用，许用应变逐渐增大，从而控制了围岩应变的发展[23]。

⑤ 轴变论理论：轴变论理论[24]认为巷道开挖后，整个巷道结构由于垮落拱的存在，可以自行保持稳定。通过弹塑性理论分析，围岩发生破坏时，垮落会导致巷道轴比的变化，进而应力重分布。直到下一次稳定出现，轴比达到最稳定的状态，呈现类椭圆形。

⑥ 松动圈支护理论：董方庭等[25]认为在巷道开挖过程中松动圈的大小可作为设计巷道支护参数时的重要参考对象，这种支护主要以碎胀变形压力为对象。此为其提出的巷道围岩松动圈理论，这种理论已经广泛应用于巷道支护设计[26-27]。

⑦ 围岩强度强化理论：围岩强度强化理论由侯朝炯等[28]提出，该理论认为在锚杆和围岩之间，二者相互作用形成联合承载的加固围岩体系，其中，锚杆支护改变了围岩的应力状态，提高了围岩压力和承载力，减小了围岩体的表面位移和破碎区与塑性区的范围，并且控制了破碎区和塑性区的发展。由此，锚固岩体的力学性能由锚杆改变，并且峰值强度、峰后强度及残余强度得到了提高，大幅度提高了围岩的稳定性。

⑧ 弹塑性理论：K. H. Roscoe 等[29-30]的研究表明，随着深度的增加，水平应力与竖直应力趋于接近，在埋深较深时可建立双向等压圆形巷道的力学模型。弹塑性理论将巷道围岩分为弹性区和塑性区来进行理论求解，最具有代表性的是 Fenner 公式和 Kastner 公式。袁

文伯等[31]建立了弹塑性软化模型分析塑性软化区和破碎区的力学形态，得到了塑性区半径的计算公式。侯公羽等[32-35]建立了基于开挖面空间效应和围岩弹塑性变形二次释放的力学模型及围岩-支护耦合作用的力学模型，用于研究围岩与支护之间的相互作用及耦合作用，并研究了整个相互作用过程。对不同的支护结构的支护作用效果进行了理论计算与分析，包括素喷混凝土、锚杆和U形钢3种支护结构的支护作用效果，在弹塑性变形阶段的围岩与支护相互作用方面提出了最新的认识。另外，其提出了一种被动支护反力连续变化条件下的迭代算法。这种算法考虑到了围岩在蠕变过程中的影响，并在实际工程中对围岩蠕变变形进行了计算分析。

2.2 巷道支护技术

2.2.1 巷道支护技术概况

按支护对围岩的作用方式可将煤矿巷道支护分为四类[36]：① 支护力仅作用在巷道围岩表面，如喷射混凝土、砌碹和各种类型的支架；② 支护力既作用在围岩表面，又作用在围岩内部，如锚杆与锚索；③ 通过改善巷道围岩力学性质来提高围岩强度，如各种注浆加固；④ 通过改善巷道围岩应力状态来使巷道处于应力降低区，如各种应力控制技术。因此，巷道支护技术主要包括砌碹支护、棚式支架、锚杆支护、注浆加固、复合支护和应力控制技术。

① 砌碹支护：吴顺川等[37]提出了一种新的表达式，表达式可以在广义荷载作用下，解决巷道围岩和衬砌相互作用体系的弹塑性解析问题，并且该表达式还探讨了围岩的位移及其灵敏度和塑性区等随广义荷载变化的规律。崔金鹏等[38]在考虑开挖面的空间效应的基础上，研究了在不同衬砌支护时机下围岩变形和衬砌受力的规律，分析研究了隧洞围岩稳定与衬砌支护的最佳时机以及整个深埋TBM隧洞围岩的变形过程。

② 棚式支架：根据支护材料的不同，支架可分为木支架、钢筋混凝土支架和金属支架。其中，随着工艺的发展与不断优化，不再采用木支架与钢筋混凝土支架进行支护，金属支架得到了更加广泛的应用。根据支架的工作原理，金属支架可以分为刚性支架与可缩性支架，支架所用的材料为工字钢、U形钢，其断面形状包括梯形、拱形、圆形、环形等。棚式支架属于被动支护，支护效果较差且成本较高，因此逐渐被锚杆支护所替代。近年来，在冲击危险巷道中开始使用防冲支架，如液压抬棚、单元支架、门式支架、吸能防冲液压支架[22]。

③ 锚杆支护：锚杆支护是一种内部支护形式，具有很好的内在稳定性和柔性能力，能够实现主动支护、早期承载、支护强度高和对冲击地压巷道的良好适应性。锚杆支护巷道冲击地压原理：锚杆可以提高围岩体总体强度，有效控制围岩的变形破坏，保证巷道的整体稳定[39]。

④ 注浆加固：窦林名等[40]提出可使用覆岩离层注浆技术，目的是维持覆岩主关键层的持续稳定，防止发生由岩层破裂引起的冲击地压灾害。朱学军等[41]认为注浆充填能有效控制离层上覆岩层的垮落运动，可以减轻因巨厚砾岩断裂引起的冲击地压危险，并结合华丰煤矿实例，探讨了离层注浆技术在冲击危险矿井中防灾减沉的效果。

⑤ 复合支护：不同的支护方式所带来的支护效果是不同的。因此，为了让每种支护方式都充分发挥自己的支护性能，可以在支护巷道时进行联合支护，实现多种支护方式的“强

强联合”,复合支护的支护方式主要有锚喷、锚网喷、锚注、锚网喷+U形钢、锚网喷+O形棚、锚网喷+U形钢+液压支架等。

⑥ 应力控制技术:主要将巷道布置在应力较低区域,对巷道布置方向及断面形状与尺寸进行改进,采取切缝、钻孔、爆破等卸压方法,使高应力向深部转移,以达到降低巷道应力的目的[42]。

2.2.2 巷旁支护技术

2.2.2.1 巷旁支护的作用

巷旁支护是指巷道断面范围以外的与采空区交界处架设的一些特殊类型的支架或人工构筑物。其主要作用:控制直接顶的离层和及时切断直接顶板,使垮落矸石在采空区内充填以支撑基本顶,减少上覆岩层的弯曲下沉,减小巷内支护所承受的荷载,保持巷道围岩稳定。同时为了生产安全,及时封闭采空区,防止漏风和煤炭自然发火,避免采空区内有害气体逸出。为此,支护必须具备合理的架型,较高的工作阻力,较大的增阻速度,足够的可缩量,以及工作阻力、增阻速度和可缩量的合理匹配。

2.2.2.2 巷旁支护的类型和适用条件

传统的巷旁支护主要包括木垛支护、密集支柱支护、矸石带支护、混凝土砌块支护等。其主要缺点:增阻速度慢、支承能力低、密封性能差、木材消耗多和机械化程度不高。整体浇注巷旁充填技术在煤层顶、底间浇注充填材料,形成密实的整体,把沿空留巷需要的封闭采空区和有效支护结合起来,充分显示了其在技术经济上的优越性。

沿空留巷的围岩应力和变形主要受规则移动带岩层平衡前运动形式的制约,工作面顶板分级、分类全面反映规则移动带岩层的强度性质和结构特征。通过现场实测和理论研究提出不同的顶板围岩条件下应选择的巷旁支护方式。对于Ⅰ级Ⅰ类至Ⅲ级Ⅲ类顶板围岩,选用切顶型巷旁支护方式,一般采用整体浇注护巷带或混凝土砌块构筑的护巷带(或者密集金属支柱),护巷带高度不宜超过3 m,护巷带宽高比一般应大于0.5。对于Ⅳ级Ⅳ类顶板围岩,适合选择变形适应型巷旁支护方式,一般可采用木垛支护、矸石带支护等方式,适用于厚度小于1.5 m的薄煤层。随着巷道锚杆(索)联合支护技术的发展,沿空留巷的应用范围逐渐扩大,目前正在开展综放沿空留巷高水材料巷旁充填和锚杆(索)巷内支护技术研究。

2.2.2.3 整体浇注巷旁充填技术

整体浇注巷旁充填技术是国内近年来研究和应用的先进的巷旁充填技术。它具有增阻速度快、支承能力大、密封性能好和机械化程度高等优点,使发展沿空留巷技术的关键问题得到了解决。

(1) 低水材料巷旁充填

根据充填材料含水量,将巷旁充填材料分为高水和中、低水材料两大类。水体积比大于70%的浆体称为高水材料,高水材料流动性好,可以长距离水力输送。水体积比小于70%的浆体称为中、低水材料。中、低水材料流动性能差,可用风力输送或短距离水力输送。低水充填材料主要有两类:一类是天然硬石膏或合成石膏,另一类是工业废渣或廉价材料加胶结料。低水充填材料的水灰比均小于0.4。用风力输送的低水充填材料全部是干料，在充填管出口处装有环形喷嘴，水与充填材料在此均匀混合后注入充填空间。

(2) 高水材料巷旁充填

高水速凝材料能与大量水混合并全部凝结成固体，机理是水化过程中生成了大量的高结晶水化物——钙矾石($3CaO \cdot Al_2O_3 \cdot 3CaSO_4 \cdot 32H_2O$)。钙矾石是一种最常见的高结晶水化物，结晶水体积比高达81.2%。此外，钙矾石晶体表面带负电性，将大量的水吸附在晶体表面，同时水化形成其他水化物，如硅酸凝胶、铝酸凝胶等。国内以质量更为稳定的硫铝酸盐水泥熟料作为高水速凝材料的基材，在高水速凝材料中适当掺入工业废渣形成高水灰渣充填材料。高水灰渣充填材料是一种具有特殊力学性能的材料，单轴压力下应力-应变关系属于塑-弹-塑类型，达到屈服后，材料不立即脆性破坏，仍具有较高的残余强度，应力峰值前的应变值为2.0%～4.5%；三轴压力下，应力峰值前的应变值可达6%以上。对于高水净浆充填材料，均用泵输送，采用高水材料双路水力充填工艺系统，输送水平距离大于1 000 m，充填点用塑料充填袋储集混合后的料浆，料浆凝固形成整体充填体。对于高水灰渣材料，可以采用活动钢模板替代塑料充填袋，活动钢模板反复交替使用。采用喷浆机风力充填时，系统简单并且可随工作面推进而移动，输送水平距离不宜超过200 m。

2.2.3 巷道围岩卸压技术

长期以来，煤矿中进行巷道维护的主要手段是对巷道进行支护和对围岩进行加固，但是在某些困难条件下，即使对巷道进行加强支护和加固围岩，巷道维护仍然很困难。如果采用人为方法改变巷道围岩的应力分布特征，巷道掘进或受到采动影响时在巷道周边形成的应力峰值向远离巷道周边的围岩深部转移，使巷道处于应力降低区内，就可以收到明显改善巷道维护状况的效果。

(1) 跨巷回采进行巷道卸压

煤层开采以后在煤层底板中形成一定范围的应力增高区和应力降低区，位于煤层底板的巷道，若处于应力增高区，将承受较大的集中应力而遭到破坏；若处于应力降低区，则易于维护。根据采面不断移动的特点和巷道系统优化布置的原则，可以在巷道上方的煤层工作面进行跨采，使巷道经历一段时间的高应力作用后，长期处于应力降低区内。跨采的效果主要取决于巷道与上方跨采面的相对位置，即巷道与上部回采煤层间的法向距离及巷道与上部回采煤层煤柱(体)边缘的水平距离。

(2) 巷道围岩开槽卸压

在岩体中开掘巷道后，在地应力较高、围岩较松软的情况下，围岩破坏的范围较大，导致集中应力向未遭破坏的围岩深部转移，在巷道周边的围岩中形成应力降低区。这种方式的卸压过程是以巷道周边岩体的完整结构被破坏为代价的，在卸压的同时巷道围岩的塑性变形区范围以及该区内遭破坏岩体的塑性变形、扩容膨胀变形明显增大。而塑性变形区的范围和变形量是影响巷道维护难易的关键因素。因此，应使巷道周边的集中应力向围岩深部转移，在巷道周边形成卸压区，且不扩大巷道周边塑性变形区的范围，不使其产生较大的变形。研究表明，在巷道周边开槽或钻孔可同时起到卸压和限制围岩变形的目的。

(3) 巷道围岩松动爆破卸压

在巷道掘进过程中，要在巷道周边围岩中形成密度很大、间距规整的成排卸压钻孔是很困难的。实际应用时，主要利用钻孔孔底药壶爆破方法进行限制性爆破，在围岩体中形成一个连续的松散、破碎带，将支承压力峰值转移到围岩深部。同时，已经松散、破碎的围岩体具有缓冲垫层作用。确定松动爆破技术参数应以不破坏巷道与松散、破碎带之间的围岩完整性和支架的稳定性为原则。钻孔松动爆破卸压技术已在国内外煤矿中进行了大量实践，取得了较好效果。

(4) 卸压巷硐卸压

利用卸压巷硐卸压的实质：在被保护的巷道附近（通常是在其上部、一侧或两侧）开掘专门用于卸压的巷道或硐室，转移附近煤层开采的采动影响，促使采动引起的应力重新分布，最终使被保护巷道处于开掘卸压巷硐而形成的应力降低区内。

(5) 掘前预采

掘前预采是底板巷道尚未开掘之前，在预定掘巷位置上方的煤层中，先布置工作面进行回采。待开采引起的岩层移动稳定以后，在采空区下部底板岩层中开掘巷道，巷道不但应与煤层底板保持一定的垂直距离，而且与上部工作面煤体边缘也应保持一定的水平距离。掘前预采与跨越回采相比，改变了巷道的应力基础环境，巷道从掘进开始在整个服务期内一直处于预采工作面所形成的应力降低区内，完全不受开采影响。因此，掘前预采是效果最理想的卸压方法。

2.2.4 巷道金属支架支护技术

巷道开掘后，巷道空间上方岩层的重力由巷道支架与巷道周围岩体共同承担，巷道支架与围岩体组成一个共同的承载体系。巷道上覆岩体的重力由巷道支架承担的仅占1%～2%，其余的由巷道周围岩体承受。研究表明，巷道支架的工作特征与一般地面工程结构有着根本性区别，支架受载大小不但取决于自身的力学特性（承载能力、刚度和结构特征），而且与其支护对象——围岩的力学性质和结构有密切关系，也就是“支架-围岩”相互作用关系。通常所说的“支架-围岩”系统，主要是指支架与其直接相邻的围岩体相互作用的系统，即直接顶板-支架-直接底板（两帮）系统。在这个系统中，直接顶板、直接底板和两帮的岩性，支架的力学特性，支架安设的时间、质量，煤层开采情况等因素都影响巷道的维护状况。因此，把“支架-围岩”看作一个相互作用和共同承载的力学体系，正确调节和处理“支架-围岩”关系，是支架支护巷道的理论基础。

现有的各种巷道支架，在“支架-围岩”力学平衡系统中只能承担极其有限的一小部分荷载，支架在围岩内部应力平衡关系中所起的作用是微小的，更不能企图依靠支架去改变上覆岩层的运动状态。然而支架的这个微小的支撑力是极其重要和必不可少的。支架的工作阻力，尤其是初撑力，在一定程度上能相当有效地抑制直接顶板离层，控制围岩塑性区的再发展和围岩的持续变形，保持围岩稳定。因此，巷道支架系统必须具有适当的强度和一定的可缩性，才能有效控制和适应围岩的变形。

根据“支架-围岩”相互作用原理，在巷道支护工程实践中发展了以下实用技术。

(1) 二次支护

当巷道围岩达到稳定前变形量较大、延续时间较长时，需要开巷后进行一次支护，及时封闭和隔离围岩，防止围岩暴露面上个别危石掉落，同时对围岩初期移动给予一定程度的限制。一次支护允许围岩产生一定的变形，围岩变形和能量释放到一定程度后进行二次支护。二次支护应在初次支护尚未失效且围岩移近速度已经很小的适当时间进行。

(2) 柔性支护

金属可缩性支架不仅对围岩的变形产生一定阻力，还具有可缩性，避免支架严重变形和损坏。支架在允许围岩有限变形继续释放能量的同时仍具有足够的工作阻力，既能适应又能控制围岩的变形，充分发挥支架的支护作用。

(3) 主动支护

采用具有一定初始工作阻力的金属支架，加大巷道围岩的压力，提高巷道围岩的强度，减小支架承受的荷载。进行巷道支架壁后充填和喷射混凝土，可改善支架受力状态和围岩赋存环境，提高支架和围岩的承载能力。

2.2.5 巷道锚杆支护技术

锚杆是锚固在岩体内维护围岩稳定的杆状结构物。对地下工程的围岩以锚杆作为支护系统的主要构件，就形成锚杆支护系统。单体锚杆主要由锚头(锚固段)、杆体、锚尾(外锚头)、托盘等部件组成。

2.2.5.1 锚杆的分类

目前，适用于不同地质条件的具有不同功能和用途的锚杆有数百种，锚杆的分类方法也遵循不同原则和分类标志。最基本的分类方法是按照锚杆的锚固方式划分为以下几类：

(1) 机械锚固式，包括胀壳式锚杆、倒楔式锚杆、楔缝式锚杆。

(2) 黏结锚固式，包括树脂锚杆、快硬水泥卷锚杆、水泥砂浆锚杆。

(3) 摩擦锚固式，包括缝管式锚杆、水胀式管状锚杆等。

同时，按照锚杆杆体锚固段长短可分为端头锚固、全长锚固和加长锚固。按锚杆杆体的工作特性分为刚性锚杆、有限可拉伸锚杆及可拉伸锚杆。按锚杆作用特点可分为主动式锚杆和被动式锚杆。按照制造锚杆杆体的材料可划分为木锚杆、竹锚杆、金属锚杆、(钢筋)混凝土锚杆以及聚酯锚杆等。

2.2.5.2 锚杆的锚固力

锚杆支护通过锚入围岩内部的杆体，改变围岩自身的力学状态。锚杆的受力状况以及其对围岩的作用方式比棚式支架的复杂得多。《锚杆喷射混凝土支护技术规范》(GB 50086—2001)将锚固力定义为锚杆对围岩所产生的约束力。

根据锚杆对围岩的约束方式可以将锚固力分为如下几种。

(1) 托锚力：托锚力包括安装锚杆时，通过拧紧螺母产生的锚杆托板对围岩的预紧力，水胀式管状锚杆杆体纵向收缩，使托盘对围岩产生的预紧力，以及锚杆托板阻止围岩向巷道内位移时，对围岩施加的径向支护力。

(2) 黏锚力：黏结剂将围岩与锚杆黏结成整体，在围岩深部与浅部的差异变形过程中，使锚杆通过黏结剂对围岩施加黏结力来抑制围岩变形，这种锚杆杆体的轴力就是黏锚力。摩擦锚固式锚杆通过杆体与围岩之间摩擦力对围岩施加锚固力来抑制围岩变形。

(3) 切向锚固力：围岩的变形大多数从岩体的弱面开始，在围压作用下围岩沿弱面滑动或张开。锚杆体贯穿弱面，限制围岩沿弱面滑动或张开，这种限制力称为切向锚固力。

根据锚杆的锚固作用阶段可将锚固力分为如下几种。

(1) 初锚力:安设锚杆时,对锚杆进行拉张而使其具有的作用于围岩的力。

(2) 工作锚固力:锚杆安设后,围岩变形,锚固剂发挥黏结作用,或者杆体与围岩之间摩擦力制约围岩变形,此时锚杆对围岩的作用力为工作锚固力。

(3) 残余锚固力:当围岩表面和深部的相对变形量超过锚固剂的极限变形量之后,锚固剂被破坏,工作锚固力丧失。但是由于已破坏的锚固剂仍具有残存黏结强度,钻孔围岩、破坏的锚固剂、锚杆杆体之间存在摩擦力,锚杆对围岩仍具有约束力,称为残余锚固力。

2.2.5.3 锚杆支护理论

锚杆支护促使围岩由荷载体转变为承载体。尽管锚杆在不同地质条件下作用机理有所不同,但是都是在巷道周边围岩内部对围岩加固,形成围岩承载体,以利于围岩的稳定。国内外现场对比试验表明,在同一条件下锚杆支护与刚性金属支架支护相比较,巷道围岩移近量减少一半左右。传统的锚杆支护理论都以一定假说为基础,各自从不同角度、不同条件阐述锚杆支护的作用机理,其力学模型简单,计算方法简捷,适用于不同的围岩条件。近年来,锚杆支护理论研究有了进一步发展,提出了巷道锚杆支护围岩强度强化理论,并且把锚固技术作为一个系统进行整体研究,进一步揭示了锚杆支护的实质。

(1) 悬吊理论

悬吊理论认为,锚杆支护的作用是将巷道顶板较软弱岩层悬吊在上部稳定岩层上,增强较软弱岩层的稳定性。对于回采巷道经常遇到的层状岩体,如果巷道浅部围岩松软破碎,顶板出现松动破裂区,锚杆的悬吊作用是将这部分易冒落岩体锚固在深部未松动的岩层上。

(2) 组合梁理论

如果顶板岩层中存在若干分层,组合梁理论认为,锚杆的作用一方面提供锚固力提高各岩层间的摩擦力,阻止岩层沿层面继续滑动,避免出现离层现象;另一方面锚杆杆体可提高岩层间的抗剪刚度,阻止岩层间的水平错动,从而将巷道顶板锚固范围内的几个薄岩层锁成一个较厚的岩层。

(3) 组合拱(压缩拱)理论

组合拱理论认为,在拱形巷道围岩的破裂区中安装预应力锚杆,从杆体两端起形成圆锥形分布的压应力区,如果锚杆间距足够小,各个锚杆形成的压应力圆锥体相互交错,在岩体中形成一个均匀的压缩带,即压缩拱。压缩拱内岩石径向、切向均受压,处于三向应力状态,围岩强度得到提高,支承能力相应提高。

(4) 最大水平应力理论

该理论由澳大利亚学者 W. J. Gale 提出,他认为矿井岩层的水平应力通常大于竖直应力,巷道顶底板的稳定性主要受水平应力的影响;围岩层状特征比较突出的回采巷道开挖后引起应力重新分布时,竖直应力向两帮转移,水平应力向顶底板转移;竖直应力的影响主要显现于两帮而导致两帮破坏,水平应力的影响主要显现于顶底板岩层。锚杆的作用是沿锚杆轴向约束岩层膨胀和在垂直锚杆轴向方向上约束岩层剪切错动。

(5) 围岩强度强化理论

围岩强度强化理论是针对软岩煤巷围岩特点提出的,要点如下:

① 巷道锚杆支护的实质是锚杆和锚固区域的岩体相互作用形成统一的承载结构。

② 巷道锚杆支护可提高锚固体的力学参数(E、C、φ),改善被锚固岩体的力学性能。

③ 巷道围岩存在破碎区、塑性区和弹性区,锚杆锚固区的岩体处于破碎区或处于上述2～3个区域中,相应锚固区的岩石强度处于峰后强度或残余强度。锚杆支护使巷道围岩特别是处于峰后区的围岩强度得到强化,提高了峰值强度和残余强度。

④ 煤巷锚杆支护可以改变围岩的应力状态,增大围压,从而提高围岩的承载能力。

⑤ 巷道围岩锚固体强度提高以后,可减少巷道周围破碎区、塑性区的范围和巷道的表面位移,控制围岩破碎区、塑性区的发展,从而有利于保持巷道围岩的稳定。

2.3 采场顶板支护原理和方法

2.3.1 采场顶板分类与特征

众所周知,回采工作面是地下移动着的工作空间。为了保证生产工作的正常进行与矿工的安全必须对其进行维护。然而回采工作面的矿山压力显现又取决于回采工作面周围所处的围岩和开采条件,因此,为了确保回采工作空间的安全,必须对回采工作面的顶板进行支护。从局部来说,主要是指工作空间的支护和采空区的处理。回采工作空间的直接维护对象是直接顶,直接顶的好坏将对生产与安全有直接影响,工作面支护的直接对象是直接顶岩层,通过直接顶间接地对基本顶的活动起一定的控制作用。采空区处理的具体措施是对基本顶的活动有着明显影响,由于人们在生产实践中逐渐掌握了顶板来压的规律及控制措施,因而目前几乎绝大部分地区都采用全部垮落法处理采空区。

控制采场矿山压力的另一个基本手段是采用回采工作面支架。回采工作面支架是平衡回采工作面顶板压力的一种构筑物。由于回采工作面支架形成的构筑物必须与开采后形成的上覆岩层大结构相适应,回采工作面支架必须具备以下两个特性:一是必须具备一定的可缩性,二是必须具有良好的支撑性能。支架的性能一般是指支架的支撑力与支架可缩量的关系特征。由于支架是处在对上覆岩层形成的支撑体系"煤壁-支架-采空区已冒落矸石"之中,煤壁相对来说具有较大的刚性,采空区已冒落的矸石具有较大的可缩性,支架处于这二者之间,因此,支架的性能将直接影响支架受力。支架特性用"工作阻力-可缩量"关系曲线(P-Δs 关系曲线)表示。

回采工作面的顶板一般是指直接顶和基本顶的岩层,其对回采工作面的生产有着直接影响。根据围岩力学性质及开采条件,在围岩稳定时可能成为支架-结构。而在有些情况下形成荷载,其中直接顶与基本顶的稳定性以及它们之间的相对位置关系,对回采工作面的支护方式的选择有着显著影响。现分别加以论述。

(1) 对直接顶的分析

直接顶是回采工作空间直接维护的对象。显然,直接顶的完整程度不仅直接影响工作面的安全和全工作面生产能力的发挥,还影响支护方式的选择。

直接顶的完整程度取决于两个因素:一个是岩层自身的力学性质,另一个是直接顶岩层内各种原因造成的层理和裂隙的发育情况。

综合这两者,并结合国内实际情况,曾将直接顶按稳定性分为三种状态。一是破碎的顶板,如页岩、再生顶板、煤顶等。这种顶板,回采时若护顶不及时,很容易造成局部冒顶。

其次是中等稳定顶板，此类直接顶的岩层力学强度较大。有些岩层，如砂页岩或粉砂岩等，虽然由于受到一系列裂隙切割，但局部尚较完整，因而仍属于中等稳定型。还有一种是完整顶板，这种顶板允许悬露面积大，稳定性好，不易发生局部冒顶，如砂岩或坚硬的砂页岩等。

有的学者从节理裂隙的发育情况来研究直接顶的稳定性。一般可将各种节理裂隙分为三类：原生裂隙、构造裂隙及压裂裂隙。

原生裂隙是指岩层在形成过程中由于温度、矿物结晶及沉积的作用而形成的弱面，从一定意义上来讲，层与层之间的层面也应属于这一类。

构造裂隙是由于岩层形成后，经剧烈的地质变动，例如在挤压、扭曲等过程中形成的弱面。这种弱面常常贯穿于煤层和岩层之中。构造裂隙又可分为张裂隙与剪裂隙。剪裂隙常呈X形。在地下水的作用下，这些裂隙中常容易充填方解石等矿物质，会进一步减弱其间的黏结力。这种弱面有些贯穿于整个岩层群的断层面，以及伴随此断层的各种小型破坏面。

压裂裂隙专指在煤层开采时引起的破坏面。一般仅发生于比较软的直接顶，主要是支承压力的作用下形成的。这种裂隙常平行于工作面，裂隙面暗淡，没有擦痕或滑面。这种弱面与煤层面的夹角较大(60°～90°)，且并不一定贯穿各个岩层。

国内多年来也在生产实践中注意到了弱面的影响，常把这些弱面简称为“劈”，并总结出各种劈的形式及其对生产的危害性，这些劈可能使顶板在毫无预兆的情况下局部冒顶。

直接顶冒落将使支架顶梁与顶板的接顶情况恶化，导致无法利用支架的工作阻力通过直接顶防止基本顶岩块的失稳与滑落，及由此引起对工作面的不良影响和由此造成一系列影响产生的事故。

一方面，虽然可通过裂隙面的位置对直接顶的局部岩块受力情况进行分析，但是由于直接顶常被很多裂隙切割，因此原则上支架应能承受全部直接顶的重力。另一方面，由于支架具有控制基本顶的任务，因此，在任何条件下都希望直接顶保持其整体性，以便能传递支架对基本顶的一部分约束力。为此根据直接顶的节理裂隙分布形态，支架的护顶性能常起到重要的作用。

(2) 对基本顶的分析

根据对直接顶的分析可知，直接顶的稳定性对支架的选型、支护方式以及对引起工作面的局部冒顶常常起主导作用。而基本顶的失稳和来压强度不仅对直接顶的稳定性有直接影响，还对确定支护强度、支架具备的可缩量以及选择采空区处理方法等起着决定性的作用。

如前所述，根据基本顶取得平衡的条件，在采用全部垮落法的工作面中，一般情况下，基本顶岩层对工作面的顶板压力的影响主要取决于直接顶的厚度。显然，基本顶离煤层越远，直接顶厚度越大，破断后形成“结构”和呈现缓慢下沉式平衡的可能性也越大。这时岩层移动曲线也越缓和。因此，长时期以来，生产单位常以基本顶距离被开采煤层的远近作为预计影响工作面矿山压力显现的重要指标之一。

有的学者将岩层厚度大于2 m、单向抗压强度 $R \geqslant 80$ MPa 的岩层称为基本顶。但在有些矿井，虽然岩层的强度指标较高，岩层厚度也较大，但是被一系列的构造裂隙所切割，则这种坚硬岩层对工作面顶板压力的影响将显著减弱。

（3）顶板的分类

为了指导回采工作面的顶板管理，选择合适的液压支架形式、单体支架的支护方法、采空区处理措施以及为了确定液压支架的支护强度和单体支柱的支护密度以提高工作面的安全程度和减少顶板事故等，原煤炭工业部颁发了《缓倾斜煤层采煤工作面顶板分类方案》。采煤工作面直接顶类别按其在开采过程中表现出现的稳定程度进行划分，共分为4类，其中，1类又分为2个亚类，对于2类直接顶，可根据需要分为2个亚类。

① 1类为不稳定顶板，可分为1a类和1b类，1a类的岩性和结构特征：泥岩、泥页岩，节理裂隙发育或松软；2b类的岩性和结构特征：泥岩、碳质泥岩，节理裂隙较发育。

② 2类为中等稳定顶板，可分为2a类和2b类，其岩性和结构特征：致密泥岩、粉砂岩、砂质泥岩，节理裂隙不发育。

③ 3类为稳定顶板，其岩性和结构特征：砂岩、石灰岩，节理裂隙很少。

④ 4类为非常稳定顶板，其岩性和结构特征：致密砂岩、石灰岩，节理裂隙极少。

基本顶的分级指标按初次来压平均当量可分为4类，而基本顶初次来压当量由基本顶初次来压步距、直接顶充填系数和煤层采高确定。

2.3.2 采场支架类型

近年来，随着对矿山压力的深入研究，支架特性也逐步得到改进。为了满足支架各种特性的需要，支架的结构也就多种多样，因而形成了不同型号的支架。

回采工作面支架主要是由梁与柱组合而成的。根据支柱和顶梁的配合关系，可将回采工作面支架分为两大类，即单体支架和液压支架。由金属支柱和金属铰接顶梁组合而成的工作面支架称为单体支架，根据金属支柱的特性，又可将其分为摩擦式金属支架和单体液压支架，前者使用的支柱为摩擦式金属支柱，后者为液压支柱。液压支架主要由支柱、底座与顶梁组成。其以液压为动力，不能实现支设与回撤的自动化，但其使移溜等一系列工序实现了机械化，大幅度减轻了工人繁重的体力劳动。

一般情况下，金属顶梁是刚性结构件。支柱则常由两节（活柱和底柱）组成。它们之间的伸缩关系使支柱具有可缩性。因此，支架的特性主要由支柱的特性决定。对于液压支架，其力学特性不仅取决于液压支柱的力学特性，还取决于其结构，可形成不同的力学特性。但是架设支架后形成了顶底板围岩与支架的组合体，此组合体特性还取决于架设时底板与支柱之间有无浮矸，支柱能否插入顶底板等情况。

支柱对顶板的主动作用成为支柱的撑力，支柱受顶板压力，支柱被压缩或变形而产生的反作用力称为支柱的阻力，又称为工作阻力。现将有关支柱上各种工作阻力及撑力的含义解释如下：

① 初撑力是支架支设时，将活柱升起，托住顶梁，利用升柱工具和锁紧装置使支柱对顶板产生一个主动力。这个最初形成的主动力称为支柱的初撑力，对于液压支柱，即泵压所形成的支柱对顶板的撑力。

② 始动阻力是在顶板压力作用下，活柱开始下缩的瞬间支柱上所反映出来的力。这种力是顶板压缩支柱形成的，因此称为支柱的阻力。

③ 初工作力是指在支架的性能曲线中，活柱下缩时增长率由急剧增长转变为缓慢增长

的转折点处的工作阻力。

④ 最大工作阻力是支柱所能承受的最大负载能力，又称为额定工作阻力。

目前所使用的支柱按照工作特性可以分为急增阻式、微增阻式、恒阻式三类，从支柱工作阻力适应顶板压力的特点进行分析，显然，恒阻性能的支柱较为有利，急增式性能比较差。国内煤矿长壁工作面支护方式从最初的木支柱发展到单体金属摩擦支柱（急增阻和微增阻），再到单体液压支柱（恒阻式），现在广泛应用由液压支柱和顶梁、底座、移架千斤顶组成的液压自移支架。

2.3.3 液压支柱的结构和特性

液压支柱单独与顶梁配合支护顶板，称为单体液压支架。它也可以与顶梁、底座以及移架千斤顶等组成液压自移支架。

液压支柱是典型的恒阻性能支柱，按注油方式可以分为内注式和外注式两种。

内注式液压支柱使用的工作介质是机油，通过摇动手把，操纵支柱内的手摇泵，将油从低压腔压入高压腔。支撑过程中通过安全阀来保证支柱对顶板具有一个恒定的工作阻力。回收时，打开卸载阀使高压腔内的油回到低压腔，活柱在自重作用下自动回缩。

外注式和内注式液压支柱在使用上各有其特点：

① 外注式液压支柱需要配备液压泵和管路系统，因而在使用上不如内注式灵活，但是柱体内不需手摇泵，因此结构简单，重量小，成本低。

② 外注式液压支柱每使用一次需要消耗一定的乳化液。

③ 外注式液压支柱支设速度由液压泵的流量决定，一般来说，泵的流量比内注式液压支柱的手摇泵大得多，所以支设速度较快。

因此，在一些薄煤层或人行走比较困难的工作面，来回移动注液枪有困难时，宜使用内注式液压支柱。在缓斜和倾斜中厚煤层工作面中，宜使用外注式液压支柱。

2.3.4 液压支架支护方法

2.3.4.1 液压支架的分类

液压支架是由支柱、底座与顶梁构成一个整体结构，避免了单体支架支设与回撤的劳动强度大、组合不稳定、工作面来压时易被推倒等缺点。

随着液压支架的发展，形式与种类不断增加，支架结构的分类方法有两种基本观点。

按照对顶板的支撑面积与掩护面积的比值进行分类（可分为四类）：

① 支撑式液压支架。支架对顶板起支撑作用而无掩护作用。

② 掩护式。支架对顶板起掩护作用。

③ 支撑掩护式。支架顶部对顶板的支撑部分长度大于掩护部分的长度。

④ 掩护支撑式。支架对顶板的掩护部分大于支撑部分。

按支架结构进行分类，这种分类方法主要将液压支架按有无掩护梁分为两大类。凡是有掩护梁的液压支架统称为掩护式，相反则为支撑式。这种分类方法认为，液压支架使用掩护梁是在结构上的一个突破，使支柱不承受水平力。在掩护式支架中再根据支柱的数量或顶梁的运动轨迹对支架进行命名。这种分类方法的缺点是没有体现支架对顶板的作用特点。

国内目前还没有对液压支架进行严格分类。但是就目前普遍应用的名词概念来说，基本上有三种名称：支撑式、掩护式与支撑掩护式。

(1) 支撑式，指在结构上没有掩护梁，对顶板的作用是支撑的支架。

(2) 掩护式，指在结构上有掩护梁，单排立柱连接掩护梁或直接支撑顶梁对顶板起支撑作用的支架。

(3) 支撑掩护式，指具有双排或多排立柱及掩护梁结构的支架，支柱大部分或全部通过顶梁对顶板起支撑作用，可能有部分支柱通过掩护梁对顶板起作用。

另外，将对顶板仅起掩护作用的液压支架称为纯掩护式液压支架。

这种命名方法在一定程度上既考虑了支架的支撑特点，又考虑了支架的结构特点。

2.3.4.2 支撑式液压支架支护方式

支撑式液压支架包括四柱垛式、六柱垛式以及节式等形式。支撑式液压支架在完整顶板与破碎顶板中使用时效果大不相同。但支撑式液压支架具有通风断面大、行人方便、结构简单及重量小等优点，因此，在可能条件下应予使用。支撑式液压支架支撑力的分布与有排柱放顶的单体支架工作面相类似。

2.3.4.3 支撑式掩护支架支护方式

掩护式支架主要由托梁、掩护梁、底座与支柱四个部件组成。这种支架的主要特点是对机道上方的顶板进行支撑而对采空区冒落的矸石采取掩护的办法。掩护式液压支架的支柱可支在掩护梁下，也可以支在顶梁下。

支掩式掩护支架根据掩护梁与底座的连接方式可分为单铰式与四连杆式(或称为双铰式)。根据托梁与掩护梁铰接处的运动轨迹又可以将掩护式液压支架分为弧线形、双纽线形、椭圆形三种。

这种支架的优点如下：

① 缩小了控顶距，减少了托梁与顶板之间反复支撑的次数，提高了支架对机道上方顶板的支撑力。

② 在顶板局部冒顶情况下可以考虑不勾顶。

③ 支架的结构可以承受一定水平推力，因而可以实现承载前移。

④ 挡矸性能良好，因而采空区矸石不能涌入回采工作面。

但是这种支架工作空间小，因而通风断面尺寸小，行人也不方便。除此之外，由于增加了掩护梁，支架重量有所增加。

2.3.4.4 支顶式掩护支架支护方式

支撑式液压支架具有工作空间宽裕、通风断面尺寸大、行人方便等优点，但是它易窜矸，在破碎顶板条件下易失稳。而支顶式掩护支架在破碎顶板条件下受力状态较好，挡矸性能好，但是其通风断面尺寸小，不利于通风和行人。人们希望所设计的支架结构兼有二者的优点，因而自 1974 年开始设计和试制了支顶式掩护支架，并逐步取代了其他型号的支架。

2.3.4.5 支撑掩护式支架支护方式

支撑掩护式支架有双排、三或四立柱等形式，分为支顶式和支顶支掩式两种。不论哪一种，其顶梁长度一般均较掩护式支架的长，增加了支撑力，缩短了掩护梁长度，加大了掩护梁的坡度，同时还改善了支架底座与底板的受力情况，但是也致使其具有控顶距增大、价格较高、重量较大、支架结构较复杂等缺陷。

支撑掩护式支架高度变化，即当后排支柱直接支撑在顶梁上时，对支撑力的影响不大，支撑效率较高。而后排支柱支撑在掩护梁上时，虽然顶梁长度可较短，但是由于后柱倾角稍大，在支架高度偏高或偏低时其支架阻力均降低。

3 巷道矿压显现规律

3.1 巷道围岩应力分布规律

3.1.1 受采动影响巷道围岩应力分布规律

3.1.1.1 原岩体内掘进巷道引起的围岩应力

未经采动的岩体，在巷道开掘以前通常处于弹性变形状态，岩体的原始竖直应力 p 等于上部覆盖岩层的重力 γH。巷道开掘后原岩应力重新分布，巷道围岩内出现应力集中，如果围岩应力小于岩体强度，围岩仍处于弹性状态，围岩应力可用弹性力学方法按照平面应变问题计算。双向等压原岩应力场内圆形巷道围岩应力分布如图 3-1 所示。如果围岩应力大于岩体强度，巷道围岩会产生塑性变形，从巷道周边向围岩深处扩展到一定范围，出现塑性变形区，为弹塑性介质。运用极限平衡理论，巷道围岩应力分布如图 3-2 所示。塑性区内圈(A)的围岩强度明显削弱，低于原始应力 γH，围岩发生破裂和位移称为破裂区，也称为卸载和应力降低区。塑性区外圈(B)的应力高于原始应力，与弹性区内应力增高部分均为承载区，也称为应力增高区。再向围岩深部即处于稳定状态的原始应力区。

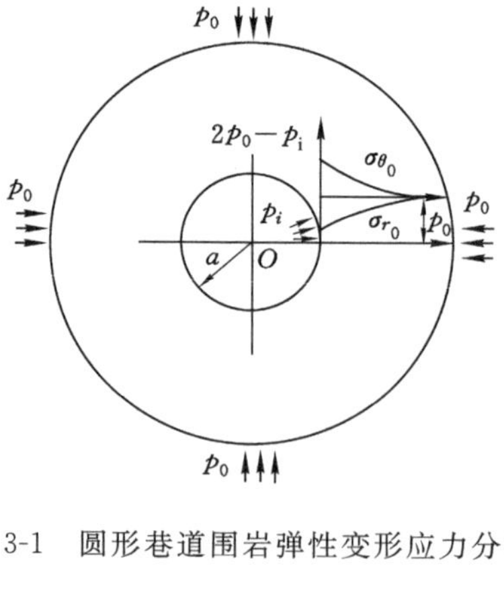

图 3-1 圆形巷道围岩弹性变形应力分布

试验表明，当围岩应力达到其极限强度之后，围岩强度并没有完全丧失，而是随着变形的增加逐渐降低，直至降到残余强度为止。因此，在计算围岩应力和变形时，应注意围岩强度弱化过程中塑性区物性参数的变化。

3.1.1.2 采场周围支承压力分布

采矿、隧道、岩土等地下工程具有很强的复杂性，集中表现为围岩中应力分布随空间和

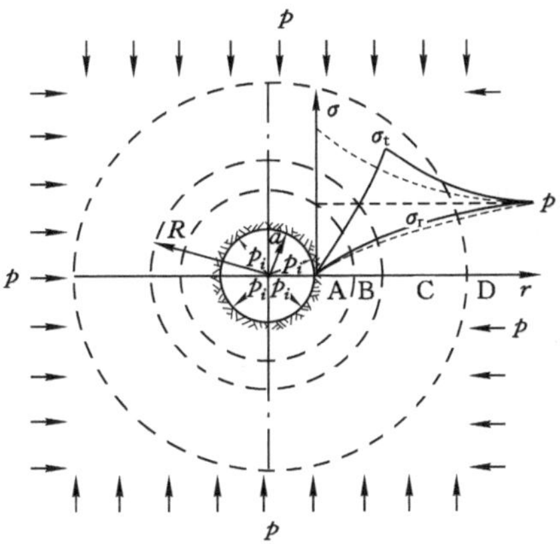

p—原始应力；σ_t—切向应力；σ_r—径向应力；p_i—支护阻力；a—巷道半径；R—塑性区半径；
A—破裂区；B—塑性区；C—弹性区；D—原始应力区。

图 3-2 圆形巷道围岩塑性变形区及应力分布图

时间的变化而不断变化。地下工程的采掘使得围岩形成了大面积的自由面，打破了原有的静力平衡状态，并导致应力重分布，工作面回采后采场四周围岩应力分布如图 3-3 所示。当自由面存在时，对于巷道或采空区等开挖空间而言，其浅部表层岩体的受力状态将从原来的三向受力（原岩应力状态）变为双向甚至单轴受力状态。受力状态的改变使得岩体承载能力大幅度降低，最终导致浅部岩体破碎、卸压以及应力的深部转移。应力动态变化将会在开挖空间周边岩体内部形成应力集中区与降低区。反复的应力升高或降低将以加卸载的形式作用于围岩，表现为围岩塑性区、破坏区的形成，最终导致围岩的大变形以及松动破坏[43-44]。

支承压力的显现特征用支承压力分布范围、分布形式和应力峰值表示。应力增高系数 K 是支承压力峰值与原岩竖直应力的比值；支承压力分布参数有煤体边缘的破裂区宽度、塑性区宽度（支承压力峰值距离）和支承压力的影响距离。目前上述参数主要由现场实测取得。工作面超前支承压力峰值位置距煤壁一般为 4～8 m，相当于 2～3.5 倍回采高度。影响范围为 40～60 m，少数可达 60～80 m，应力增高系数为 2.5～3。工作面倾斜方向固定支承压力影响范围一般为 15～30 m，少数可达到 35～40 m，支承压力峰值位置距煤壁一般为 15～20 m，应力增高系数为 2～3。采空区支承压力应力增高系数通常小于 1，个别情况下达到 1.3。相邻的采空区所形成的支承压力会在某些地点发生相互叠加，称为叠合支承压力。例如，在上、下区段之间，上区段采空区形成的残余支承压力与下区段工作面超前支承压力叠加，在煤层向采空区凸出的拐角处形成很高的叠合支承压力，应力增高系数可达 5～7，有时甚至更高，如图 3-4 所示。

3.1.1.3 采动引起的底板岩层应力分布

煤层开采引起回采空间周围岩层应力重新分布不仅在回采空间周围煤体（柱）上造成应力集中，还会向底板深部传递，在底板岩层一定范围内重新分布应力，成为影响底板巷道布置和维护的重要因素，按照在集中荷载、均布荷载、三角形荷载作用下计算半无限平面体内应力的有关公式，计算在三种典型荷载作用下底板岩层的应力分布，如图 3-5 所示。图 3-5(a)为一侧采空煤体，作用于煤体上的支承压力近似三角形分布，应力增高系数为 3。图 3-5(b)、

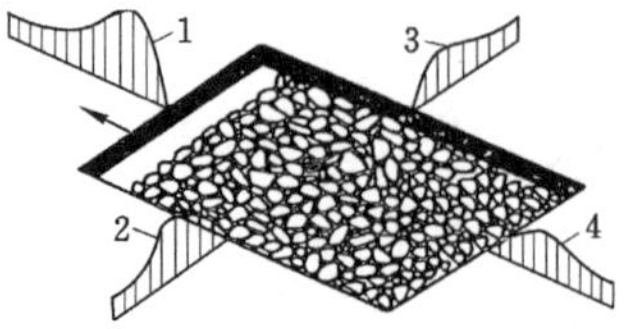

1—超前支承压力；2，3—侧向固定支承压力；
4—采空区支承压力。

图 3-3　采场应力重新分布图

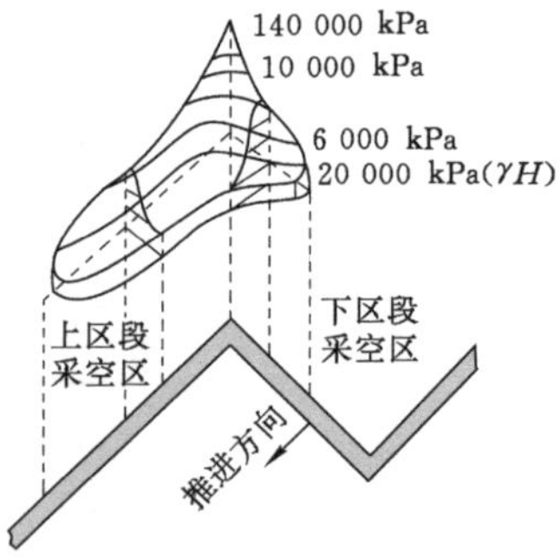

图 3-4　煤层凸出角处叠合支承应力

图 3-5(c)均为两侧采空煤柱，煤柱宽度分别为 B 和 $2B$，B 一般等于工作面超前支承压力影响范围。作用于煤柱上的支承压力分别呈钟形和马鞍形分布，应力增高系数分别为 5 和 3.5。

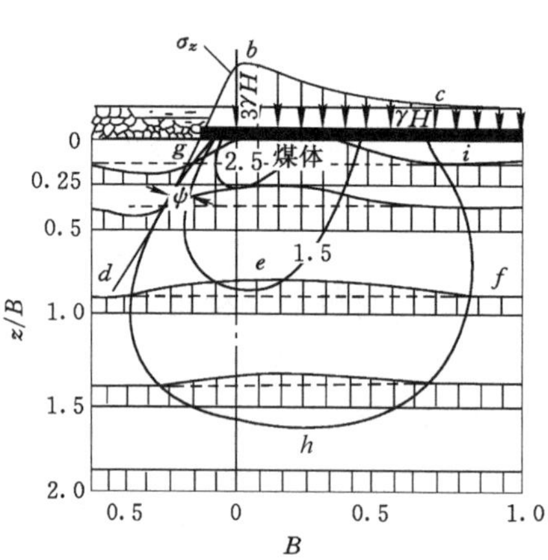

(a) 一侧采空

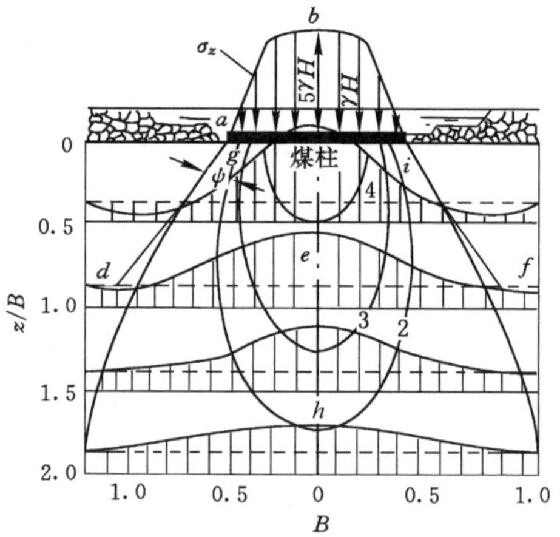

(b) 两侧采空（煤柱宽B），均布荷载

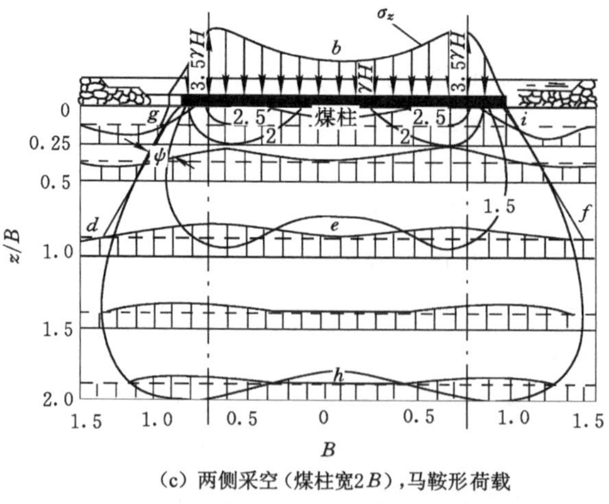

(c) 两侧采空（煤柱宽$2B$），马鞍形荷载

B—底板岩层至煤柱中心距离；z—底板岩层至上部煤层的垂距。

图 3-5　三种典型的煤柱荷载作用下底板岩层的应力分布

图 3-5 中曲线 def 表示在荷载作用下底板岩层不同深度处水平截面上竖直应力的分布；曲线 ghi 表示底板岩层内竖直应力与自重应力比值的等值线，等值线外部竖直应力等于自重应力，即 γH。由图 3-5 可见，底板岩层内任一点的应力，主要取决于上部煤柱（体）的荷载、该点与煤柱（体）的垂直距离及该点与煤柱（体）边缘或中心线的水平距离，具有以下规律：

① 一侧采空煤体及两侧采空、宽度较大的煤柱，作用于煤层上的支承压力的影响深度为 $1.5B \sim 2B$；两侧采空、宽度较小的煤柱，作用于煤柱上的支承压力的影响深度为 $3B \sim 4B$。

② 两侧采空、宽度较小的煤柱，底板岩层内同一水平面上 σ_z 以煤柱中心线处最大。侧采空煤体，底板岩层内同一水平面上 σ_z 最大值在煤体下方，距采空区边缘数米。两侧已采、宽度较大的煤柱，底板岩层内同一水平面上 σ_z 以煤柱中心线处较小，靠近煤柱边缘出现峰值。

③ 无论在何种形式煤层荷载作用下，底板岩层内应力分布都呈扩展状态，数值等于自重应力等值线与煤柱边缘垂线的夹角，该角为影响角（φ），一般为 30°～40°。沿工作面推进方向或沿工作面倾斜方向取纵向剖面，煤层底板岩层仍然相当于一个半无限体。按平面应变问题处理，计算覆岩在煤体上和已压实的冒落矸石上的支承压力引起的底板岩层应力，其最大主应力 σ_{max} 的应力增高系数等值线分布如图 3-6 所示。图 3-6(a)表示上部煤层单侧采动引起底板岩层内应力分布，图 3-6(b)表示上部煤层两侧采动遗留保护煤柱引起底板岩层内应力分布。如图 3-6 所示，除了在煤柱下方底板岩层一定范围内形成应力增高区以外，位于煤柱附近的采空区下方底板岩层一定范围内形成应力降低区。底板岩层在受采动影响过程中，随着工作面推进，σ_z 在高度集中后急剧卸压，在竖直方向产生压缩和膨胀；伴生水平方向的压缩和膨胀，出现水平应力升高区和卸压区。采空区下方底板浅部卸压甚至出现拉应力，岩层强度已大幅度降低。同时，考虑到煤柱的压模作用，位于应力降低区内的底板巷道与上部采空区及煤柱边缘之间应保持一定距离。

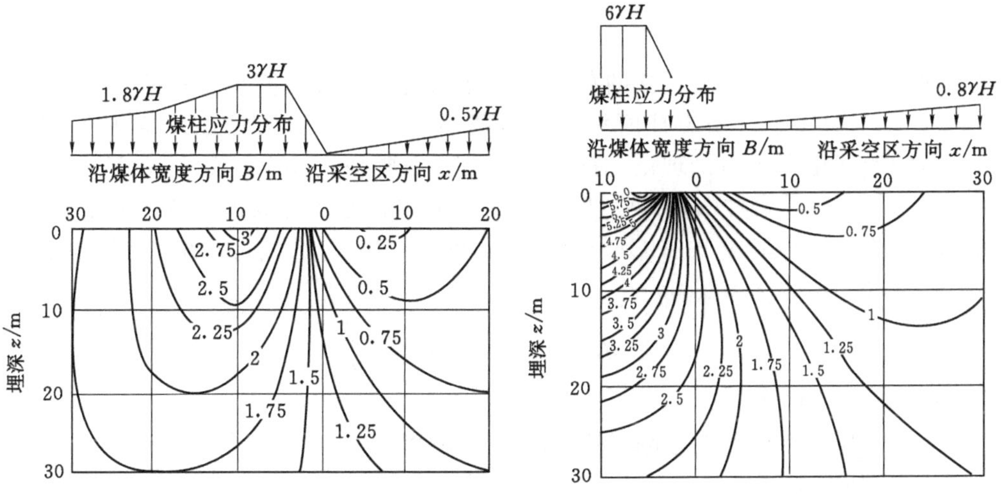

(a) 上部煤层单侧采动　　(b) 上部煤层两侧采动

图 3-6　上部煤层采动遗留保护煤柱引起的底板岩层内应力分布

3.1.2 相邻巷道的应力分布规律

相邻巷道的间距应使巷道间的相互影响不明显改变围岩的稳定性。一般从巷道应力影响带和巷道间岩柱的稳定性两个方面分析研究。

3.1.2.1 巷道围岩应力影响带

巷道开掘以后，巷道周围岩体内的应力重新分布。巷道围岩应力受扰乱的区域称为影响带，一般以超过原岩应力值的5%作为影响带的边界。如果相邻巷道的应力影响带彼此不重叠，可忽略巷道间的相互影响。如果相邻巷道的应力影响带彼此重叠，但是没有到达相邻巷道，可进行巷道围岩应力值的叠加。各向同性弹性岩体中单一圆形巷道围岩内应力分布计算表明，在静水压应力场中，巷道的应力影响区形状为半径等于 $6r$ 的圆（r 为巷道断面半径）。在非静水压应力场中，巷道的应力影响区形状不再是圆形，一般为长轴不大于 $12r$ 的椭圆。因此，断面相同的两圆形巷道的间距 D 的范围为：

$$6r < D < 12r \tag{3-1}$$

半径不同的两圆形巷道的间距 D 的范围为：

$$6R < D < 6(r+R) \tag{3-2}$$

式中　R——大圆形巷道半径，

r——小圆形巷道半径。

确定相邻非圆形巷道间距时，应根据巷道断面形状进行具体计算。一般情况下可借鉴式(3-1)、式(3-2)近似计算。如围岩局部的应力超过岩体强度，自巷道周边向岩体深部扩展到一定范围形成塑性变形区，在塑性区与弹性区交界处围岩应力集中，确定相邻巷道间距时，相邻巷道的应力影响带不宜超过巷道塑性变形区与弹性变形区的交界。各向等压条件下，圆形巷道塑性区、弹性区内围岩应力分布和塑性区半径可解析计算。对于非圆形巷道的弹塑性围岩体，其应力分布和塑性区半径可采用数值计算方法，选用合理的岩体物理力学参数来计算。

3.1.2.2 巷道间岩柱的稳定性

岩柱的稳定性主要取决于岩柱的荷载和岩柱强度。当岩柱所承受的荷载超过其承载能力时，岩柱是不稳定的。当岩柱所承受的荷载小于岩柱的承载能力时，岩柱是稳定的。计算岩柱荷载的理论有压力拱理论、有限区域理论（经典公式、King 公式）和 Wilson 理论。岩柱的强度主要由组成岩柱的岩体强度、岩柱的宽度和高度及总的构造特征决定。已为大量现场资料所验证的经验公式有 Obert-Dwvall/Wang(1967)公式[式(3-3)]和 Bieniawski(1968)公式[式(3-4)]。

$$R = R_c\left(0.778 + 0.222\frac{B}{h}\right) \tag{3-3}$$

式中　R——岩柱强度，MPa；

R_c——岩柱原位临界立方体单轴抗压强度，MPa；

B——岩柱宽度，m；

h——岩柱高度，m。

$$R = R_{c1}\left(0.64 + 0.36\frac{B}{h}\right) \tag{3-4}$$

式中 R_{cl}——临界尺寸岩柱的强度，MPa。

试验结果表明，当岩柱的宽高比 B/h 大于 5 时，岩柱强度将随 B/h 的增大而显著增大；当 B/h 大于 10 时，一般情况下岩柱不易破坏。

3.1.3 构造应力对巷道稳定性的影响

3.1.3.1 构造应力

构造应力是地壳构造运动在岩体中引起的应力。构造应力包括地质构造发生过程中在地下岩体内所产生的应力，以及已结束的地质构造运动残留在岩体内部的应力。从工程角度来看，古构造应力、新构造应力和在岩石生成过程中形成的结构内应力都属于构造应力。构造应力主要集中在地质构造变动比较剧烈的地区。例如，褶曲带中曲率半径比较小的区域、岩层发生扭转的地方、断层附近（特别是断层端部和两断层交汇处）以及岩层厚度发生剧变的地方。因为拉应力构造通常有利于构造应力的释放，构造应力主要集中在压应力构造带和剪应力构造带。实测资料表明，原岩应力场内竖直应力基本上等于上覆岩层重力，而由于构造应力的存在，水平构造应力一般为竖直应力的 0.5～5.5 倍，在地质条件复杂地区甚至会更高。构造应力的基本特点是以水平应力为主，具有明显的方向性和区域性。

目前，应用地质力学方法研究构造应力场只是定性分析。要取得构造应力大小和方向的定量资料，必须进行实地测量。测试方法主要有应力恢复法、应力解除法和水压致裂法。任何一种实测方法都需要通过扰动打破原有状态，在从一种平衡状态到新的平衡状态的过程中，通过对应力效应的间接测量来实现。煤矿中常采用应力解除法。

3.1.3.2 水平应力对巷道稳定性的影响

水平应力是影响巷道顶板冒落、底板鼓起、两帮内挤的主要因素。顶板岩层在水平应力作用下可能出现两种破坏形式：一是薄层的页岩类岩层沿层面滑移，二是厚层的砂岩类岩层以小角度或沿小断层产生剪切，顶板失稳冒落。在软岩和厚煤层中，底板岩层在水平应力作用下与形成褶曲构造相类似，向巷道空间鼓起。如果底板岩层呈黏-塑性变形，底板岩层进入蠕变状态。因此，高水平应力是造成底板岩层破坏和强烈底鼓的主要原因。水平应力在巷道两帮引起较大的拉应力，造成两帮破裂、鼓出和塌落，破坏深度较大。

3.1.3.3 合理的巷道布置方向

水平应力是由岩层自重引起的，由岩层之间的摩擦力和黏聚力以及水平构造应力组成。构造应力具有明显的方向性，巷道轴向与构造应力方向之间夹角不同，巷道围岩水平应力集中程度也不同，并且有很大差异。因此，在构造应力影响较强烈的区域，要重视巷道布置方向，依靠正确调整巷道方向与构造应力方向之间的关系，削减构造应力对巷道围岩稳定性的影响。

3.1.4 受采动影响巷道的围岩变形

3.1.4.1 巷道围岩变形量的构成

巷道围岩变形量包括巷道顶板下沉量、底板鼓起量、巷帮移近量、深部围岩移近量以及巷道剩余断面积等。巷道顶底板移近量是指巷道中心线高度减少值，两帮移近量是指巷道沿腰线水平的减少值。巷道围岩变形量主要由掘进引起的变形、回采引起的变形以及采掘影响趋向稳定后的围岩流变组成。由于开采深度、围岩力学性质和结构以及支护等巷道边界条件不同，巷道围岩变形量和变形速度有很大差异。

3.1.4.2 巷道围岩变形规律

采准巷道从开掘到报废，经历采动造成的围岩应力重新分布过程，围岩变形会持续增长和变化。以受到相邻区段回采影响的工作面回风巷道为例，围岩变形要经历五个阶段（图 3-7）。

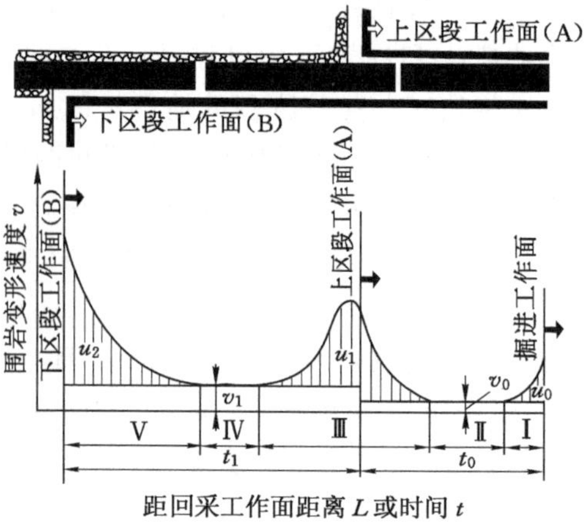

Ⅰ—掘巷影响区；Ⅱ—掘巷影响稳定区；Ⅲ—回采影响区；

Ⅳ—回采影响稳定区；Ⅴ—下区段回采影响区。

图 3-7 煤体-煤柱或无煤柱(正采动)巷道服务期间围岩变形

（1）巷道掘进影响阶段

煤体内开掘巷道后巷道围岩出现应力集中。在形成塑性区的过程中，围岩向巷道空间中显著位移。随着巷道掘进时间的延长，围岩变形速度逐渐衰减，趋向缓和。巷道的围岩变形量主要取决于巷道埋藏深度和围岩性质。

（2）掘进影响稳定阶段

掘巷引起的围岩应力重新分布趋于稳定，由于煤岩一般具有流变性，围岩变形还会随时间缓慢增长，但其变形速度比掘巷初期小得多。巷道的围岩变形速度取决于埋藏深度和围岩性质。

（3）采动影响阶段

巷道受上区段工作面（A）的回采影响后，在回采引起的超前移动支承压力作用下，巷道围岩应力重新分布，塑性区显著扩大，围岩变形急剧增长。在工作面（A）后方附近，由于巷道上方和采空区一侧顶板弯曲下沉和显著运动使得支承压力和巷道围岩变形速度都达到最大值。远离工作面后方，巷道围岩变形速度逐渐衰减。巷道围岩性质、护巷煤柱宽度或巷旁支护方式、工作面顶板岩层结构对该时期围岩变形量的影响很大。

（4）采动影响稳定阶段

回采引起的应力重新分布趋于稳定后，巷道围岩变形速度再一次显著降低，但仍然高于掘进影响稳定阶段时的变形速度，围岩变形量按流变规律不断缓慢增长。

(5) 二次采动影响阶段

巷道受本区段回采工作面(B)的回采影响时，由于上区段残余支承压力与本区段工作面超前支承压力相互叠加，巷道围岩应力急剧增高，引起围岩应力又一次重新分布，塑性区进一步扩大，应力的反复扰动使围岩变形比仅受一次采动影响时更加强烈。

3.2　受采动影响巷道矿压显现规律

3.2.1　巷道位置的类型

根据巷道与回采空间相对位置及采掘时间关系的不同，巷道位置可以分为以下几类：

① 与回采空间在同一层面的巷道称为本煤层巷道，分析本煤层巷道位置时仅考虑回采空间周围煤体上支承压力的分布规律，可作为平面问题处理。

② 与回采空间不在同一层面，位于其下方的巷道称为底板巷道，分析其位置时，应该考虑回采空间周围底板岩层中应力分布规律，按空间问题处理。当然，位于回采空间所在层面上方的巷道称为顶板巷道。分析顶板巷道位置时，不仅要考虑回采空间周围顶板岩层中应力分布规律，还要考虑上覆岩层移动、破坏规律。

③ 厚煤层中、下分层以及相邻煤层中的煤层巷道，有可能同时受到本分层和上分层以及相邻煤层采面的采动影响。分析这一类巷道位置时，根据巷道与回采空间位置和采掘时间关系，综合考虑回采空间周围煤体上支承压力和顶、底板岩层中应力的叠加影响。

3.2.2　区段巷道布置位置及矿压显现规律

3.2.2.1　区段巷道布置方式

根据区段回采的准备系统，区段巷道可分为三种布置方式：

(1) 位于未经采动的煤体内，巷道两侧均为煤体，称为煤体-煤体巷道(图 3-8 中Ⅰ)。薄煤层中厚煤层和厚煤层上分层的区段运输巷道一般都属于这种布置方式。

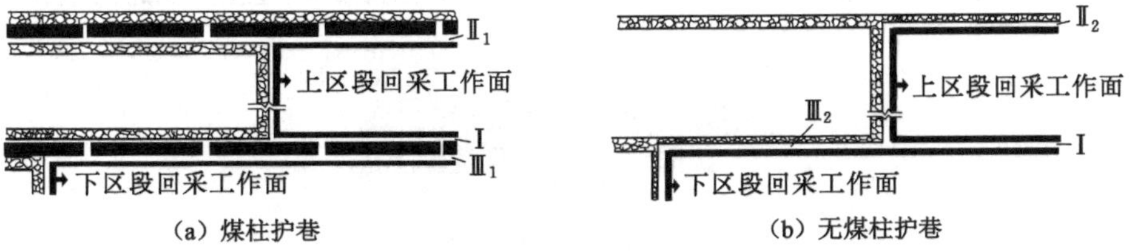

图 3-8　区段巷道布置方式示意图

(2) 巷道一侧为煤体，另一侧为保护煤柱，如果保护煤柱一侧的采面已经采完，并且采动影响已趋于稳定，则该巷道称为煤体-煤柱(采动稳定)巷道(图 3-8 中$Ⅱ_1$)。如果巷道与保护煤柱一侧的采面区段同时掘出，或在保护煤柱一侧的采面回采过程中进行掘进，则该巷道称为煤体-煤柱(正采动)巷道(图 3-8 中$Ⅲ_1$)。

(3) 巷道一侧为煤体，另一侧为采空区，如果采空区一侧采动影响已经稳定，沿采空区边缘掘进的巷道称为煤体-无煤柱(沿空掘进)巷道(见图 3-8 $Ⅱ_2$);如果通过加强支护或采用其他有效方法,将相邻区段巷道保留下来,作为供本区段工作面回采时使用的巷道,称为煤体-无煤柱(沿空保留)巷道(见图 3-8 $Ⅲ_2$)。

3.2.2.2 区段巷道矿压显现规律

(1) 煤体-煤体巷道服务期间,围岩的变形将经历巷道掘进影响、掘进影响稳定和采动影响三个阶段。由于巷道在采面后方已经废弃,巷道仅经历采面前方采动影响,围岩变形量比采动影响阶段全过程小得多,一般仅为 1/3 左右。

(2) 煤体-煤柱或无煤柱(采动稳定)巷道服务期间,围岩的变形同样经历巷道掘进影响、掘进影响稳定和采动影响三个阶段(工作面前方采动影响)。但是巷道在整个服务期间内,始终受相邻区段采空区残余支承压力的影响,三个影响阶段的围岩变形均大于煤体-煤体巷道。巷道的围岩变形量除了取决于开采深度、巷道围岩性质、工作面顶板结构和相邻区段采空区采动稳定程度外,与沿空护巷方式及保护煤柱宽度密切相关。

(3) 煤体-煤柱或无煤柱(正采动)巷道服务期间,围岩的变形将经历五个阶段(图 3-7),围岩变形量远大于无采动及一侧采动稳定后巷道。这一类巷道的围岩变形量除了与开采深度、巷道围岩性质、采动状况有关外,工作面顶板结构、沿空护巷方式和煤柱宽度都起决定性作用。

3.2.2.3 厚煤层中、下分层区段巷道布置和矿压显现规律

厚煤层中、下分层区段巷道相对本层工作面仍然是煤体-煤体、煤体-煤柱(采动稳定、正采动)、煤体-无煤柱(采动稳定、正采动)三种布置方式,与上部分层主要有以下三种位置关系:布置在已稳定的采空区下方,附近无上分层遗留煤柱,如图 3-9(a)所示;布置在已稳定的采空区下方,并在上分层护巷煤柱附近,如图 3-9(b)所示;巷道布置在上分层护巷煤柱下部,如图 3-9(c)所示。

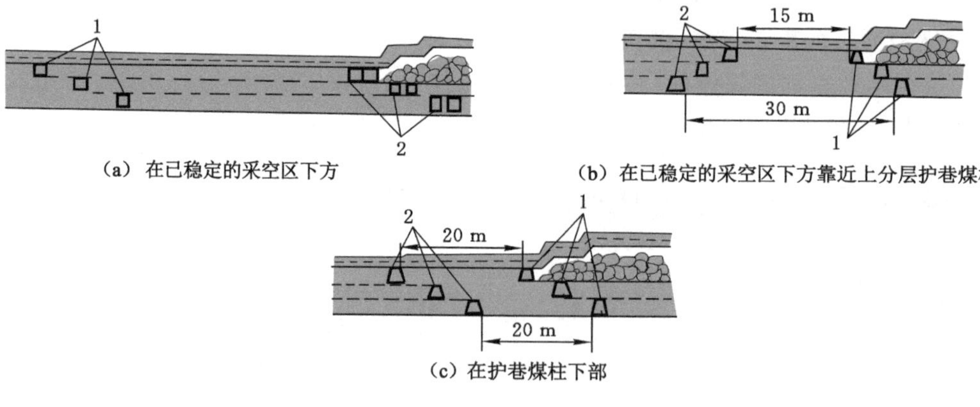

1—运输平巷;2—回风巷道。

图 3-9 厚煤层中、下分层区段巷道布置方式

中、下分层巷道如果位于上分层一侧已采的煤体附近,上分层煤体的支承压力对下部分层巷道会产生一定影响。其影响程度与巷道和上分层煤体边缘之间的水平距离有关,一般情况下,水平距离超过 20 m 时影响已不明显。中、下分层巷道如果位于上分层两侧均已采空的煤柱附近,由于受到上分层煤柱支承压力叠加的强烈影响,围岩变形显著。为了改

善这种巷道的维护，要求巷道与上分层煤柱边缘保持 5～10 m 的水平距离。但是这种布置方式增加了中、下分层的煤量损失。厚煤层分层开采时，实行无煤柱开采，既可以减少煤炭损失，又对改善下部分层巷道的维护十分有利。邻近煤层中的区段巷道，如果煤层间距很小，其巷道布置和围岩变形规律与厚煤层中、下分层区段巷道类似。

3.2.3 底板巷道的位置和矿压显现规律

3.2.3.1 底板巷道的位置

在上部煤层回采活动影响下，底板巷道的受力情况和围岩变形有很大差别。按照巷道与上部煤层回采空间的相对位置和开采时间关系，巷道的位置可归纳为以下三种情况：

(1) 布置在已稳定的采空区下部，在上部煤层回采空间形成的底板应力降低区内，见图 3-10 中Ⅰ。巷道在整个服务期间内不受采动影响。

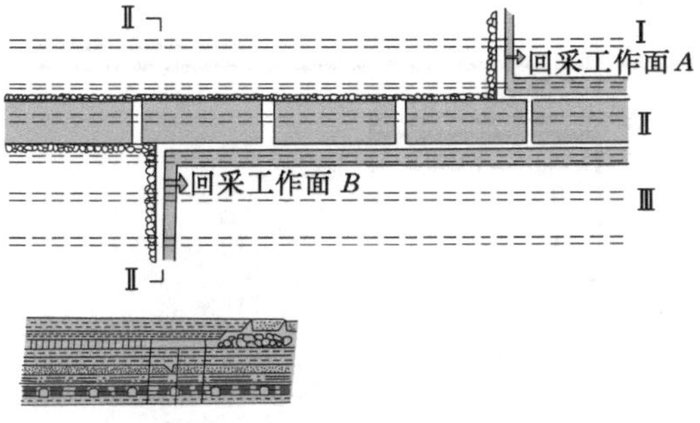

Ⅰ—在已稳定的采空区下部；Ⅱ—在保护煤柱下部；

Ⅲ—在尚未开采工作面下部，经历上部采面的跨采影响。

图 3-10 底板巷道位置

(2) 布置在保护煤柱下部，经历保护煤柱两侧回采工作面的超前采动影响，如图 3-10 中Ⅱ所示。保护煤柱形成后，一直受保护煤柱支承压力的影响。当保护煤柱足够宽或者巷道与保护煤柱的间距足够大时，巷道可以避开采动影响，处于原岩应力场内。

(3) 布置在尚未开采的工作面下部，经历上部采面的跨采影响后，位于已稳定的采空区下部应力降低区内，如图 3-10 中Ⅲ所示。

3.2.3.2 底板巷道的矿压显现规律

底板巷道从开掘到报废，由于受到上部煤层的采动影响，引起围岩应力反复重新分布，围岩变形速度随之变化。巷道Ⅰ仅经历在应力降低区内的巷道掘进影响阶段，然后进入掘进影响稳定阶段，围岩变形趋向稳定，变形量不大。巷道Ⅱ围岩变形要经历掘巷期间明显变形，然后趋向稳定，保护煤柱不足够宽时，受上部煤层工作面 A 回采影响期间显著变形，然后又趋向稳定；受上部煤层工作面 B 回采影响期间强烈变形，然后再次趋向以较大的变形速度持续变形，如图 3-11(a)所示。巷道Ⅲ围岩变形要经历掘巷期间明显变形，然后趋向稳定，工作面跨越开采时引起围岩强烈变形，然后又趋向稳定，如图 3-11(b)所示。

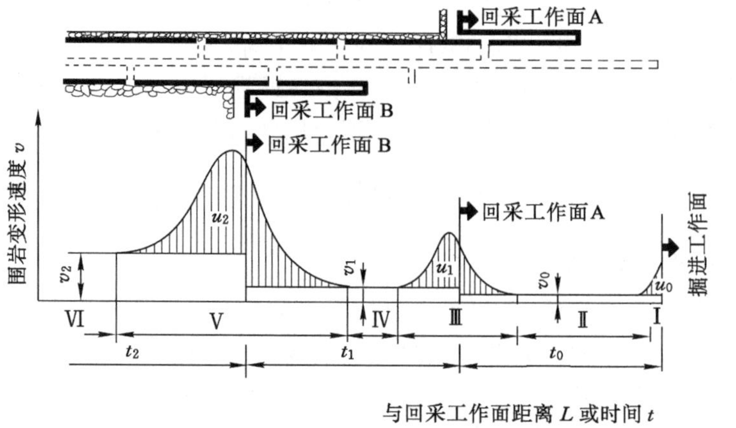

(a) 保护煤柱不够宽条件下

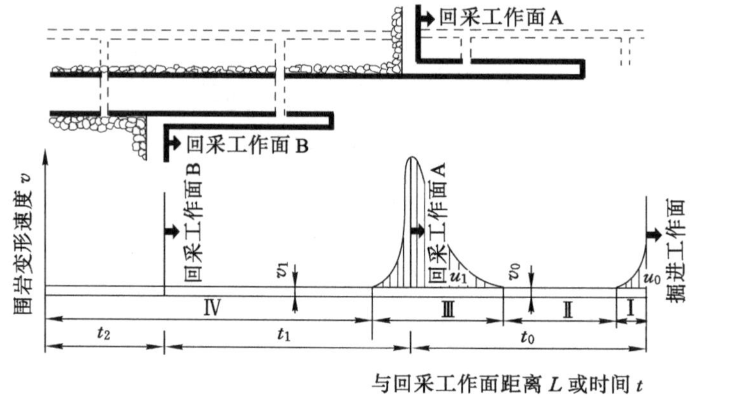

(b) 采面跨采条件下

图 3-11 受上部煤层采动影响底板巷道变形

3.2.3.3 厚煤层主要巷道的布置方式

20 世纪 50 年代至 60 年代初期，国内一些开采厚煤层的矿井，曾采用在厚煤层内布置区段集中巷和上、下山甚至大巷，一般沿底板掘进，两侧留保护煤柱。对于分层开采的厚煤层，巷道要经受多次采动影响。巷道受到采动影响后，围岩变形强烈、破坏严重，还可能引起煤层自然发火。自 60 年代起，许多矿井改变这种巷道布置方式，代之以底板岩层巷道，以及各分层分掘分采的布置方式，为矿井安全和正常生产创造了良好条件。但是岩巷工程量大、施工期长、系统复杂，与现代化矿井高产、高效、高速的综合机械化采煤的发展不相适应。目前，随着开采技术和巷道维护技术的进步，国内一些开采厚煤层的矿井重新开始在厚煤层内布置上、下山甚至大巷，这标志厚煤层巷道布置的重要改革，对矿井生产建设将会产生重大影响。

3.2.4 综放面回采巷道矿压显现特点

3.2.4.1 实体煤巷道

与综采分层工作面相比，综放整层工作面超前支承压力分布范围扩大，应力高峰位置前移，导致综放整层实体煤回采巷道矿压显现与综采分层实体煤回采巷道有较大差异，一般情况下综放整层巷道各项矿压显现指标数值均高于综采分层巷道的。以兖州兴隆庄煤矿综放面为例，综放整层与综采分层实体煤巷道相比，超前明显影响区扩大 4～22 m，支承应力高峰区扩大 1～8 m，巷道顶底板移近量增加 100～300 mm。与综采二分层、三分层实体煤巷道相比较，由于巷道煤层反复受到支承压力的作用，超前压力影响范围基本相同，顶底板移近量增加 100～200 mm，移近速度平均值增大 2 倍以上。

3.2.4.2 沿空掘进巷道

(1) 综放沿空巷道与实体煤巷道矿压显现对比分析

对于中等稳定围岩综放沿空掘巷，超前 90 m 左右就出现采动影响，明显变形出现在工作面前方 35 m 左右，分别比实体煤巷道增加近 20 m。巷道剧烈变形在工作面前方 0～10 m。综放面沿空巷道顶底板移近量比实体煤巷道增大 5～10 倍，两帮相对移近量增大 10 倍以上。回采影响期间巷道围岩移近量与掘巷影响期间相比较，沿空巷道前者是后者的 5～10 倍；实体煤巷道前者是后者的 1.2～1.5 倍。实体煤巷道的顶底板及两帮变形大体相近；沿空巷道两帮移近量大于顶底板移近量，前者是后者的 2 倍左右。

(2) 综放沿空巷道与综采上分层沿空巷道矿压显现对比分析

以兖州兴隆庄煤矿综采放顶煤工作面为例，综放与综采一分层沿空巷道相比较，超前支承压力明显影响区范围扩大 20 m 左右；支承应力高峰区基本保持不变。顶底板平均移近量增加 100～400 mm，顶底板平均移近速度增加 12 mm/d。综放与综采二分层、三分层沿空巷道相比较，由于分层巷道煤层反复受到支承压力作用，超前压力影响范围有所增大，顶底板移近量增加 100～300 mm，移近速度平均值增大 1.5 倍以上。

3.2.5 深井采准巷道的矿压特点

开采深度较大的矿井，尽管煤系地层岩体的绝对强度不低，但由于受自重应力、构造应力、地温及湿度的影响，同样会发生类似于浅部破软岩体的变形与破坏。有些变形与破坏比浅部厉害得多，会直接影响正常生产。

深井采准巷道的变形破坏与地质构造(断层带、褶曲、向斜轴)有关，巷道周边由深度增加而引起的集中应力将导致周围形成非弹性变形带。这种变形带随时间增长逐渐向岩体深部扩展，变形带中岩石变形的特征与巷道附近岩石类型、所处深度、巷道断面、支护形式及强度等有关。如果对岩石试件进行长期加载试验，可以明显发现岩石变形可分为弹性变形、弹黏性变形、弹塑性变形及岩石的破坏。而每一种变形过程的最终判据是弹性极限、长时强度极限和瞬时加载的强度极限。当应力低于长时强度极限时，岩石呈现连续性不发生破坏的弹性及弹黏性变形。在这种情况下，对于层状及中硬强度以下的岩石来说，其弹黏性变形完全随时间衰减。当应力超过长时强度极限时，岩石出现弹-黏-塑性流动(砂质页岩和砂岩的长时强度极限通常为瞬时强度极限的 70%～75%)，变形不会随时间衰减，直至破坏。根据岩石强度极限和岩体应力关系可将岩石变形分为以下几个类型。

① 当巷道周边应力小于长时强度极限时，巷道周围岩体中形成弹黏性变形。这种变形不破坏岩石的连续性，特点是越深入岩体变形量越小；岩石移动速度随时间先增大而后减小。对于页岩和砂质页岩，巷道周边径向移动量一般不超过 50 mm。岩石强度足以抵抗所

产生的应力，无需支架。为了防止这一类巷道中的垮落危险，可稍作支护。这一类变形可看作第 1 种变形。

② 当巷道周边应力超过长时极限而小于瞬时强度极限时，其变形速度是按恒定速度进行的，通常变化不大。不过塑性区的出现常伴随着微裂隙的形成和岩石体积的增大，而且会导致围岩的局部破坏，产生较大的裂隙，极大削弱岩石强度，造成破坏过程加剧，出现围岩向巷内位移。由于岩石还对破坏显示出很大的阻力，且切向应力随伸入岩体深度而降低，距巷道周边某距离处不再破坏，仅处于弹性状态。随着周边破碎岩体承载能力的降低和受采动影响，该变形带也会由弹性变形带逐渐向破坏带过渡。在 400～1 000 mm 深度处的页岩和砂质页岩中掘进的巷道，其破坏带的范围大约在离巷道周围 2～3 m 处，移动量一般不超过 200 mm。这一类变形可看作第 2 类变形，要求支架既要有一定的可缩性，又要有足够的支撑力，以减小松动区及破坏带范围。

③ 当巷道周边应力超过瞬时强度极限时，岩石在高应力作用下变形速率增大，直至破坏。这一瞬时破坏带之外为弹、黏、塑性变形带，该带中随着裂隙的相互沟通，岩石强度大幅度降低，随着巷道周边破坏带逐渐被压碎或脱落，承载能力逐渐降低；而随着采掘工作的影响，切向应力成倍增加，高应力的承受位置必然向岩体深处移动，出现第 2 应力场。久而久之该带也会破坏，在其外又会出现弹、黏、塑性变形带，伴随着第 3 应力场的出现。当然其塑性-松动-破坏程度会越来越低，这主要取决于三向应力的差值。巷道周边破坏带的厚度视上述诸因素而定，通常为 4～8 m，有时更大，巷道周边径向移动量大大超过 200 mm。如果破坏后的散体松脱在支护强度不足的支护物上，那么不仅会导致松脱厚度的增大，还会由于破碎体积扩容、增大而挤向巷道空间造成断梁折柱、塌方冒顶，恶化工作环境以致停产待修。翻修期间，又会使应力重新分布，使原来处于极限状态区域的岩体再次破坏。有些矿井、煤层本来岩石的流变性不强，只是因为层理发育、强度不够，使巷道很难维护，其原因是围岩具有第 3 类变形特点。

3.3 不同类型巷道的矿压显现规律及其与支护的相互关系

3.3.1 不同类型巷道的矿压显现规律

3.3.1.1 硬岩巷道

(1) 硬岩巷道的矿压特点

硬岩巷道在开挖初期由于岩石强度高，变形量相对较小。但是硬岩的脆性较强，当受到较大的集中应力作用时，容易发生脆性破坏。例如，在深部硬岩巷道中，由于地应力高，可能会出现岩爆现象。岩爆是硬岩在高应力作用下，储存的弹性应变能突然释放，导致岩石破裂并弹射出来，对巷道和人员设备造成严重危害。

(2) 影响硬岩巷道矿压显现的因素

硬岩的矿物成分、结构和力学性质对矿压显现有重要影响。例如，石英含量高的岩石硬度大，但脆性也强。岩石的弹性模量、泊松比和单轴抗压强度等参数决定了其在应力作用下的变形和破坏特性。此外，巷道的开挖方法、支护形式以及原岩应力状态也会影响硬岩巷道的矿压显现。

3.3.1.2 软岩巷道

(1) 软岩巷道的矿压特征

软岩巷道的矿压显现较为强烈,开挖时就会出现较大的变形。软岩的强度低、塑性强,容易产生顶板下沉、两帮收敛和底鼓等多种变形。而且,软岩巷道的变形具有持续时间长、变形量大的特点。例如,在泥岩、页岩等软岩巷道中,顶板下沉量可能在数月内达到数十厘米,底鼓也非常严重,严重影响巷道的正常使用。

(2) 软岩巷道矿压显现的影响因素

软岩的成分、胶结程度、含水率和孔隙率等因素对其矿压显现影响显著。含有膨胀性矿物的软岩,在遇水后会膨胀,导致巷道压力增大。软岩的胶结程度差,其整体性弱,在应力作用下容易破碎。此外,巷道的支护时机、支护强度和支护方式对软岩巷道的矿压控制至关重要。

3.3.1.3 煤巷

(1) 煤巷的矿压特点

煤巷由于煤体自身的强度较低,其矿压显现比一般的岩石巷道更为复杂。煤巷在开挖后,两帮容易出现片帮现象,这是由于煤体的黏聚力和内摩擦力较小,在水平应力作用下容易剥落。顶板的稳定性也较差,尤其是煤层顶板为软弱岩层时,顶板冒落的风险较大。此外,煤巷在采动影响下的变形速度和变形量都很大,需要特别注意。

(2) 影响煤巷矿压显现的因素

煤的硬度、煤岩分层情况、煤层厚度以及开采工艺等因素对煤巷矿压显现具有重要影响。例如,在厚煤层开采中,煤巷的高度较大,其顶板和两帮的稳定性问题更加突出。开采工艺如爆破采煤、综采等,对煤巷周围的岩体扰动程度不同,也会影响煤巷的矿压显现。

3.3.2 巷道矿压显现的时间效应与空间分布规律

3.3.2.1 巷道变形的三个阶段

(1) 急剧变形阶段

巷道开挖后初期,由于应力重新分布,巷道周围的岩石迅速向巷道空间内移动,变形速度较快。在这个阶段,顶板下沉、两帮收敛和底鼓等变形同时发生。例如,在一些软岩巷道中,开挖后的数天内,顶板下沉量可达数十毫米,两帮收敛量也相当可观。这个阶段的变形主要是岩石的弹性变形和部分塑性变形引起的,其变形量与巷道围岩性质、开挖方式以及原岩应力大小有关。

(2) 缓慢变形阶段

经过急剧变形阶段后,巷道变形速度逐渐减小,进入缓慢变形阶段。在这个阶段,巷道周围的应力重新平衡过程仍在继续,但变形的速率明显降低。岩石的流变特性在这个阶段开始显现,即使在应力不变的情况下,岩石也会随着时间的推移而发生微小的变形。这个阶段的持续时间较长,可能从数月到数年不等,其变形量的积累对巷道的长期稳定性具有重要影响。

(3) 加速变形阶段(可能出现)

在某些情况下，如巷道支护失效、受到采动影响或长期风化作用等，巷道会进入加速变形阶段。在这个阶段，变形速度突然增大，巷道的稳定性急剧恶化。例如，当巷道的锚杆支护失效时，顶板和两帮的岩石失去了有效约束，会迅速发生垮落和变形，导致巷道无法正常使用。加速变形阶段是巷道失稳的危险信号，需要及时采取有效的措施进行修复和加固。

3.3.2.2　岩石流变特性对巷道矿压显现的影响

岩石的流变特性是指岩石在应力作用下变形随时间变化的性质。岩石的流变包括弹性后效、黏性流动和长期强度降低等现象。在巷道长期稳定过程中，岩石的黏性流动是缓慢变形的重要原因。例如，对于一些深部软岩巷道，由于地应力大，岩石的黏性流动更明显，即使在支护良好的情况下也会出现持续变形。研究岩石的流变特性对于准确预测巷道的长期变形和制定合理的支护策略具有重要意义。

3.3.2.3　巷道矿压显现的空间分布规律

（1）顶板压力分布

① 顶板压力的理论分析

巷道顶板承受上覆岩层的重力和传递的应力，其压力分布具有一定的规律。根据板壳理论和岩石力学原理，顶板压力在竖直方向上呈现不均匀分布。在顶板的中部，压力通常较大，向两侧逐渐减小。对于矩形巷道，顶板角部的应力集中现象较明显，这是角部的约束条件和应力传递路径的变化引起的。

② 影响顶板压力分布的因素

顶板岩层的性质、厚度和分层情况对压力分布有重要影响。如果顶板岩层是厚层坚硬岩石，其承载能力强，压力分布相对均匀，但是当存在裂隙或软弱夹层时，压力会在这些薄弱部位集中。对于薄层状顶板，各层之间的相互作用和变形协调会影响压力的传递和分布，容易出现离层，导致局部压力增大。此外，巷道的跨度、支护形式以及原岩应力状态也会影响顶板压力的分布。

（2）两帮压力分布

① 两帮压力的产生机制

巷道两帮压力主要是由水平应力引起的。当巷道开挖后，水平应力在两帮岩石上产生作用，导致两帮向巷道内移动。两帮压力大小与水平应力大小、两帮岩石强度以及巷道高度等因素有关。在高应力地区，两帮压力可能非常大，容易导致两帮岩石的破坏和变形。

② 两帮压力的分布特点

两帮压力在靠近巷道顶角处通常较大，向巷道中部和底部逐渐减小。这种分布特点与巷道的几何形状和应力传递路径有关。在两帮岩石性质不均匀的情况下，如一侧为硬岩，另一侧为软岩，压力分布会出现不对称现象，软岩一侧更容易变形和破坏。

（3）底鼓现象与底板压力

① 底鼓的原因与类型

底鼓是巷道矿压显现的一个重要方面，主要是由底板岩石受到竖直应力、水平应力以及水的作用等引起的。底鼓的类型包括挤压流动性底鼓、挠曲褶皱性底鼓和膨胀性底鼓等。挤压流动性底鼓主要发生在软岩巷道中，当底板岩石受到较大的竖直压力时，岩石向巷道内挤出形成底鼓。挠曲褶皱性底鼓是由底板岩层在水平应力作用下发生挠曲变形引起的。膨胀性底鼓则与底板岩石中含有膨胀性矿物(如蒙脱石等)有关,当岩石遇水后,体积膨胀导致底鼓。

② 底板压力的分布与影响因素

底板压力的分布与顶板和两帮压力相互关联,同时也受到底板岩石性质、巷道支护情况和水的影响。一般情况下,底板压力在巷道中部相对较大,向两侧逐渐减小。如果巷道底部存在积水,水会降低岩石的强度,增大底鼓的可能性,同时也会改变底板压力的分布。

3.3.3　巷道支护与矿压显现的相互关系

3.3.3.1　支护对巷道矿压显现的影响

(1) 支护的作用原理

巷道支护的主要目的是限制围岩的变形,提高巷道的稳定性。支护结构通过与围岩的相互作用,承担一部分围岩压力,改变围岩的应力状态。例如,锚杆支护通过将围岩锚固在一起,提高了围岩的整体性和强度,使围岩能够更好地承受自身重力和外部应力。喷射混凝土支护则可以封闭围岩表面,防止围岩风化和水的侵蚀,同时也能提供一定的支护力。

(2) 不同支护形式对矿压显现的影响

不同的支护形式对巷道矿压显现的影响不同。刚性支护,如金属支架等,在承受较大压力时可能会出现局部应力集中,导致支架损坏。而柔性支护,如锚索、锚杆等,能够更好地适应围岩的变形,通过与围岩的共同变形来分担压力。联合支护形式,如锚杆+喷射混凝土+金属网等,可以综合发挥各种支护的优点,有效控制巷道的矿压显现。

3.3.3.2　矿压显现对支护结构的要求

(1) 根据矿压显现确定支护强度

根据巷道的矿压显现规律,需要合理确定支护强度。对于矿压显现强烈的巷道,如深部软岩巷道或受采动影响大的巷道,需要提高支护强度,增加锚杆的长度、直径和锚固力,或者提高支架的承载能力。例如,在深部高应力软岩巷道中可能需要采用高强度的锚杆和锚索联合支护,以满足巷道稳定性要求。

(2) 考虑矿压显现的动态变化调整支护设计

由于巷道矿压显现是一个动态变化的过程,尤其是在采动影响下,支护设计需要具有一定的灵活性。在工作面前方的超前支承压力区可以采用可缩性支护,以适应巷道的变形。在采动影响稳定后,需要对支护结构进行检查和修复,根据巷道的实际变形情况调整支护参数,如补充锚杆、加固支架等。

4 采煤工作面上覆岩层的活动与矿压显现规律

4.1 开采后上覆岩层的移动特征

4.1.1 上覆岩层

4.1.1.1 上覆岩层的概念及类型

上覆岩层是一种赋存在煤层之上的岩层,也可称为顶板。赋存在煤层下方的岩层称为底板。在掘进巷道之前,地下的岩层或煤层是实体的,上部岩层的重力作用在下部岩层上,处于平衡状态,这时候岩体不变形,也不会移动。在煤层或岩层中掘进一条巷道后,巷道顶部的岩层就要往下落。

一般根据上覆岩层(顶板)是不是容易垮落和距离煤层的远近,分为伪顶、直接顶和基本顶。

伪顶:直接贴在煤层之上,厚度在 0.3～0.5 m 以下,随着爆破或采煤机采煤容易脱落的岩层。一般是炭质页岩、页岩或层状细砂岩等较松软的岩石。有的煤层上面没有伪顶。同一个煤层或同一个工作面的伪顶的厚度也常常发生变化。

直接顶:伪顶上面的岩层,由具有一定稳定性、回柱后容易随着垮落的页岩、砂质页岩或砂岩组成。其厚度由几米到十几米。有的工作面没有伪顶,直接顶就直接覆盖在煤层上面。

基本顶:在直接顶之上,一般比较厚,大多数由坚硬的砂岩、砾岩或石灰岩组成。采空后悬露到一定面积才垮落一次。少数煤层上面没有直接顶,基本顶直接压着煤层。

从顶板管理的角度可以把顶板分成易垮落的松软顶板、中等垮落性顶板、难垮落的坚硬顶板、极难垮落的坚硬顶板和塑性弯曲的顶板五种类型。针对不同情况,工作面可采取不同的支护和采空区处理方法。

4.1.1.2 上覆岩层“三带”的形成机理

煤层开采后,导致上部覆岩运动,由原来的受力平衡状态重新调整到一个新的平衡点,其过程是复杂多变的,钱鸣高院士对此进行研究,经过长期的实测和验证,得出了竖直方向的三带理论,从底部到顶部分为冒落带、裂隙带、弯曲下沉带,三带划分示意图如图 4-1 所示。

随着开采的进行,工作面向前移动,采空区上部的岩层由于下部的采空,失去了支护,变成悬空结构,当采煤工作面继续向前推进,受到的压力渐渐增大,当上部的压力超过所能承受的最大力时,直接顶会产生变形和破碎,导致岩层冒落,其破坏过程是先发生不同岩层

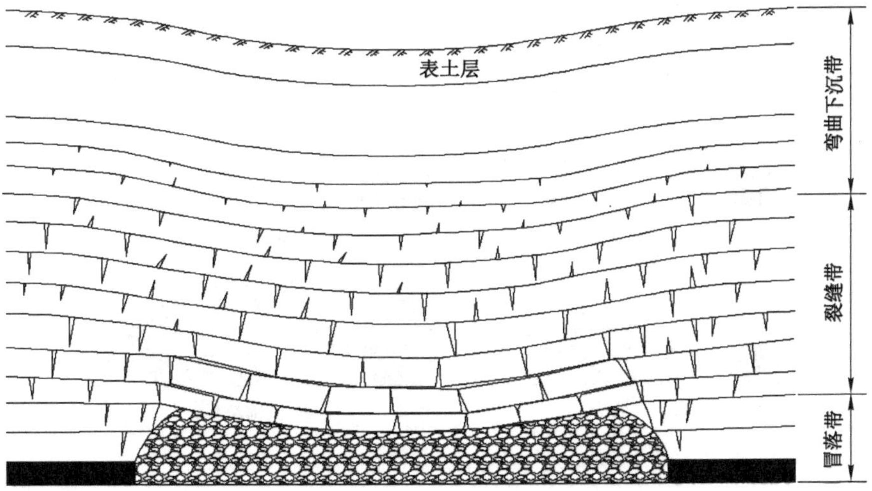

图 4-1　“三带”划分示意图

间的离层，再出现各岩层内的裂隙，最终形成不同大小的岩块落下，即冒落带。直接顶发生破坏后，上部的岩层同样会随着变形形成悬空结构，当对其的支撑力小于上部的压力，这个部分的岩层也会形成不同的岩块冒落，直到某一层的岩层达到稳定，能支撑上部的压力，这个部位被称为第二支撑层，把直接顶定义为第一支撑层。当采煤工作继续，这个第二支撑层也满足不了上部压力，将会和第一支撑层一样产生岩层破碎，形成岩块冒落，直至出现第三个支撑层的岩层，形成暂时的稳定，如此循环下去。对于形成的冒落岩块之间有空隙的存在，它们的体积要比破碎前的体积大，即岩石的碎胀原理，当采空区冒落的岩块堆积填满时，会对上部的岩层产生向上的作用力，出现“触矸”，抑制上部岩层的破碎和冒落，随着工作面继续进行，并逐渐被压实。当相邻两层的岩性、组成不同和结构不同时，导致力学性质也不相同，这个接触面往往连接最薄弱的地方，在力学上称为薄弱面，薄弱面上下的岩层变形不同，导致离层出现。由于上下岩层对本岩层的制约减弱并逐渐消失，当岩层向下变形时，会受到剪力和拉伸作用，形成水平方向的裂隙，致使岩层内部出现纵向裂纹和岩层之间出现离层，这两种情况都会使岩体膨胀，从而会对上部的岩体产生支撑力，抑制上部的变形，直至稳定。

裂隙带是出现纵向裂隙和横向裂隙的岩体部分，其位于冒落带的上部，气体和地下水主要通过这个部分移动，瓦斯大部分存在于这个位置，裂隙带的上部由于只有横向裂隙，且纵向的裂隙较少，因此裂隙带上部的疏通地下水能力较差；下部既有大量的纵向裂隙也有横向裂隙，疏通水的能力较强，我们把下部裂隙带定义为强裂隙带，上部为裂隙带。

裂隙带上部的岩体，由于受到下部体积膨胀岩层的支撑，阻止了裂隙带的变形，使本部分处于弹性变形，仍保持岩体的完整性，即弯曲下沉带。

4.1.2　采煤工作面上覆悬露岩层运动破坏

4.1.2.1　采煤工作空间的形式

为了维护好回采工作面，必须对回采工作面进行支护，并对采空区进行处理。从建筑物的一般概念出发，首先要研究被维护空间的形状，然后研究维护工作空间的支护结构受力情况，这样才能对支护结构的强度进行验算。

根据采空区的处理方法，目前主要有如图 4-2 所示几种工作空间形式。

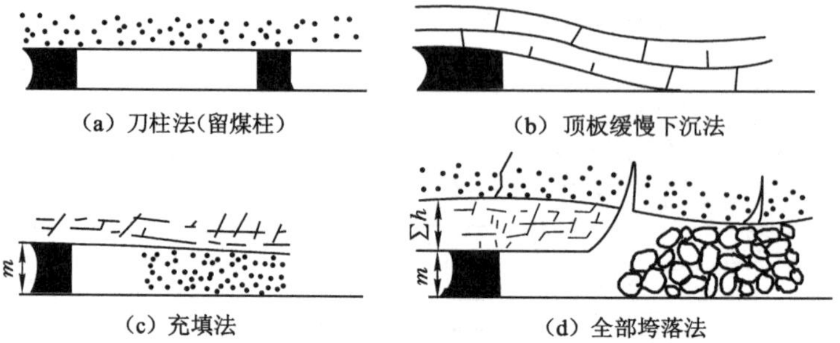

图 4-2　采煤工作空间的处理方式

采用全部垮落法时，随着工作面推进，采煤工作空间形状的变化如图 4-3 所示。由图 4-3 可知，开切眼类似于一般巷道，如图 4-3(a)所示，顶板垮落前，工作空间又类似于使用刀柱法处理采空区的状况，如图 4-3(b)所示。如图 4-3(c)所示，在顶板垮落后，虽然处理采空区采用的方法不同，但它们之间存在着内在联系。例如，全部垮落法相当于采高为 $\sum h+m$ 的全部充填法等。后三种形式的工作空间，前方顶板都是由煤壁支撑，后方采空区则由煤层底板、充填物或已冒落的矸石支撑。

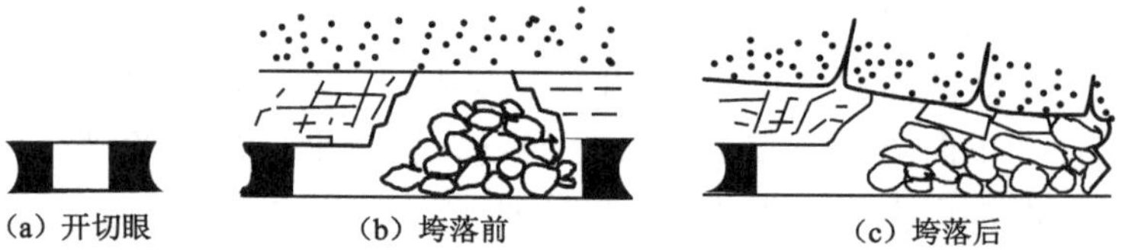

图 4-3　全部垮落法采煤工作空间的变化

显然，在煤(岩)体内形成回采工作空间(巷道)将引起围岩破碎，其上方岩体的部分重力则由此空间内的支护物来承担，从而形成了对支架的压力(有时是围岩变形而形成对支架的压力)。这些原因对支架造成的压力不同于岩体内的矿山压力，但是习惯上也常称为矿山压力。为了区分其间的含义，可称它为围岩压力或顶板压力等。

岩层中未破坏的部分(或未产生剧烈变形的部分)，或者虽然岩层已破断但仍能整齐排列的部分，有时能形成岩体内的“大结构”。这种大结构能够承担上覆岩层重力，从而对巷道和回采工作空间起保护作用。根据实际测定，回采工作空间支护物所承受的力仅为上覆岩层重力的百分之几。但是当工作空间维护时间较长时，有时由于岩体内所受的应力超过其弹性极限，或由于煤、岩的蠕变特性，使围岩不易形成稳定性结构。这种现象在巷道中尤其容易出现，从而导致巷道围岩的“挤、压、鼓”现象。对于回采工作空间，尤其当工作面推进较快时，这种时间影响因素所表现出来的结果可能变得较为次要。由此可见，研究开采后回采工作空间上覆岩层破断规律及其形成结构的稳定性，对保证生产的正常进行有着极其重要的作用。由于采矿工程造成的空间断面形状有多种，这些空间的维护期限及其顶板岩层的完整性也不同,因此在分析上覆岩层形成结构的可能性时,不可能采用一种力学方法加以解决,而应当根据对象及状态的不同,采用各自适用的研究方法。

4.1.2.2 上覆悬露岩层运动破坏的形式

采煤工作面上覆悬露岩层运动破坏的形式预示着矿山压力的显现规律及对掌握的要求。上覆岩层自悬露发展到破坏,根本上有两种运动形式,即弯拉破坏和剪断破坏[36,45]。

岩层弯拉破坏的发展过程如图 4-4 所示。随着工作面的推进,上覆岩层逐渐暴露[图 4-4(a)],在重力作用下弯曲[图 4-4(b)],岩层弯曲沉降到一定程度后,伸入煤体的端部裂开[图 4-4(c)],随后中部开裂[图 4-4(d)],最终岩层冒落[图 4-4(e)]。

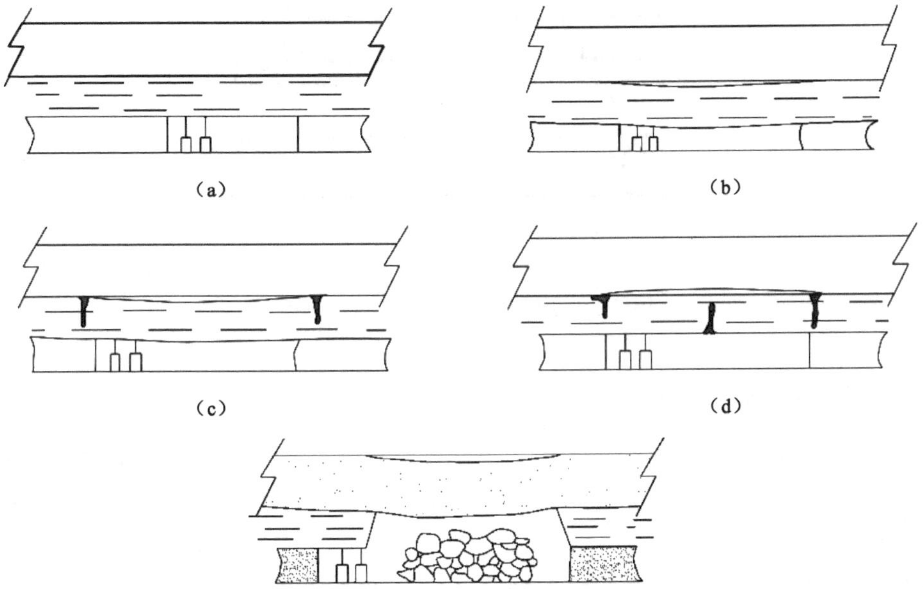

(a) (b) (c) (d) (e)

图 4-4 上覆岩层弯曲破坏发展过程

悬露的岩层中部拉开后,是否发展至冒落取决于其下部允许运动的空间高度。只有当其下部允许运动的空间高度大于岩层的可沉降值时,岩层运动才会由弯曲沉降发展至冒落。否则,岩层将弯曲下沉并与煤层底板(或底部已冒落岩层)接触。

在岩层可以由弯曲发展至破坏的条件下,由于其运动是逐步进行的,所以工作面矿压显现一般比较缓和。此时,支架应能支撑将要冒落岩层在控顶区上方的全部岩石,并能控制冒落岩层之上局部弯曲岩层的下沉量。

4.1.3 岩层破坏形式的转变

岩层的两种破坏形式随地质条件和开采条件的变化而相互转变[46]。

① 当工作面推至岩层端部开裂位置四周,提高推动速度可能会使原来呈弯拉破坏的岩层转变为剪切破坏,这就是日常来压比较均匀的工作面在高产后往往消灭切顶事故的缘由。

② 通过强制放顶可以有效改变坚硬岩层的厚度，从而降低整体塌垮的风险，从而由剪切破坏转变为弯拉破坏。

③ 分层开采的厚煤层，假设分层间承受上行式开采程序，通过下部几个分层的开采，使坚硬(可能发生剪切破坏)的顶板岩层受到重复采动影响，产生裂缝，大幅度减小突然剪断的可能性，从而可转变为弯拉破坏。

④ 在工作面推进方向上遇到与煤壁平行的断层，使原来弯拉破坏的岩层可能向整体切断的运动形式转变(图 4-5)。这是由于断层破坏了岩层的连续性，当工作面推到断层部位时，岩层悬露尚未到达中部裂断所必需的跨度，可能消除整体切断的风险。

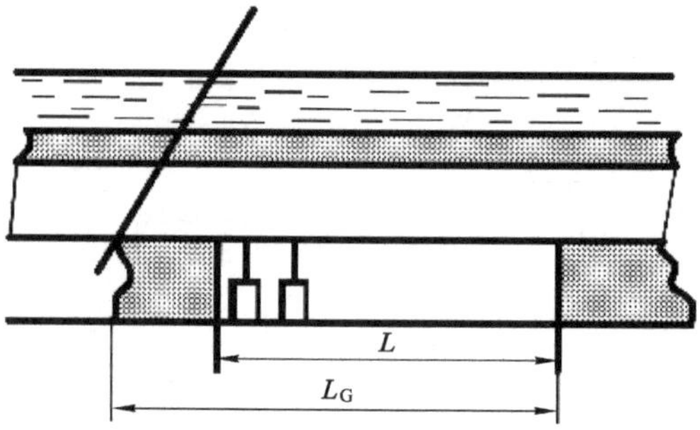

图 4-5　断层对岩石破坏形式的影响

4.1.4　岩层剪断破坏的发展过程

岩层剪断破坏的发展过程如图 4-6 所示。岩层悬露后只产生较小弯曲下沉，悬露岩层端部即开裂[图 4-6(a)]，在岩层中部未开裂(或开裂很少)的情况下，岩层大面积整体塌垮[图 4-6(b)]。

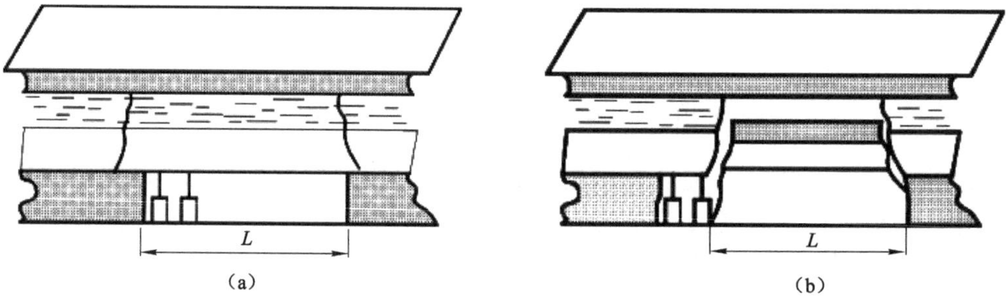

图 4-6　岩层的剪切破坏形式

产生悬露岩层剪断破坏的条件是：当工作面煤壁推进至岩梁端部开裂位置四周时，断裂面上的剪应力超过限值，虽然其中部尚未开裂，但只要下部有少量运动空间，岩层即可能被剪断而整体塌垮。

这一类破坏形式的运动范围大且速度快，采煤工作面将受到显著的动压冲击。这种情况下，假设支架的工作阻力缺乏，极易引发顶板沿煤壁切割的重大冒顶事故。即使工作面顶板不垮落，也会发生台阶下沉，使支柱回撤工作格外困难。为有效应对这一类顶板破坏，工作面支架必须具有较高的初撑力，其工作阻力应能防止顶板沿煤壁线切割，从而将切顶线推移至控顶距之外。设计支柱的可缩量时，应考虑消除煤壁处台阶下沉的影响，同时确保支柱不会被过度压缩。

4.2　采煤工作面矿压显现基本规律

4.2.1　概述

大多数情况下，矿山压力显现会对地下开采造成不同程度的影响。为了使矿山压力显现不至于影响正常工作和保证生产安全，就必须采取各种技术措施加以控制，包括对巷道及采煤工作空间进行支护、对松软煤岩体进行加固、采用各种方法使巷道或采煤工作面得到卸压、采用人为的方法使采空区顶板按预定要求冒落等。此外人们对矿山压力的控制不仅在于消除和减轻对开采工作造成的危害，还包括合理利用矿山压力的天然能量为开采工作服务。例如，利用矿山压力压疏煤体以方便落煤，借助采空区上覆岩层压力压实已冒落的矸石形成再生顶板等。所有这些人为的调节、改变和利用矿山压力作用的各种措施称为矿山压力控制，简称矿压控制[47]。

在实际生产过程中，采煤工作面常有下述一系列矿山压力现象，并以此作为衡量矿山压力显现程度的指标[48]。

(1) 顶板下沉量

顶板下沉量一般是指煤壁到采空区边缘裸露的顶底板移近量。随着工作面的推进，顶底板处于不断移近状态。随着工作面的推进，顶底板处于不断移近状态。顶板绝对下沉量曲线、底板鼓起曲线及顶底板相对移近量曲线如图 4-7 所示。由于缓斜及倾斜工作面底板鼓起量比较小，因而常常可以忽略不计，为此顶底板移近量简称顶板下沉量。实际测定时常常是在工作面煤壁刚悬露的顶板处设置测杆，随着工作面的推进，测得从煤壁到采空区放顶线处的顶底板移近量。

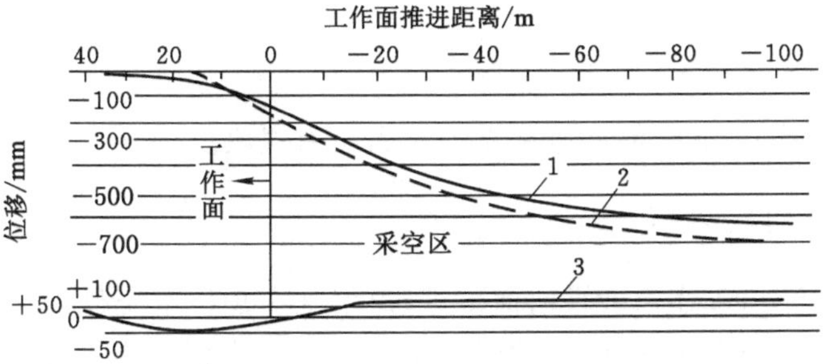

1—顶板绝对下沉量曲线；2—顶底板相对移近量曲线；3—底板鼓起曲线。

图 4-7　工作面顶底板移近曲线

(2) 顶板下沉速度

顶板下沉速度是指单位时间内的顶底板移近量，单位为 mm/h，表示顶板活动的剧烈程度。图 4-8 表示在一个工作面测得的顶板下沉速度变化情况，纵坐标为下沉速度，横坐标为时间。

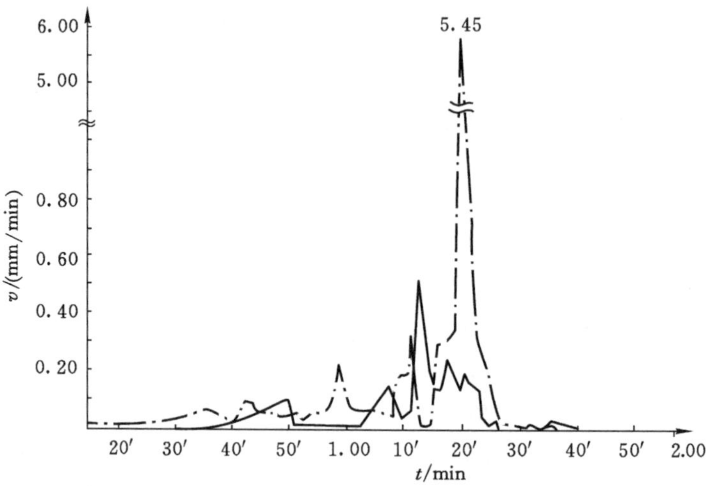

图 4-8　工作面底板下沉速度变化曲线

(3) 支柱变形与折损

随着顶板下沉，采煤工作面支柱受载也逐渐增加，一般可以用肉眼观察到柱帽的变形，剧烈时可以观察到支柱的折损。

(4) 顶板破碎情况

顶板破碎情况通常以单位面积顶板中冒落面积所占的百分数表示，用来衡量顶板控制质量标准。

(5) 局部冒顶

局部冒顶是指采煤工作面顶板形成局部塌落，影响采煤工作的正常进行。

(6) 大面积冒顶

大面积冒顶是指采煤工作面由于顶板来压导致顶板沿工作面切落，常对工作面生产造成严重影响。

(7) 其他

煤壁片帮、支柱钻底、底板鼓起等一系列矿山压力现象。

4.2.2　基本顶的初次来压

直接顶初次垮落后，工作面继续向前推进，由于基本顶比较坚硬，在一定范围内呈悬露状态，其四周分别由煤壁和煤柱支撑，此时可将基本顶视为板结构。但是，由于采煤工作面沿倾斜方向的长度往往大于基本顶沿走向垮落时的跨度，因此通常将基本顶视为一端由煤壁支撑而另一端由煤柱支撑的两端固定的梁。若基本顶以上岩层的强度低于基本顶岩梁时，上覆岩层的重力将通过基本顶形成的梁传递至两端的煤壁及煤柱上。

随着工作面继续向前推进，直接顶不断垮落，基本顶悬露跨度逐渐增大，直至达到极限跨度时，基本顶出现断裂，进而垮落。基本顶由开始破坏直至垮落常需要一定的时间，甚至在基本顶垮落前的 2～3 d 就出现顶板断裂的响声等来压预兆。在垮落前 1～2 h，采空区可能发生隆隆巨响，通常煤壁片帮严重，顶板产生裂缝或掉渣，其下沉量和下沉速度明显增加，支架荷载迅速增大。这种基本顶初次折断或垮落前后工作面的矿压显现，称为基本顶的初次来压。

基本顶初次垮落时，其悬露跨度 L 称为基本顶初次垮落步距。该值取决于基本顶岩层的岩石性质、厚度等因素。地质构造对基本顶的初次来压也有影响，如遇到断层，即可能减小基本顶的垮落步距。一般基本顶的初次来压步距为 20～35 m，有的矿区可达到 50～70 m，甚至更大。

基本顶岩层达到极限悬露跨度形成断裂后，并不一定立即垮落，岩块间由于互相咬合也可能形成平衡，如图 4-9 所示。由于岩层抗拉强度较低，因而在断裂时如前所述很可能在梁的中间底部及两侧支座的上部裂开。随着岩块的转动，可能形成强大的水平挤压力，从而形成三铰拱式平衡结构。

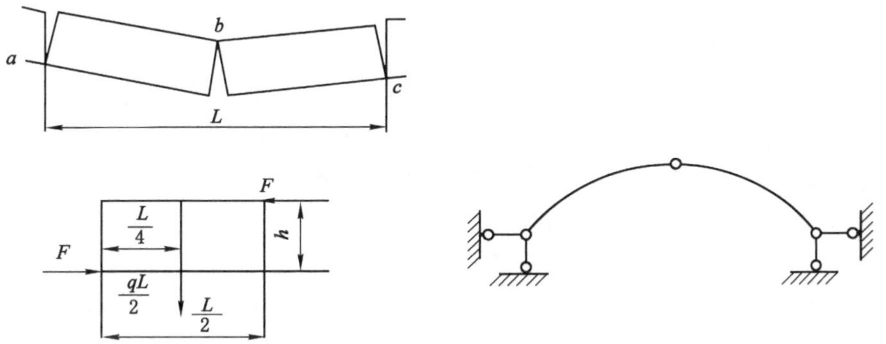

图 4-9　基本顶岩梁断裂后形成的平衡

这种三铰拱形成的条件如下：

① 咬和点处形成的应力应小于岩块的抗压强度。若超过该处的强度极限，就可能咬不住，从而导致岩层垮落。

② 在挤压过程中要求岩层有一定的厚度，从而保证铰接点 b 在铰接点 a、c 连线之上，才能形成三铰拱式平衡。但岩层厚度也不能过大，否则也可能咬不住。

③ 三铰拱两端支座处，岩块与煤壁的摩擦力要大于支座反力。

煤壁前方强大的集中应力，可能导致直接顶岩层内发生剪切破坏，从而形成预生裂隙，这会影响采煤工作面内的顶板管理。

基本顶初次来压比较突然，来压前采煤工作面上方的顶板压力较小，因而容易使人疏忽大意。初次来压时，基本顶跨度较大，影响范围也较广，工作面易出现事故，在生产过程中应严加注意。在来压期间，必须注意采煤工作面的支护质量，提高支架的支撑力，增强支架的稳定性。一般可以采用木垛等加强支护。

4.2.3 基本顶的周期来压

基本顶初次垮落后，随着采煤工作面继续推进，工作面上方的基本顶岩层将呈悬露状态[图 4-10(a)]。此时，上覆岩层的重力将由基本顶的悬臂直接传递给煤壁，部分上覆岩层和已折断的基本顶重力，将直接加在已垮落的矸石上，此时采煤工作空间处于基本顶悬梁的保护之下。

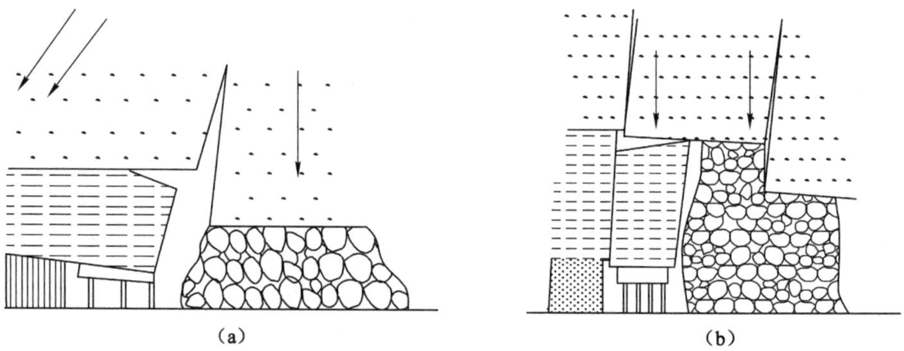

图 4-10　基本顶的周期来压

当采煤工作面继续推进，基本顶悬露跨度达到一定值时，基本顶在其自重及上覆岩层荷载作用下，将沿煤壁甚至在煤壁内发生折断和垮落[图 4-10(b)]。随着工作面的推进，基本顶的这种垮落现象将周而复始出现，而使工作面内呈现周期性矿压显现。这种基本顶周期性折断或垮落前后工作面内的矿压显现称为基本顶的周期来压。

周期来压的矿压显现有顶板下沉速度急剧增加、顶板下沉量急剧增大、支柱荷载增大、煤壁片帮、支柱折损、顶板发生台阶下沉等。

两次周期来压的间隔时间称为来压周期。两次周期来压期间工作面推进的距离称为周期来压步距。

周期来压步距取决于基本顶的岩性、厚度、基本顶上方岩层的组成情况等。周期来压步距比初次来压步距小。

基本顶为厚度较大的整体坚硬岩层时，周期来压步距一般较大，若基本顶上方岩层为松软岩层，该松软岩层给基本顶施加很大的荷载，可能使基本顶的周期来压步距缩短。当倾向或斜交断层位于预期的周期来压线之前不远处，工作面推进到断层附近时，基本顶将比预期的位置提前垮落，即缩短了周期来压步距。若断层位于预期位置后面不远处，则可能使周期来压步距稍微延长。

在周期来压期间，基本顶的作用力通过直接顶作用在支架上，支架的支撑力也是通过直接顶对基本顶进行控制，因此，直接顶的完整性对控制基本顶的平衡起到重要作用。

周期来压的剧烈程度与冒落矸石充满采空区的程度有直接关系，采空区矸石冒落越严实，基本顶对工作面的影响越小，反之则较大。

预防周期来压造成事故，主要是准确地利用周期来压的步距和预兆，及时采取加强支护措施，尤其是保证支护的规格质量，保证一定的支护密度和支架稳定性。

4.2.4　采煤工作面周围的支承压力及其分布

4.2.4.1　采煤工作面前方的支承压力

(1) 采掘空间附近应力增高区内的应力称为支承压力。采煤工作面割煤使煤壁刚刚裸露时，对于坚硬煤层，其应力分布理论上如图 4-11 中曲线所示。在煤壁上方竖直应力为最大值 σ_{max}，在煤壁深处 σ_2 逐步减小。但煤壁处为自由面，抗压强度较小，煤壁附近煤层产生压缩变形后，σ_{max}便逐渐向煤体深处转移。

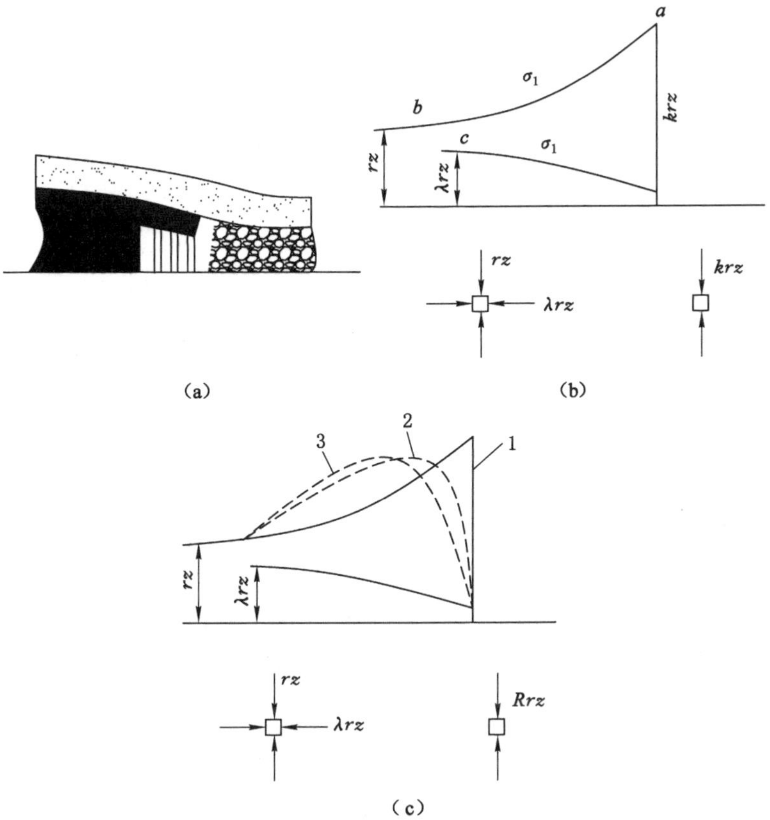

图 4-11　工作面前方支承压力的分布

(2) 煤壁深处，由于水平方向的挤压力逐渐增大，因此煤体便由单向受力状态逐渐过渡到三向受力状态，其抗压强度也逐渐增大。当工作面不断推进时，支承压力的峰值也将稳定地在煤壁深处向前移动。

(3) 支承压力的特征一般可用应力集中系数、峰值位置及支承压力范围等参数来说明采煤工作面前方煤体内支承压力的分布范围，通常从工作面前方 1～3 m 开始，直到 30～40 m，甚至有时还在距煤壁约 100 m 时即开始变形，最大应力的位置位于距煤壁 5～15 m 处。应力集中系数 K 为支承压力与原岩应力的比值，其变化范围一般为 1.25～5.00。

4.2.4.2　采煤工作面后方的支承压力

根据苏联对一个矿的测定，采煤工作面后方采空区内已冒落矸石上的应力分布情况如图 4-12 所示。测定的工作面条件为：采深为 163 m，工作面长 120 m，开采第一分层，测点设在距开切眼 60 m 处。

采深 163 m 处的原岩应力 $H=163\times2.5\times10^{-2}$ MPa$=4.07$ MPa。由曲线 3 可知，在工作面中部，距采煤工作面 80～85 m 处，冒落矸石受力达到 1.0H，至 125 m 处达到高峰值 1.31H，而后又逐渐恢复到 1.0H。从煤层倾斜方向来看，工作面中部测点的支承压力值最大，其他各点的最高压力值都未达到 1.0H。可见，通常在工作面后方冒落矸石上的压力仅

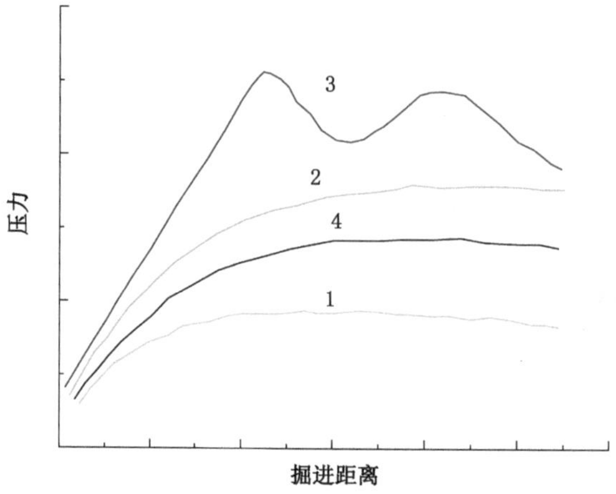

图 4-12　已采空间支承压力分布曲线

能恢复到 1.0H 或比 1.0H 稍大一点。

4.2.4.3　采煤工作面前后方支承压力的特点

采煤工作面前后方支承压力分布形态如图 4-13 所示，可将其分为应力降低区、应力升高区（支承压力区）和应力不变区（原岩应力区）。其分布特点：

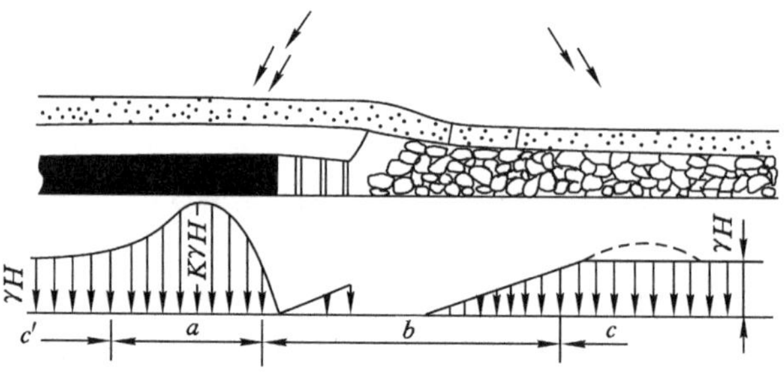

图 4-13　工作面前后支承压力的分布

（1）采煤工作面前方煤壁一端几乎支承着采煤工作空间上方裂隙带及其上覆岩层大部分重力，即工作面前方的支承压力远比工作面后方的支承压力大。

（2）工作面煤壁及采空区垮落带是随着时间向前移动的，因而工作面前后方支承压力带也随着时间向前移动。

（3）由于裂隙带内形成了以煤壁和采空区垮落带为前后支承点的拱式平衡结构，所以采煤工作空间处于减压带范围内。

4.2.4.4　采煤工作面的侧支承压力

随着采煤工作面推进，除在工作面前后方产生支承压力区外，在采空区两侧煤柱或煤体中也将产生支承压力区（图 4-14）。这种支承压力在采空区上方岩层冒落稳定后逐渐趋于固定值，如工作面两端煤柱或煤体不足以抵抗此支承压力时，煤帮或煤柱将产生变形或破坏。在此支承压力区内的巷道也将长期受到影响而难以维护。

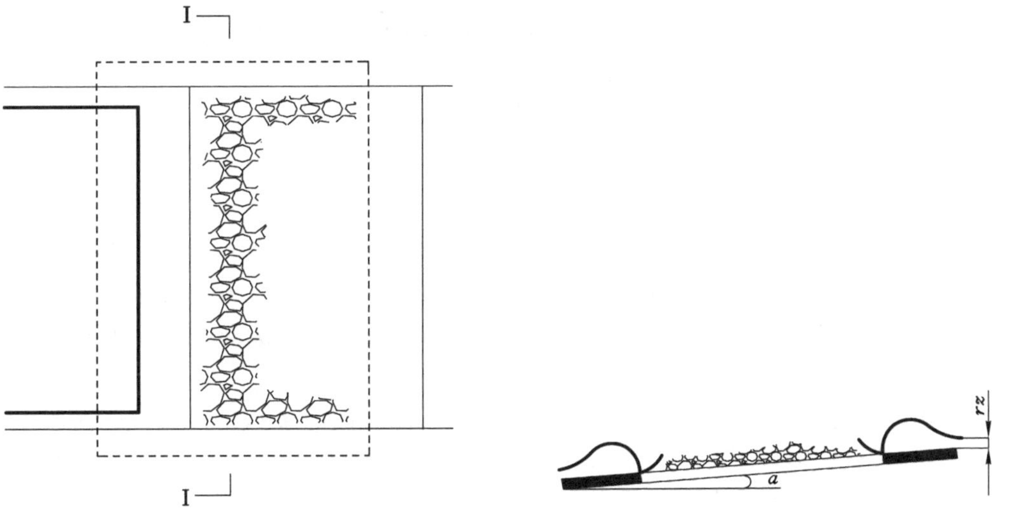

图 4-14 采煤工作面的侧向支承压力

4.2.4.5 支承压力在煤层底板中的传递

采煤工作面采动后，承受支承压力的煤柱或煤体将支承压力传递给底板。底板内各点的应力大小与施力点的距离成反比，随着底板岩层与煤柱之间竖直距离的增加而迅速降低。同时应力以中心为最大，向煤柱外侧呈一定角度扩展(图 4-15)。

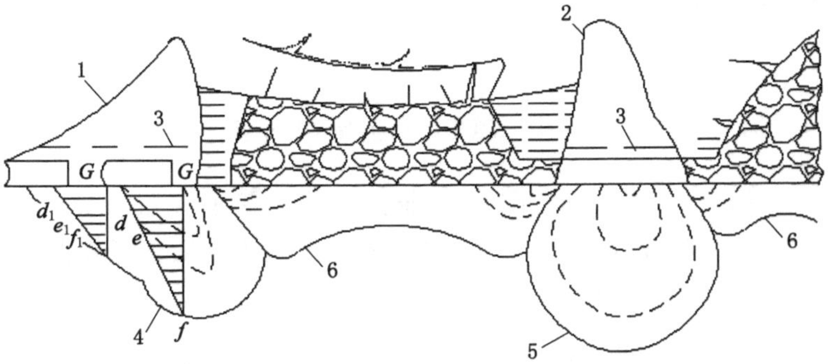

图 4-15 支承压力在煤层底板中的传播

底板岩层内应力的大小与煤柱上方支承压力的大小成正比，即与煤层的厚度、倾角、埋藏深度、顶板岩层性质、煤层的采动状况和煤柱的宽度等密切相关。若两侧都已采动，形成支承压力叠加，则在底板内应力的传播深度和大小均比单侧开采时的大得多。随着煤柱宽度的减小，支承压力在底板内的传递深度和应力值将显著增大。

底板岩层性质对上部煤柱的支承压力在底板内的传递范围有很大影响。坚硬的底板岩层可使传递的应力迅速减弱，但是应力向煤柱外侧的扩展角度增大。相反，在松软的岩层内支承压力传递的深度要比在坚硬岩层内大得多，其强烈影响范围往往达到 20～30 m 以上。

4.3 影响采煤工作面矿山压力显现的主要因素

4.3.1 顶板岩层组成

4.3.1.1 直接顶的影响

直接顶的完整程度将直接影响工作面的安全和生产效率，还影响支护方式的选择。

直接顶的完整程度取决于两个因素：一是岩层的力学性质；二是直接顶岩层内各种原因造成的层理和裂隙的发育情况。直接顶岩层内各种层理或裂隙等“弱面”的存在将直接影响直接顶悬露时的稳定性。

国内多年来在生产实践中注意到了弱面对顶板稳定性的影响。常常把这些弱面简称“劈”。而其中有些“劈”的组合形式，对直接顶的稳定性影响较大。如“人字劈”与“升斗劈”(图 4-16)，这一类劈可能在顶板毫无预兆的情况下发生局部冒顶[48-49]。

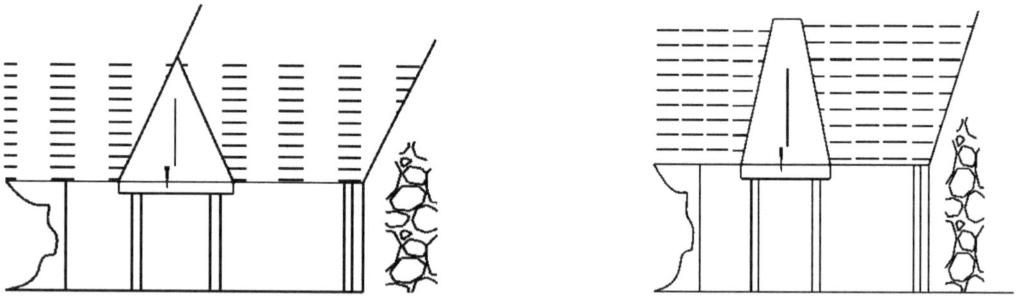

(a) (b)

图 4-16 顶板的人字劈与升斗劈

直接顶的稳定性还与裂隙方向和工作面推进方向之间的关系有关。当工作面推进方向与裂隙面倾斜方向(特别是构造裂隙)一致时，容易造成工作面顶板较大的压力。

4.3.1.2 基本顶的影响

基本顶的运动及来压强度不仅对直接顶的稳定性有直接影响，还对确定支护强度、支架的可缩量以及选择采空区处理方法等都起决定性作用。

如前所述，根据基本顶取得平衡的条件，在采用全部垮落法管理顶板的采煤工作面中，一般情况下，基本顶的工作面顶板压力的影响主要取决于直接顶的厚度。显然，基本顶离煤层越远，即直接顶厚度越大，破断后形成平衡“结构”或呈缓慢下沉式平衡的可能性也越大，这时来压强度也较弱。

在直接顶很薄甚至没有直接顶时，基本顶直接赋存于煤层之上时，可采用充填法或刀柱法控制顶板。但是在坚硬的顶板条件下，采用刀柱法仍难以避免基本顶的大面积垮落而引起事故。因此，目前逐步采用注水弱化顶板的控制办法。

4.3.2 采煤工作面推进速度

工作面推进速度对矿山压力的影响，主要表现为工作面推进速度对顶板下沉量的影响和对煤壁片帮、煤壁前方支承压力的影响。

顶板下沉量随时间的增加会相应增加。例如淮南谢一矿，当工作面以每天一循环沿走向方向推进时，离煤壁 5 m 处的顶板平均下沉量为 289.2 mm。当工作面推进速度为两天一循环时，下沉量则达到 410 mm。显然，加快推进速度能够避免一些矿山压力现象。因而有人认为："加快工作面推进速度，缩短循环时间，必然可以使顶板下沉量减小。这样就可能把顶板压力甩掉"。实际情况并非完全如此。加快工作面推进速度只是缩短了落煤与放顶两个生产过程的时间间隔，从理论上讲，能够减小顶板下沉量。但是同时使顶板下沉速度加剧。所以加快推进速度只能消除一部分顶板下沉量，但是不会消除由于落煤、放顶剧烈影响所造成的部分顶板下沉[38]。

只有在工作面推进速度比较缓慢的情况下，加快工作面推进速度才能使顶板下沉量明显降低，从而使支架受力减少。但是当工作面推进速度加快到一定程度后，顶板下沉量的变化将逐渐减少。

因此，随着工作面推进速度的加快，有可能将由于时间影响而导致的工作面顶板下沉量、煤壁片帮等现象"甩掉"。但无法把由于生产工序(即落煤与放顶)引起的顶板下沉等矿山压力现象"甩掉"。

另外，对单体支架工作面，煤矿安全规程中规定："用陷落法管理顶板时，回柱放顶的方法，回柱的安全措施，以及放顶同爆破、机械落煤等工序平行作业时的安全距离，都必须在作业规程中明确规定。"这是因为落煤与放顶对工作面顶板下沉量的影响很大，单体支架支护无法在这种情况下保证人身安全。所以落煤与放顶不能在同一地点进行，必须错开一定距离。一般二者的错距在 20～30 m 以上比较合适。对于液压支架来说，其工作方式决定了落煤与放顶(移架)几乎是在同一地点进行的。但是这种支架稳定性好，能够保证人身安全，因而采用平行作业是允许的。只是由于液压支架大部分采用整架降柱之后再升柱的方法，所控制的顶板相比单体支架易破碎。

4.3.3 开采深度

开采深度直接影响原岩应力的大小，因而也就影响开采后巷道或工作面周围岩层内支承压力的峰值。从这个意义上来说，开采深度对矿山压力具有绝对影响，但是对矿山压力显现的影响则不尽相同。

开采深度对巷道矿山压力显现的影响可能比较明显。如在松软岩层中开掘巷道，随着深度的增加，巷道围岩的"挤、压"现象将更严重。

随着开采深度的增加，具有岩石冲击的矿井，形成岩石冲击的次数及强度将显著增加。开采深度对工作面矿山压力显现的影响并不明显，尤其是对顶板下沉量的影响。这主要是由于顶板的变形及支架上所受荷载大小是与上覆岩层在运动时形成的平衡"结构"有关，而开采深度可能影响工作面前方支承压力和采空区内压力的大小。

随着开采深度的增加，工作面前方支承压力的增加以及底板鼓起等情况也可能导致工作面支架受载的增加。

4.3.4 采高与控顶距

在一定条件下，采高是影响上覆岩层破坏状况的重要因素。采高越大，采出的空间越大，工作面上覆岩层破坏也越严重。在同样位置的基本顶，岩层取得平衡的机会就越小，而且在支承压力的作用下，工作面煤壁也越不稳定，易片帮。采高越大，工作面中矿压显现越严重；采高越小，顶板活动越缓和，煤壁也较稳定。

4.3.5 煤层倾角

实际观测证明，煤层倾角对采煤工作面的矿压显现有着较大的影响。众所周知，急倾斜长壁工作面顶板下沉量比缓倾斜工作面要小得多，这主要是随着煤层倾角的增大，上覆岩层作用于层面上的压力减小，而沿层面的切向滑移力增大。

随倾角的增大，采空区冒落的矸石不一定能在原地留住，很可能沿底板滑移，从而改变了上覆岩层的运动规律（图 4-17）。

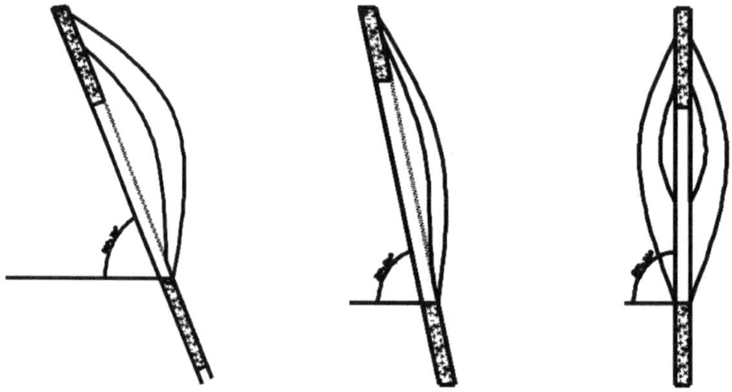

(a) (b) (c)

图 4-17 不同倾角时的冒落带分布图

采空区冒落矸石的滑移，使采空区形成了上部冒空而下部冒实的情况，导致工作面支架受力不均衡。

另外，在同样生产条件下，采用沿倾斜向下推进的长壁工作面布置，与沿走向推进的工作面布置相比，其上覆岩层更容易形成平衡“结构”。

4.3.6 放顶煤开采时的矿山压力显现

放顶煤工作面矿压显现一般小于单一煤层开采或厚煤层分层开采第一分层工作面，主要表现在以下几个方面。

4.3.6.1 支架荷载

表 4-1 是不同煤层条件放顶煤开采的支架工作阻力实测结果。从该表可以看出，尽管这几个矿区放顶煤开采条件相差甚远、架型各异，有综采放顶煤，也有悬移支架放顶煤，但是在开采过程中支架受力均不大，仅为额定工作阻力的 50%左右，甚至更低。

表 4-1　典型放顶煤工作面实测支架阻力

局(矿)名	架 型	煤层倾角/(°)	煤层厚度/m	煤层硬度 *f*	实测支架工作阻力平均值/kN	与额定值之比/%
阳泉	ZFS4400	4～6	6～7	2.7	1 668	37.9
轩岗刘家梁矿	ZFS3000	10～15	8～10	0.1～0.3	1 297	43.2
石炭井乌兰矿	ZFSB300	27	8～12	0.6～1.2	1 206	37.7
枣庄柴里矿	GFZ-A	5～10	2.2～4.7	1.5～2.5	1 263	54.0
枣庄王晁矿	XDY-1	4～6	2.5～6.2	2.5～3.0	336	28.0

在相同的地质条件下对比放顶煤工作面与上分层工作面支护强度(表 4-2),可以看出放顶煤工作面支架受到的外力荷载小于上分层开采支架受到的顶板压力。

表 4-2　上分层与放顶煤工作面矿压显现对比表

项目	兖州东滩矿		兖州兴隆庄矿		阳泉一矿		邢台局邢台矿	
	上分层	放顶煤	上分层	放顶煤	上分层	放顶煤	上分层	放顶煤
支护强度/MPa	0.51	0.44	0.48	0.46	0.32	0.31	0.38	0.28
放顶煤:上分层/%	86.3		95.8		96.9		73.7	

通过对放顶煤工作面支架前、后柱阻力的观测(表 4-3)可以看出,放顶煤工作面支架阻力前柱普遍高于后柱,这一点与单一煤层或分层开采是不同的。

表 4-3　放顶煤工作面支架前、后柱阻力对比

矿名	煤层	工作面编号	平时阻力/kN			来压时阻力/kN		
			前柱	后柱	前—后	前柱	后柱	前—后
兴隆庄矿	3	5306	739	527	212	973.5	689	284.5
		5313	1 010	770.6	239.4	1 263.8	1 054.2	209.6
鲍店矿	3	1308	1 603.5	1 432.4	171.1	1 830.5	1 873.5	−43
南屯矿	$3_上$	6310	1 103.2	810.4	292.8	2 082.5	824.8	1 257.7
东滩矿	$3_上$	14307	672	614	58	961	766	195
		4302	608	395	213	802	498	304
王晁矿	$3_下$	1013	86	74	12	130	94	36

4.3.6.2　矿山压力显现

在放顶煤工作面,非来压时期煤壁比较稳定,无较大的片帮。工作面来压时,煤壁呈现明显的片帮,煤壁片帮是基本顶来压的主要标志。煤壁片帮一般从工作面中部开始,然后向两巷扩展,片帮深度达 0.3～0.5 m。工作面支架阻力的增大一般不太大,有时由于来压时顶煤比较破碎,放煤比较充分,支架的阻力反而有所降低。这说明基本顶的断裂是在煤壁前方产生的,而基本顶的垮落则是以煤壁作为回转支点,由于强大的支承压力作用于煤壁而导致严重片帮。

由于放顶煤开采的特点，顶煤破碎放出后形成的空间较大，垮落的直接顶堆积的矸石刚度较小，而且一般不能充分充填支架后方的采空区。这就使得支架与基本顶之间没有刚度较大的传力介质，甚至有时由于顶煤的充分放出，来压时支架与基本顶之间失去力的联系。因此，基本顶的运动对工作面支架的荷载的影响很小。又由于直接顶垮落破碎后在采空区形成的充填高度一般不能触及支架的顶梁，故基本顶的垮落不易对支架构成冲击威胁。

表 4-4 为部分综放面的来压特征。由表可见，基本顶初次来压时支架的动载系数为 1.22～1.39(平均值为 1.3)，周期来压期间动载系数为 1.15～1.39(平均值为 1.28)，说明综放工作面顶板初次来压和周期来压期间矿压强度基本相同。

表 4-4 综放工作面顶板来压步距及强度

矿名	工作面编号	直接顶初垮			基本顶初次来压					基本顶周期来压				
		步距/m	支架阻力/kN		步距/m	支架阻力/kN		动载系数	持续时间/d	步距/m	支架阻力/KN		动载系数	持续时间/d
			最大值	平均值		最大	平均值				最大值	平均值		
兴隆庄矿	4314	8	3 407	2 160	34.9	4 217	4 091	1.39	3	11.3	4 586	4 045	1.23	2.5
兴隆庄矿	5306	11	3 193	2 970	45	3 123	2 195	1.24	3	13.2	4 067	3 629	1.33	2
兴隆庄矿	5313	6	2 425	1 894	31.1	2 952	2 123	1.26	3	9.8	3 198	2 531	1.39	2
鲍店矿	1308	11	2 950	2 534	49	5 190	3 589	1.22	2	16	4 241	3 756	1.15	1
东滩矿	143$_{上}$07	13	2 533	2 095	55.3	2 868	2 040	1.30	3	15.1	4 710	3 446	1.34	1.4

放顶煤工作面矿山压力观测资料表明，在放顶煤开采过程中工作面仍然存在初次来压和周期来压现象，总的特征是来压强度不大于单一煤层或上分层来压时的来压强度(表 4-5)。

表 4-5 上分层与放顶煤开采周期来压对比

煤矿参数	阳泉局一矿		兖州局兴隆庄矿		邢台局邢台矿		大同局忻州窑矿	
	上分层	放顶煤	上分层	放顶煤	上分层	放顶煤	上分层	放顶煤
工作面	8620	8603	5301～5304	5306	7205	7803	8922	8920
周期来压/(kN/架)	1 972	1 874	3 732	3 630	2 260	1 600	4 210	3 765
动载系数 K	1.36	1.28	1.33	1.33	1.23	1.14	2.1	1.74
$K_{分}/K_{放}$	1.062 5		1		1.079		1.207	

由表 4-5 可见，除了兖州兴隆庄矿在上分层开采时周期来压动载系数与放顶煤开采时的相同，其余矿区上分层开采周期来压动载系数均比放顶煤开采时的分别高 6.25%、7.9%、20.7%。此外，在周期来压期间，支架受到的顶板压力在放顶煤工作面普通低于或接近上分层开采时支架所受到的外力。例如，邢台矿在周期来压时，7205 工作面上分层开采时支架工作阻力为2 260 kN/架，动载系数为 1.23，而 7803 放顶煤工作面支架工作阻力仅为 1 600 kN/架，动载系数降至 1.14，如此小的动载系数，在工作面内基本感觉不到周期压力的变化。大同矿务局忻州窑矿在上分层开采的 8922 工作面内周期来压强烈，动载系数高达 2.1，而在 8920 放顶煤工作面内周期来压变缓，动载系数仅为 1.74。

周期来压动载系数在放顶煤工作面内变小，说明基本顶来压强度变弱。基本顶失稳时对工作面的影响程度降低。

对于上分层开采的工作面，支架直接支护的对象是直接顶，基本顶失稳的作用力是通过直接顶作用在支架上的。而在放顶煤工作面内基本顶的作用力则要通过直接顶和顶煤作用在支架上，由于顶煤的强度比直接顶的小，在上覆岩层的作用下，在顶煤内产生和发展的众多节理裂隙逐步将外力传递到更深处的工作面前方煤体内，从而有效减小了支架受力状态。

4.3.6.3 区段平巷超前支承压力分布规律

在同一顶板条件、巷道特点类似的情况下，综放与分层综采相比，顶空或沿空巷道的影响范围、顶底板移近量相差不大，而顶底板移近速度分层综采高于综放；实体煤巷道顶底板移近量和移近速度，综放略小于普通分层综采，区别不大。总之，综放工作面两巷超前支承压力与分层综采相比，尽管采高有所增大，但是并未导致显现强度明显增大，致使巷道难以维护；相反，沿空侧巷道支承压力影响较分层综采略有缓和，见表 4-6。

表 4-6 综放与分层综采区段平巷超前支承压力特征比较

<table>
<tr><th rowspan="3">矿名</th><th rowspan="3">采煤方法</th><th rowspan="3">工作面编号</th><th colspan="2">净断面面积/m²</th><th colspan="5">运输平巷</th><th colspan="5">轨道平巷</th></tr>
<tr><th rowspan="2">轨道平巷</th><th rowspan="2">运输平巷</th><th colspan="2">影响范围/m</th><th colspan="2">顶底板移近</th><th rowspan="2">巷道特点</th><th colspan="2">影响范围/m</th><th colspan="2">顶底板移近</th><th rowspan="2">巷道特点</th></tr>
<tr><th>一般</th><th>剧烈</th><th>累计/mm</th><th>速度/(mm/d)</th><th>一般</th><th>剧烈</th><th>累计/mm</th><th>速度/(mm/d)</th></tr>
<tr><td rowspan="2">兴隆庄煤矿</td><td>综放</td><td>5306</td><td>8.6</td><td>8.6</td><td>49</td><td>20</td><td>135</td><td>3.81</td><td>实煤</td><td>60</td><td>40</td><td>327</td><td>7.43</td><td>沿空</td></tr>
<tr><td>分层</td><td>5302-1</td><td>8.6</td><td>8.6</td><td>34</td><td>20</td><td>138</td><td>4.2</td><td>实煤</td><td>80</td><td>50</td><td>328</td><td>20.5</td><td>沿空</td></tr>
<tr><td rowspan="2">东滩煤矿</td><td>综放</td><td>143上07</td><td>10.7</td><td>10.7</td><td>60</td><td>35</td><td>212</td><td>6.6</td><td>顶空</td><td>35</td><td>20</td><td>90</td><td>3.7</td><td>实煤</td></tr>
<tr><td>分层</td><td>143上04-1</td><td>11.2</td><td>9.4</td><td>45</td><td>17</td><td>126</td><td>6.0</td><td>实煤</td><td>186</td><td>61</td><td>215</td><td>10.2</td><td>沿空</td></tr>
</table>

5 煤矿顶板事故及预防

顶板事故是煤矿生产中的主要安全事故之一。对煤矿巷道顶板的安全风险识别是整个煤矿系统管理的关键组成部分。只有深入了解顶板安全风险的成因、规律及灾害性，才能更有效地进行安全管理，从而减少或避免顶板事故的发生。因此，研究煤矿顶板灾害事故的分类及发生机制、分析顶板事故的主要风险来源、建立煤层顶板冒落监测与预警机制等，可以为煤矿安全、高效开采提供有力保障。

5.1 顶板事故分类及发生机理

5.1.1 煤矿顶板类型

煤层的顶板是指煤系中位于煤层上方一定距离的岩层，由于沉积物质和沉积环境的差异，顶板岩层性质和厚度各不相同，在开采过程中破碎和冒落的情况也就不同，了解这些岩层的岩性特征、厚度、层理及节理发育程度、强度及含水性等，对确定顶板管理和巷道支护方式均具有重要意义[50]。根据顶板岩层相对煤层的位置和顶板的坚硬程度等特征的不同，从上至下将顶板划分为基本顶(基本顶)、直接顶、伪顶三个部分。

(1) 伪顶

伪顶是紧贴煤层之上的极易随煤炭的采出而同时垮落的较薄岩层，厚度一般为0.3～0.5 m，多数由页岩、炭质页岩等组成。

(2) 直接顶

直接顶是位于伪顶或煤层(如无伪顶)之上的岩层，常随着回撤支架而垮落，厚度一般为1～2 m，多数由泥岩、粉砂岩等较易垮落的岩石组成。工作面煤层被采落时，直接顶不会立即垮落，而是在工作面上方悬露一定时间之后才垮落。直接顶是采掘工作面支护的对象。如果支护好，就不会冒顶，否则会造成冒顶伤亡事故。其按稳定性分为不稳定、中等稳定、稳定、非常稳定四类。

(3) 基本顶

基本顶又称为基本顶，是位于直接顶之上或直接位于煤层之上(此时无直接顶和伪顶)的厚且坚硬的岩层。常在采空区上方悬露一段时间，直到达到相当面积之后才能垮落一次，通常由砂岩、砾岩、石灰岩等坚硬岩石组成。基本顶按其初次来压和周期来压显现程度分为来压显现不明显、明显、强烈、极强四级。

5.1.2 煤矿顶板事故分类及发生机理

顶板事故即通常所说的冒顶。冒顶又称为顶板冒落，是指采掘工作空间或井下其他工作地点顶板岩石坠落事故。顶板事故对矿井的生产和井下作业人员的安全危害很大，轻则造成设备损坏和生产中止，重则造成人员伤亡。

5.1.2.1　按造成冒顶的力源及施力方向分类

(1) 压垮型冒顶

因支护强度缺失，顶板来压时压垮支架而造成的冒顶事故称为压垮型冒顶。

压垮型冒顶是由于巷道顶板或围岩对支架施加压力过大，导致支架损坏，并使巷道顶部破碎岩块脱落，从而引发的事故。巷道支架所承受的压力与围岩受力后的力学状态密切相关。若围岩受力后仍处于弹性状态，其承载能力较大且变形较小，巷道支架承受的压力较小，通常不会损坏。若围岩受力后进入塑性状态，其承载能力有限且会向巷道空间扩展，导致巷道支架承受较大压力，若支架支撑力或可缩量不足，容易压坏。当围岩受力后处于破碎状态时，其不具有承载能力，且会大量向巷道掘进方向扩展[51]。

巷道支架的性能对围岩受力后的力学状态也有影响。由于围岩受力后的变形破坏是一个过程，即由弹性变为塑性再破坏，期间如果支架有一定的支撑力就可能减缓甚至阻止围岩的进一步变形破坏，也保护了支架不受损坏。

采矿实践表明，压垮型冒顶是在基本顶来压时出现的。基本顶来压分为断裂下沉和台阶下沉两个阶段，都有可能出现压垮型冒顶事故。基本顶断裂下沉，一般是能形成平衡结构的基本顶岩块在其相对运动后造成的，也有可能是不能形成平衡结构的基本顶岩块在其断裂下沉后造成的，通过直接顶对采煤工作面的支架施加压力，靠进老塘的一两排柱子受力很大。若支柱的可缩量不够，就会被损坏而造成冒顶。不过落下的只是直接顶岩块，基本顶岩块由于一端支于采空区冒矸上，若另一端支于工作面煤壁上，并不会落下，如图 5-1 所示。而在采用的支护条件下，发生这种类型的压垮型冒顶的可能性比较小，只有在基本顶断裂下沉可能造成工作面支架较大的沉缩量且支柱的可缩量又非常小时才可能出现[52-53]。

图 5-1　压垮型冒顶(类型 1)

在基本顶岩块能形成平衡结构时，未有台阶下沉或仅少量台阶下沉，在这种情况下，通常不可能出现压垮型冒顶，如果基本顶岩块未形成平衡结构，则台阶下沉量很大，这时若工作面支柱的支撑力不够，就会出现压垮型冒顶，这种类型的压垮型冒顶是基本顶、直接顶一起向下压，来压强度比只有直接顶冒下时要大。巷道开口、交岔点、贯通老巷处顶板岩石压垮型冒顶如图 5-2 所示。

巷道开口、交岔点在掘进第二条交接巷道时，两条交接巷道两侧的支撑压力会发生相互叠加，在交岔点拐角岩柱中，支撑压力的形成机理具有空间特征。因其巷道交岔点两侧

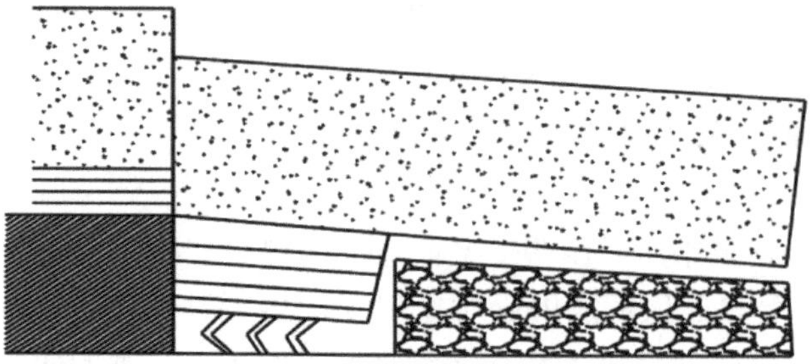

图 5-2　压垮型冒顶(类型 2)

的支撑压力叠加,应力集中系数和塑性区会增大。拐角岩柱中塑性区尺寸随顶板暴露面积、深度、压应力集中系数的增大和围岩坚固性的降低而增大。在采准巷道的交岔点处,顶板岩石冒落的深度超过单一巷道冒落深度的 0.4～0.7 倍。作用于交岔点处支架上的平均荷载比单一巷道的要高一些。巷道交岔处冒顶事故一般出现在巷道开岔时。容易导致压垮型冒顶事故。在巷道贯通地点,一般因为支架支撑力不足而导致巷道支架被压垮破坏而出现压垮型冒顶事故。

(2) 漏冒型冒顶

由于顶板破裂,且已破碎的顶板没有得到有效支护而引起的顶板岩石冒落的冒顶事故称为漏冒型冒顶。

由于构造、采动等原因,使采场工作面空间上方某部分直接顶周围岩体产生断裂,当直接顶异常破碎,而煤层倾角又较大时,就可能发生漏冒型冒顶。漏冒型冒顶又可以进一步划分为大面积漏冒型冒顶、局部漏冒型冒顶、靠煤壁附近的局部冒顶、工作面上下出口处的局部冒顶、地质破坏带附近的局部冒顶和放顶线及其附近的局部冒顶等[54]。

当直接顶异常破碎而煤层倾角又较大时,采场支护不及时或某个地点失效时易发生局部冒顶,在自然安息角(θ)以上的破碎顶板就要沿安息角冒落,使下方的支架失稳,由下往上连锁反应,从原冒顶地点开始,沿工作面往上至回风巷道全部漏空,导致推垮工作面,如图 5-3 所示[55]。

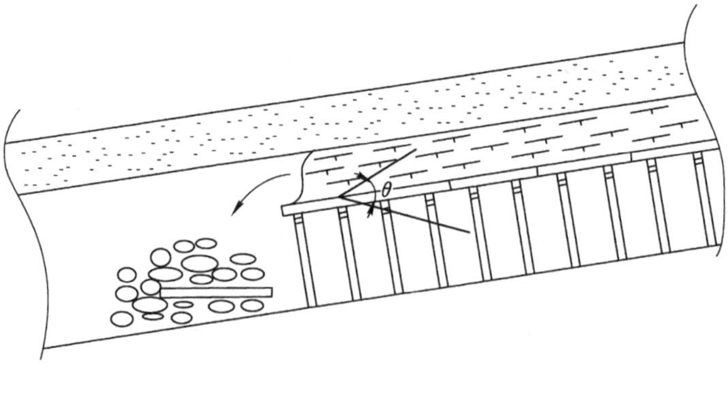

图 5-3　工作面漏冒示意图

另外,造成局部冒顶的原因还有:

① 采空区顶板支撑不好，悬顶面积过大。

② 顶板中存在断层、裂隙、层理等地质构造，将顶板切割成不连续的岩块，回柱后岩块失稳，推倒支柱造成冒顶。

③ 回柱操作顺序不合理。

④ 工作面支护质量不高，支护密度不够、初撑力低、迎山角不合理等。

⑤ 在遇见未预见的地质构造时没有及时采取措施。

⑥ 工作面上、下出口连接风巷和运输巷，控顶面积大。两巷掘进时经受压力重新分布的影响，同时由于巷道初撑力一般较小，使直接顶下沉、松动甚至破坏。特别是在工作面超前支撑压力作用下，顶板大幅下沉，又在移动设备时反复支撑顶板，结果造成顶板更加破碎。如果又有基本顶来压影响，工作面上、下出口更易冒落。

⑦ 煤壁线附近易形成“人字”“锅底”“升斗”等劈理，有游离岩块，易冒落。

(3) 推垮型冒顶

水平推力作用使工作面支架大量倾斜而造成的冒顶事故称为推垮型冒顶。

推垮型冒顶是水平推力作用导致工作面支架严重倾斜进而引发的冒顶事故。推垮型冒顶通常发生在回采过程中，尤其是残煤回采时，直接接触的煤层顶板容易冒顶，且煤层顶板的岩层常包含采动裂隙、原生裂隙和构造裂隙。下部煤炭释放后，支撑结构遭到破坏，裂隙形成不规则的六面体岩块。岩块在自重及上覆岩层作用下滑移，并最终脱落，导致工作面被推垮[56-57]。

推垮型冒顶在各种冒顶形式中是较常见的。冒顶的形成过程分为两个阶段，即预备性垮塌和主体垮塌。① 预备性垮塌。预备性垮塌是指地质层在承受应力变化后出现的微小变形，其特点是破裂面少，垮塌体较小。预备性垮塌的主要特征是煤层顶板变形，比如隆起、缩短、下沉等。这些变形可能伴随着矿岩的裂隙产生和扩展。② 主体垮塌。主体垮塌是指地质层因承受过大的应力而发生严重变形，导致其中一部分矿岩垮塌。主体垮塌前，煤层顶板经过一段时间的变形后，突然失去平衡，煤层顶板质点向下运动，从而压缩煤层和顶板之间的空气，使得顶板向下移动并破碎，形成冒顶。推垮型冒顶是由于高应力导致煤层顶板发生塑性变形，从而失稳。由于长期采煤造成的矿压增大，煤层顶板的强度降低，当顶板承受应力超过其极限强度时，就会失去平衡。此时，煤层顶板的质点开始下落并破碎，导致冒顶事故的发生。

另外，再介绍下复合顶板条件下的推垮型冒顶。复合顶板由下软上硬岩层构成。下部软岩层可能是一个整层，也可能是由几个分层组成的分层组。这里的软岩层与硬岩层只是个形象的说法，实际上是指采动后下部岩层或因岩石强度降低，或因分层薄，其挠度比上部岩层大，向下弯曲得多，而上、下部岩层间又没有多大的黏结力，因此下部岩层与上部岩层形成离层。从外表来看，似乎下部岩层较软，上部岩层较硬。复合顶板推垮型冒顶是指在工作面开采过程中，由于复合顶板的下部软岩下沉，与上部硬岩离层，支架处于失稳状态。一旦遇到外力作用，工作面支架就会因水平方向的推力而发生倾倒，造成推垮型冒顶事故。

复合顶板要发生推垮型冒顶必须具备下列四个条件[58]：

① 离层。

复合顶板的离层有 2 种情况：一种是由于断层、裂隙和尖灭等构造因素或开掘破坏了下位岩层结构，在支柱初撑力不够的情况下使下位岩层和上位岩层离层；二是下位岩层虽然整体性较好，但是支柱初撑力小，支护系统刚度小，从而导致上下位岩层离层。

在工作面控顶区，当四周下位岩层均已断裂时，为了保持其不离层，支柱的初撑力 P_0 必须足以支撑下位软岩层的重力，即

$$P_0 \geqslant \frac{\gamma h_1 d l_1}{m}\cos\alpha \tag{5-1}$$

式中 γ——下位岩层的重度，kN/m^3；

h_1——下位岩层的厚度，m；

d——岩梁宽度，m；

l_1——岩块沿走向长度，m；

m——支柱排数；

α——煤层倾角，(°)；

P_0——支柱初撑力，kN。

式(5-1)表明要使顶板下位岩层不离层，支柱初撑力与其厚度成正比，与支柱的排数成反比[59]。

大多数情况是由于支柱的初撑力较小，在顶板下位软岩层的自重作用下下沉，而顶板上位硬岩层未下沉或下沉较慢，从而导致软岩层与其上部硬岩层离层。支柱初撑力小，有两个方面原因：一个是支柱性能失效，达不到设计初撑力；另一个是支设时没有按要求施工，没有达到应有的初撑力，或是把支柱支设在浮煤或软底上，使初撑力达不到设计要求。

② 断裂。

由于各种原因，在顶板下位软岩层中断裂呈软岩六面体，四周已与原岩层断开，下面由支架支撑，如果周围没有约束，此六面体连同支撑它的支架将是个不稳定结构。

下位软岩层断裂出六面体有三个方面原因：a. 地质构造原因，即下位软岩层中存在原生的断层裂隙或尖灭构造；b. 巷道布置原因，即在工作面开采范围内存在沿走向或沿倾斜的老巷，由于巷道支架没有多大支撑力，不能控制巷道上方下位软岩层的下沉断裂；支柱初撑力低，导致下位软岩层沿煤帮断裂。

③ 去路和倾角。

当六面体周围出现一个自由空间，使六面体有了去路，而且六面体向去路方向又有一定的倾角时，在自重作用下，六面体就具有向去路方向的推力。

如果沿工作面自上而下至某点处，复合顶板下位软岩层尖灭，这就等于六面体在其倾斜下方有一个天然的去路，再加上煤层有一定的倾角，那就非常危险了。

④ 推力大于阻力。

假设六面体下侧有自由空间，则六面体就具有沿倾斜向下的推力。当六面体有向下推的趋势时，岩层断裂面将产生阻止六面体下推的摩擦阻力，采空区碎矸(如果其高度超过煤层采高)将对六面体产生阻止下推的摩擦阻力；上侧断裂面也会由于岩层似断未断，而有阻止六面体下推的向上拉力。此外，支柱的迎山角也会对六面体的下推产生阻力。只有当总阻力小于六面体向下的推力时，才会发生推垮型冒顶。

5.1.2.2 按冒顶的范围分类

(1) 局部冒顶

局部冒顶是指顶板冒落范围不大，伤亡人数不多(1～2 人)的冒顶。局部冒顶事故发生

地点大多数是有人工作的部位，实际生产中局部冒顶的次数远大于大型冒顶，约占采面顶板事故的 70%，危害总体比较大。

(2) 大型冒顶

大型冒顶是指冒顶范围较大，伤亡人数多，而且来势凶猛，处理起来难度较大的冒顶。其造成的后果严重，不仅严重影响生产，往往还会导致群死群伤。

5.2 顶板事故安全风险评估及监测预警体系

5.2.1 顶板安全风险防控的重要性

通常来说，煤矿顶板安全风险主要有以下特点：

① 无法准确预测。

顶板安全风险通常是无法准确预测的，从而造成在采矿作业时可能出现不可估量的后果，以及导致不可预期的财产损失和造成员工伤亡，更严重的可能导致重大煤矿事故。

② 危害性。

煤矿领域的安全风险特别是顶板的安全风险，通常表现在员工人身伤亡、财产损失以及矿山资源在事故后的开采损失等。不同程度的顶板安全风险造成的危害性也有很大的差异，一旦发生顶板安全事故，轻则停工停产进行排查，重则会造成较大的财产损失以及不可避免的设备、人员的损害。

③ 顶板安全风险可量化。

在顶板安全风险评估方面，全面了解安全风险对于指导生产运营具有实际意义。很多因素会影响顶板的安全，而目前的检测手段并不能完全掌握顶板安全隐患的发生区域以及时间，因此，需要进行长时间监控，并对相应的资料进行分析，尽可能量化顶板安全风险，做到心中有数，进一步减小可能出现的煤矿顶板事故。

煤矿顶板安全事故在煤矿死亡事故中一直占据着相当一部分比例，而目前在顶板安全评估、监测体系方面仍需要进行完善，因此建立顶板安全风险防控体系，从煤矿实际出发创新安全管理方法，进一步提高矿山企业安全管理水平，对于降低顶板事故发生具有至关重要的作用[60]。

5.2.2 顶板安全风险识别原则及方法

煤矿顶板安全风险识别是识别每个独立的顶板安全风险事件和煤矿整体安全的过程。其是量化整个矿山生产过程中所有工作面顶板以及其他顶板存在的所有风险的过程。同时，顶板安全风险识别还可以进行系统分析，权衡各种工作面作业时潜在的风险因素对事故后果的影响，然后对风险进行整体识别。

顶板安全风险识别的目的和功能不仅是识别并找出顶板中的危险源，最重要的是根据潜在的影响因素提出可靠的解决措施，以防范顶板事故风险。在最小允许范围内，顶板安全保持在一个稳定的状态，并且将可能发生的风险降至最低，从而将可能引发的损失控制在最小的范围内，使得投资能够获得最大的收益。安全风险识别是一项重要工作，其涉及煤矿企业是否符合国家有关标准，是否能够保障职工的安全和健康。但是顶板安全风险具有复杂的技术性质，并且具有强大的政策性质。因此，要做好这项工作，必须从煤矿生产的实际出发，以国家有关安全法规为依据，以认真、科学、负责的态度和精神，全面深入开发和完成识别任务。

5.2.2.1 安全风险识别的基本原则

(1) 科学性。影响顶板安全的因素来自很多方面并具有复杂性。为了确保顶板安全风险识别能够准确反映煤矿顶板的客观真实性和结论的正确性，必须以科学合理的方法、程序以及合理的数据为基础。并且严肃认真的以客观的态度对其进行识别，提出科学对策，得出科学结论。

(2) 可适用性。进行煤矿顶板安全风险识别时，首先要根据顶板的实际情况和特点收集相关数据，并进行综合分析。同时从煤矿顶板的实际情况出发，提出针对性强、容易实现的措施，并且得出公平可靠的评价结果。另外，要注意根据煤矿顶板的具体情况选择合适的顶板安全评价方法，充分考虑其适用性和可操作性，并且要保证选择的方法要足够简单，具有较明显的效果。

(3) 公正性。顶板风险识别对于矿山企业具有非常重要的意义，是整个矿山能够顺利进行基础设计和安全生产的重要保障。因此，做此项识别工作必须要科学谨慎、公平公正，不掺杂私心，遵守国家法规法律，提出明确可行的安全风险识别结论。

(4) 系统性。矿山是具有完备系统的整体，其中包含的危险因素也非常多样，只有详细系统地了解这些因素，才能最大限度地识别所有危害和有害因素，并且可以识别其对于安全性的重要性。

(5) 真实性。顶板安全风险识别是真实反映煤矿生产作业安全状况的评价。真实性是顶板安全识别的最低要求。如果识别的真实性丢失，安全风险识别的实际意义也将丢失。因此，顶板安全识别工作必须要消除顾虑，并且要坚持原则，同时识别结论必须反映实际情况。

5.2.2.2 顶板安全风险识别方法

顶板安全风险识别方法可以分为三类：定性法、定量法以及定性法和定量法相结合的方法。当前针对顶板安全风险存在的多样性，最常用的安全风险识别方法包括安全检查表法、层次分析法、数据包络分析法、决策树法、模糊综合评价法等。

(1) 安全检查表法

安全检查表法是依据相关的标准、规范，对工程、系统中已知的危险类别、设计缺陷以及与一般工艺设备、操作、管理有关的潜在危险性和有害性进行判别检查。该检查表用于记录实施安全检查过程中所需项目的详细列表。为识别系统中的不安全因素及潜在危险，事先对相关对象进行分析，并将系统划分为几个子系统。每个子系统应确定其不安全因素。根据相关安全法规、事故原因及系统安全性，结合分析结果确定检查项目，并按表格顺序编列需检查的项目和关键点。系统或子系统以问题形式呈现，以执行检查并避免遗漏。这种表格称为安全检查表。然而，作为纯粹的定性分析方法，安全检查表的缺点在于其仅为列表形式，且未考虑项目的优先级。

(2) 层次分析法(AHP)

层次分析法(AHP)是将定性和定量相结合的科学分析方法[61]，可以直观显示每个风险与数值的相对重要性，并验证其数值判断的一致性。对于顶板这样存在多种潜在风险的系统，对影响煤矿安全生产的风险因素是多种多样的，经验分析是不可靠的。而 AHP 的出现则能够对顶板风险因素进一步层次挖掘，构建具有多个影响因素的层次关系模型，同时构造出比较判断矩阵。通过分析各元素的权重进行计算，并验证矩阵的一致性。虽然该方法能够清晰易懂地进行分析，但由于其不能够对动态因素进行分析，因而在风险评价中不能够很好地适用。

(3) 数据包络分析法(DEA)

作为相对有效性的线性评估方法，DEA 主要用于评估过程中的某个决策单位(DMU)。决策单元是指通过一定数量的生产要素获得相应的生产目标。每个决策单位都包含相同的输入和输出，并有具有相同的目标以及一致的外部评价条件。DMU 的输入与输出是安全评估的要素，而结果的指标主要还是针对评价对象，不能够随意挑选[62]。

(4) 决策树法

决策树法是将概率分析和图形法引入风险识别的一种分析方法，具有层次清晰、综合性强、完整性和准确性高的优点。决策树法相比于其他方法具有更加简单明了的结构。其中决策点由正方形表示，各种情况和替代方案由决策点正方形投影的多个线段表示。这些线段也被称为计划分支。线段下侧连接的圆圈通常表示不同的机会，而概率分支则是通过从圆圈引出。不同的概率分支也就表明了风险发生的不同概率，且每种方案的增减值也列在概率分支的后面。

(5) 模糊综合评价法

模糊综合评价法是基于模糊数学的计算方法，将问题分为复杂程度或难易程度的词汇表，对风险进行综合评价。该方法可以对人、事和物进行全面、正确识别，并进行量化。该方法能够大幅度提高企业领导对风险因素的评判能力以及更加全面了解矿山，从而更好地进行科学管理工作。

5.2.3 煤矿顶板风险源分析

煤矿事故的发生对矿山会产生巨大影响，包括矿山设施设备物资的严重损坏与一线操作工人和技术人员的人身伤害，与当前国家要求的“以人为本”的科学发展理念相悖，并产生消极的社会影响。因此，研究煤矿风险源，准确辨识煤矿事故发生的盲区和识别潜在的安全风险，特别是对煤矿工作面顶板与巷道顶板风险源的准确识别与管控是当前煤矿安全开采的紧迫课题之一，对煤矿未来健康发展和安全生产具有举足轻重的意义。

煤矿生产作业过程中，由于地下开采环境复杂，并且容易受到其他因素的制约，这可能导致顶板事故发生，并造成矿山设施、设备物资的破坏和一线员工的人身伤害。煤矿企业需要根据煤矿顶板事故的主要特征和诱发原因，制定相应的政策有效预防煤矿顶板事故的发生，在减小损失与伤亡的同时，树立良好的煤矿企业社会形象。根据近年来全国煤矿顶板事故发生的诸多案例分析可以发现，当前诱发煤矿顶板事故的主要因素如下。

5.2.3.1 地质方面的因素

(1) 顶板自身的围岩性质

不同顶板围岩具有不同的物理性质。围岩整体强度越高的顶板，在开采掘进过程中不容易发生变形，从而降低了顶板事故发生的概率。

(2) 矿山的开采深度

煤矿生产过程中，由于开采工作量与开采深度的不断增加，引起开采作业面的上覆岩层重力增大，容易造成支架支护压力增大，也对沿空留巷以及采掘工作面顶板造成更加明显的破坏变形。

(3) 煤层倾角

煤层倾角对顶板安全风险有着相应的关系，不同的倾角造成的顶板事故也不一样。

5.2.3.2 开采技术方面的因素

(1) 煤矿掘进巷道与采煤工作面对顶板安全风险也产生一定的影响。

随着采掘工作的进行，巷道顶板受到长时间的采动扰动，顶板中聚集的应力也与受到扰动的程度和扰动时间有关，这也与顶板事故的发生相关。

(2) 巷道支护技术对顶板事故的影响。

巷道支护作为煤层采掘作业过程中的必要工作，对顶板事故的发生有着直接影响。特别是在较为破碎的掘进工作面和采煤工作面，不同支护方式、支护类型以及支护材料对煤矿顶板事故的发生都有着不同程度的影响。

(3) 开采掘进方式。

巷道掘进方式对顶板事故也存在影响，不同的方式对顶板受力也存在差异。无论采取哪种掘进开采方式，都应当对该方式进行相关的开采技术评估，才可能进一步实施相关生产活动。例如，对上下区段的平巷是采取平行掘进方式还是超前方式；对于大断面的硐室可以采取全断面的掘进方式，也可以采取小断面的分次掘进方式。

5.2.3.3 生产管理方面的因素

(1) 煤矿顶板周期来压的监测

煤矿安全生产是矿山企业的重中之重，而煤矿顶板的安全事故更值得生产安全管理人员注意。由于开采掘进过程中存在周期来压现象，如果对在开采作业中不能全面掌握周期来压的规律，那么很容易引起矿山顶板压力过大，且未能提前对可能存在冒顶的工作面进行有效的提前支护或者相应的处理，一旦应力超过原有支护方式时的承受能力，则很可能发生较为严重的顶板冒顶事故。

(2) 工作面生产循环的管理

采掘工作面的推进进度对开采工作面能否正常完成开采计划有着较大影响。如果采掘工作滞后，未能满足正常的工作面之间的循环需要，导致工作面上方顶板的悬顶时间过长，从而造成工作面支架压力过大，且若顶板压力超过支护所能承受的压力，顶板变形出现下沉破坏等一系列问题，严重则诱发顶板冒顶事故。

(3) 提高井下作业人员操作规范与安全意识

施工现场环境复杂，施工作业人员容易受到多种因素的影响从而引起操作不规范，不能够按照设计标准进行采掘工作。同时，一线工作人员对安全的认知不够充分。其在发现潜在安全隐患时，不能及时报告存在的隐患，并且“敲帮问顶”没有得到正确执行，从而引发事故。

5.2.4 煤矿顶板主要风险源

通过上述分析，结合以往煤矿顶板事故发生案例，可以看出煤矿顶板风险类型主要有以下几种：

5.2.4.1 局部顶板事故

作为顶板事故中最常见的事故之一，局部顶板事故的每次发生造成的伤亡较少，且发生的范围较小，以至于容易被忽视。然而局部冒顶事故作为煤矿生产作业中最常见的风险源之一，其发生的位置通常在以下几处：

(1) 在复合顶板发生断裂的地方，其主要造成原因是支承压力场明显增加、基本顶来压断裂等。并且由于复合顶板的结构主要为薄层结构，或者是由于煤层开采的埋藏深度较深及采高和开采面的宽度较大等，因开采扰动的影响造成的局部应力过大而造成的局部冒顶事故。

(2) 局部顶板事故也常发生在开采造成的局部顶板破碎区域。

(3) 局部顶板事故也可能发生在支架因腐蚀而未能及时进行修复等原因造成的支架强度不够的地方。

5.2.4.2 大面积切顶事故

该类事故一般在采煤工作面比较常见，通常称为垮面事故，其发生概率较小，但是危害性较大。垮面事故一般在直接顶发生扰动的时候容易发生，主要分为顶板压垮型冒顶事故和顶板推垮型冒顶事故。

(1) 压垮型冒顶事故。该事故发生的概率比对于局部顶板事故发生的概率要低，并且该事故的发生会造成较大的设备损坏，一旦发生，很容易造成较大的损失与工人的身亡，对作业工作面或者井下环境都具有较大的破坏性。压垮式冒顶事故主要的引起原因是液压支架承受不住顶板的上覆岩层重力。造成的垮塌在直接顶与基本顶的大片区域矿压显现过程中较容易发生。

(2) 推垮型顶板垮塌事故。该事故主要有三种情况：老塘在矿压推动下垮落、向壁推垮以及沿倾斜方向的推垮。而引起推垮的动力主要来源于直接顶自身以及基本顶断裂来压冲击等方面。并且在这些力的作用下，由于顶板支架的阻抗能力不足，或者支架的支护能力较低，直接顶与基本顶之间分层，形成较大的分离空间，进一步导致在层与层之间相互运动时产生的摩擦力缺失，造成大面积的顶板垮塌事故。并且，顶板周围局部岩块由于顶板来压也会形成垮落，进而导致顶板事故的发生。值得注意的是，老塘直接顶的顶板冒落以及直接顶的顶板来压，或者由于基本顶来压造成的岩壁断裂这些现象，也会引起直接顶或者其下面局部区域出现割裂，从而导致推垮型顶板垮落事故[63]。

总的来说，诱发顶板事故发生的因素很多，不能简单地仅对其中某一个因素进行分析，需要结合多个因素、多个角度，分析影响煤矿顶板失稳的原因。同时，煤矿顶板风险源存在于基本顶和直接顶等。在煤矿开采掘进过程中，需要对工作面顶板、破碎顶板以及巷道支架等可能存在的风险进行评估和动态调控，做到在事故发生之前就能提前预警，降低煤矿顶板事故发生的概率。

5.2.5 煤层顶板冒落监测预警系统

5.2.5.1 基于多源信息的煤岩损伤失稳程度判断标准

煤层采场顶板受采动影响，顶板比较破碎，在开采过程中易发生端面冒顶。重复采动下端面顶板失稳的影响因素纷繁复杂，各影响因素之间的相互关系具有不确定性，这使得近距离煤层群采动下端面顶板失稳预测成为一个综合且模糊的分析过程。通过 RBF 神经网络建立近距离煤层群重复采动下端面顶板稳定性预测模型，利用 Python 程序设计语言与 MYSOL 数据库设计开发预警系统，用来对采动下端面顶板稳定性进行监测预警，从而推动煤矿顶板稳定性研究智能化发展。

5.2.5.2 RBF 神经网络原理

RBF(径向基函数)神经网络是由 Moody 和 Darken 在 80 年代末提出的一种神经网络，是一种三层前向网络。第一层为输入层，由信号源节点组成；第二层为隐含层，隐单元数量根据所描述的问题的需要而定，隐单元的变换函数是 RBF，是中心径向对称且衰减的非线性函数；第三层为输出层，对输入模式的作用做出响应。由于输入层空间到隐含层空间的映射关系是非线性的，而隐含层空间到输出层空间的映射关系是线性的，从而可以大幅度加快学习速度并避免局部出现极小值问题。图 5-4 为 RBF 网络结构。

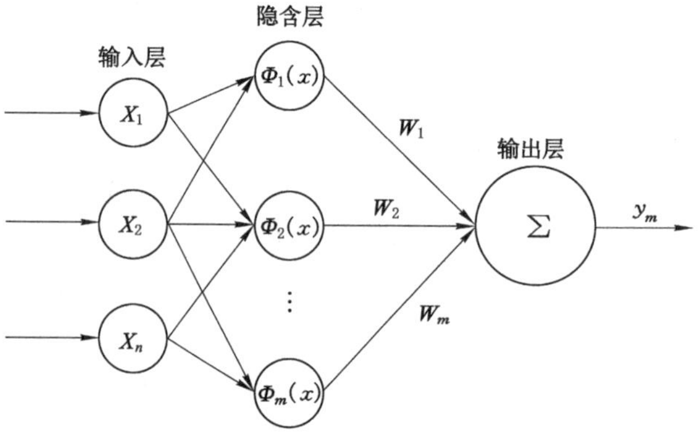

图 5-4 RBF 网络结构

RBF 神经网络的基本思想是利用径向基函数作为隐藏单元的“基”，形成隐藏层空间。隐含层对输入向量进行变换，将低维模式输入数据转换到高维空间，使得低维空间中的线性不可分问题在高维空间中线性可分。网络的权重可以直接用线性方程求解，因此其逼近能力、分类能力和学习速度都优于 BP 神经网络。其结构简单，训练简单，学习收敛速度快。它可以接近任何非线性函数，并克服了局部最小值问题。因此采用 RBF 神经网络对采动下端面顶板稳定性进行分析研究。

5.2.3.3 RBF 神经网络的训练与学习

(1) RBF 神经网络模型输入输出的确定

在构建 RBF 神经网络模型过程中，选择输入层的变量对于所建立 RBF 神经网络模型的性能是十分重要的。选取对采动下端面顶板稳定性影响较小的因素作为 RBF 神经网络的输入，将会严重影响模型的性能，甚至导致建模失败。因此，在建立预测模型前，选择与端面顶板稳定性系数密切相关的因素。如前文所述，采动下端面顶板稳定性的影响因素纷繁复杂，本书通过所收集到的实际矿山样本数据资料，结合理论分析、数值模拟与相似模拟研究，选取采动下端面顶板稳定性的主要影响因素——开采高度、围岩强度和支架初撑力，作为 RBF 神经网络预测模型的输入层，选取评价近距离煤层群端面顶板稳定性的指标——顶板下沉量和煤壁位移量，作为 RBF 神经网络预测模型的输出层。通过对 RBF 神经网络模型的输入与输出的确定，建立近距离煤层群重复采动下端面顶板稳定性评价模型，对重复采动下端面顶板稳定性进行分析和预测。

(2) RBF 神经网络的构造与训练

利用神经网络学习、训练、预测，目前应用最广泛的软件包是 MATLAB 的神经网络工具箱，为使用者提供了不同的神经网络的程序编程，从而方便核函数的转变调用，提高解决问题的效率和质量。本书利用 MATLAB 工具箱中的 RBF 神经网络对收集的数据样本进行训练构造，建立基于 RBF 神经网络的近距离煤层群采动下端面顶板稳定性预测模型，为后期端面顶板失稳预警系统开发提供依据。

图 5-5 为 RBF 神经网络的预测流程。选取数值模拟与现场收集的 100 组数据作为模型样本，导入数据，对数据进行随机划分，分为训练集 80 组数据与测试集 20 组数据。利用 RBF 神经网络进行训练，通过不断调整模型训练参数，得到最优模型，利用 20 组测试集数据进行预测，当预测结果准确率较低时再次对模型训练参数进行优化，直到构建的模型达到合理的准确率，从而输出预测结果，通过对预测结果进行对比分析，从而构建 RBF 神经网络端面顶板失稳预测模型。

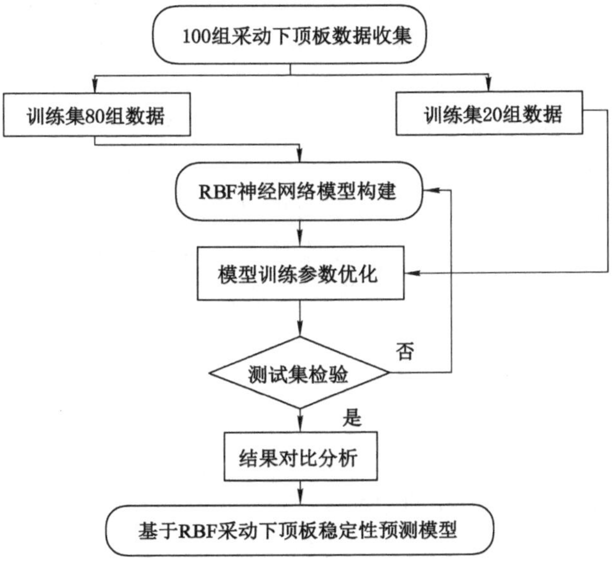

图 5-5 RBF 神经网络的预测流程

(3) 神经网络预测模型建立

本书共选取数值模拟、相似模拟与现场收集的 100 组数据作为模型样本，在 MATLAB 中利用 and perm 函数随机抽取 80 组数据作为训练样本，以剩余 20 组数据作为预测样本，具体代码如下：

① 随机产生训练集与测试集

```
temp=randperm(size(s123,1))
%训练集有 80 个样本
P_train=s123(temp(1:80),:)';
T_train=s222(temp(1:80),:)';
%测试集有 20 个样本
P_test=s123(temp(81:end),:)';
T_test=s222(temp(81:end),:)';N=size(P_test,2)
```

对训练样本与预测样本进行划分后，利用 MATLAB 神经网络工具箱中的 RBF 神经网络模型的 Newrbe 函数与 Newrb 函数对训练样本进行处理，将两种不同的函数划分为严谨 RBF 与一般 RBF。严谨 RBF：Newrbe 函数有多少个输入，就用多少个 neurons，隐含层节点数与训练样本一样。

```
net=newrbe(inputn,output,sc)
```

一般 RBF：Newrb 函数不停地向网络中添加 neuron，直到网络符合要求。隐含层节点需要搜索。

```
Net=newrb(inputn,output,err_goal,sc,MN,n)
```

② RBF 神经网络创建及仿真测试

```
%1.创建网络
net=newrbe(P_train,T_train,spread);
```

newrbe()函数的调用格式为：net=newrbe(P_train,T_train,spread)；其中 Spread 为径向基函数的扩展速度，即径向基函数的分布密度，需要根据具体的样本处理情况进行调整，对 Spread 的值进行不同尝试，从而达到最优模型。

```
Net=newrb(P_train,T_train,goal,spread,MN,DF)
```

newrb()函数的调用格式为：net=newrb(P_train,T_train,goal,spread,MN,DF)，goal 为均方误差；MN 为隐藏神经元的最大数目；DF 为两次显示之间所添加的神经元数目；Spread 为径向基函数的扩展速度，Spread 数值越大，函数拟合越平滑，但是 Spread 数值过大会造成逼近波动比较剧烈，需要更多的神经元来适应函数的快速变化，从而使得函数的网络性能不佳。

```
%2.仿真测试 T_sim=sim(net,P_test);
```

③ 性能评价

```
%1.相对误差
error=abs(T_sim - T_test)./T_test;
%2.决定系数
R2=(N * sum(T_sim. * T_test)
sum(T_sim). * sum(T_test)).^2/((N * sum((T_sim).^2)
(sum(T_sim)).^2). * (N * sum((T_test).^2)-(sum(T_test)).^2))
%3.结果对比
result=[T_test' T_sim' error']
```

④ 绘图

```
plot(1:N,T_test,'b:*',1:N,T_sim,'r-o')
legend('真实值','预测值')
xlabel('预测样本')
ylabel('顶板下沉量/煤壁变形量')
string={'端面顶板下沉量/煤壁变形量预测结果对比';
['R^2='num2str(R2)]}title(string)
```

利用一般 RBF 与严谨 RBF 神经网络对样本数据进行构造训练，得到端面顶板下沉量、煤壁变形量与支架荷载的预测结果，如图 5-6 和图 5-7 所示，通过对比两种 RBF 神经网络，利用严谨 RBF 神经网络建立的预警模型训练效果比一般 RBF 神经网络的训练效果好，预测值与实际值比较吻合。因此，选取严谨 RBF 神经网络构建的重复采动下端面顶板失稳预测模型，进而开发重复采动下采场顶板灾害预警系统。

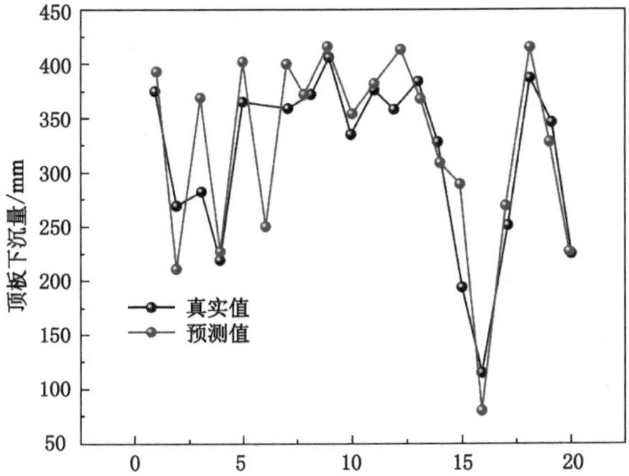

(a) 顶板下沉量预测结果对比

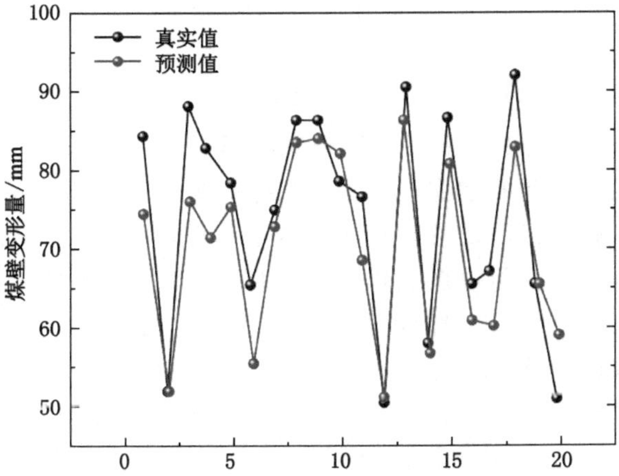

(b) 煤壁变形量预测结果对比

图 5-6　严谨 RBF 神经网络构造训练图

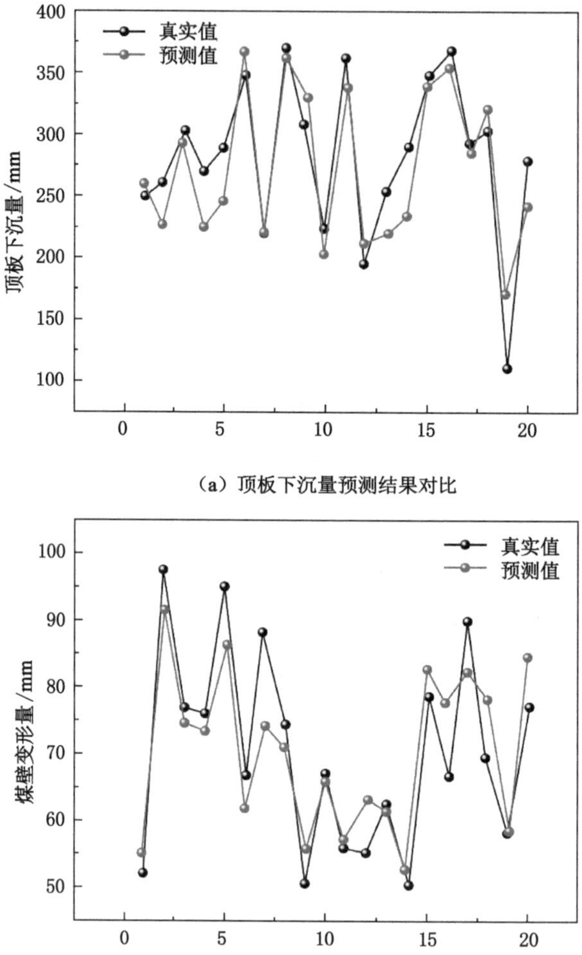

(a) 顶板下沉量预测结果对比

(b) 煤壁变形量预测结果对比

图 5-7　一般 RBF 神经网络构造训练图

5.2.3.4　采动下采场顶板灾害预警系统设计

近距离煤层群采动下煤层顶板灾害预警系统通过确定井下开采中顶板稳定性的影响因素，分析顶板稳定性冒顶前兆信息，选取评价近距离煤层群重复采动下顶板稳定性的特征参量作为监测指标，利用相关设备对不同区域进行监测，通过对不同测点数据进行采集、传输、分析、处理，经自主开发预警系统软件，利用该软件中的数据库调用相关数据，将监测数据以动态曲线的形式展现出来，监测结果进行实时更新，将井下工作面实际监测值与利用 RBF 神经网络获取的预警值进行对比，从而对不同指标、位置、测点进行分等级预警预报。

(1) 采动下顶板失稳预警系统设计目标

① 对工作面监测区域顶板下沉量、煤壁变形量与支架荷载等参数进行监测。

② 利用 RBF 神经网络建立预测模型，输入不同影响因素，得到该条件下的预警值，与现场监测值进行对比，从而对预警状态的分析，监测预警系统在监测值超过预警值时做出

报警。

③ 通过对井下收集的监测指标数据，可利用软件对其分析处理，能够以曲线图、数据表格的形式呈现出来，方便、直观地展现给用户。

④ 监测系统可以显示各监测指标的实时数据和监测信息。

（2）采动下顶板失稳预警系统的特点

① 多参数监测功能。本系统可监测工作面顶板、煤壁与支架位态多个参数。

② 便捷的数据处理功能。本系统可实现对工作面顶板、支架与煤壁三者的变化情况进行采集，通过该软件对收集数据处理，以图片、表格输出，用户可对井下收集的数据利用该软件进行查询、打印、导出等，提供了便捷的数据处理方法。

③ 及时有效地监测预报。本系统通过 RBF 神经网络分析得到的预测模型，对监测指标的预警值进行设定，对实时采集到的数据进行划分，并显示其监测指标的状态，当监测数据值超过预测的预警值时，系统自动发出报警，以及时通知相关管理人员。

（3）采动下端面顶板失稳预警系统的组成

基于预警系统的逻辑框架，对重复采动下端面冒顶影响因素进行分析，确定顶板灾害的监测指标。基于 RBF 神经网络得到的端面顶板稳定性预测模型，利用 Python 程序设计语言与 MYSQL 数据库设计开发近距离煤层群重复采动下端面顶板失稳预警系统。该预警系统主要包括五大模块：用户管理模块、监测预警模块、数据查询模块、应急管理模块、系统设置模块。图 5-8 为预警系统功能模块组成。

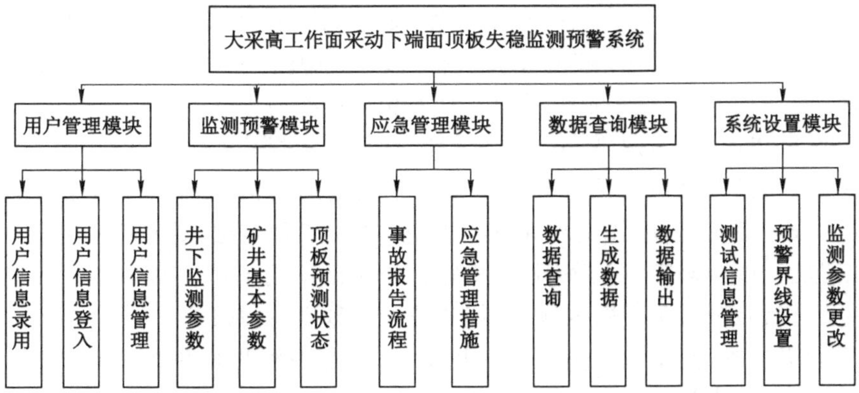

图 5-8　预警系统功能模块组成

近距离煤层群重复采动下端面顶板失稳监测预警系统的五大模块如下：

① 用户管理模块。用户管理模块包括用户登录与管理员登录。输入管理员登录：可以进入系统设置模块，对用户信息进行查询、更改、增加新用户、删除等，通过管理员加入用户信息，可通过登录用户信息进入预警系统。输入用户登录：进入近距离煤层群重复采动下端面冒顶预警系统的主界面。

② 监测预警模块。监测预警模块包括监测系统与预警系统两个部分。预警系统：利用 RBF 神经网络训练得到的预测模型，建立预测顶板失稳模型，通过输入影响因素，得出特征参量的预警值，与现场监测值进行对比，划分不同预警等级。监测系统：根据井下不同监测设备采集到的数据，储存在该系统的数据库中，利用软件的读取功能，处理数据库中的数

据,绘制各个测点的实时数据动态曲线。

③ 数据查询模块。通过输入查询条件,访问监测信息存储数据库,方便快捷地查阅矿井各个时间、位置的监测指标数据。

④ 应急管理模块。应急管理包括:煤矿安全规程、顶板事故应急预案、事故报告流程图。

⑤ 系统设置模块。管理员可以对监测系统内部测试信息管理、预警界限设定、监测参数更改以及系统日常的维护等。

5.3 煤矿顶板事故预防

根据造成冒顶的力源及施力方向将煤矿顶板事故分为压垮型冒顶、漏冒型冒顶和推垮型冒顶。根据冒顶范围的大小将煤矿顶板事故分为局部冒顶和大型冒顶。下面分别介绍各类冒顶事故及其他类型冒顶的预防。

5.3.1 压垮型冒顶事故的预防

5.3.1.1 预防压垮型冒顶的一般技术措施

① 加强地质和监测工作。搞清工作面直接顶和基本顶的强度,厚度分层状况,断层、裂隙状况以及直接底的厚度及比压。研究顶板活动规律,进行矿压监测,掌握工作面的初次来压和周期来压步距、顶板下沉量和下沉速度、支柱工作阻力和压缩量、支柱下缩速度等。当煤层顶板是极坚硬岩层时,可采用人工强制放顶和高压注水弱化顶板,或挑顶冒落一部分岩石来增加垫层的厚度,减小顶板活动时对采煤工作面的影响。

② 巷道优化布置。薄或中厚煤层的煤层区段平巷用煤柱护巷时应合理确定护巷煤柱宽度。在不用煤柱护巷时最好是等相邻区段采动稳定后再沿空掘巷。厚煤层倾斜分层开采时的煤层区段平巷,上分层要实现无煤柱护巷,并在已稳定的采空区下沿采空区边缘掘进中下分层平巷。要合理安排采序,防止相邻区段对已掘巷道产生影响。底板岩石中的区段集中平巷要布置在分层平巷的内侧,上部各分层跨越岩巷回采。

③ 加强巷道支护,使支架与围岩变形相适应,并与围岩共同发挥承担作用。在不同条件下围岩施加给巷道支架的压力不同。超前工作面 20 m 范围内的回采巷道,由于受工作面前方支承压力的影响,围岩受力比较大,应该用中柱(或抬棚)提高支架的支护强度。工作面前方超前支承压力范围内一定要加强支护,支护范围要大于 20 m,在前 10 m 内用双排柱支护,后 10 m 范围用单排柱支护。支架选型时,应采用有初撑力的支架。因巷道围岩的性质及受力状况有较大的随机性,所以为了防止巷道支架在使用期间被压坏,在确定某巷道的支护方式及其参数时,要在进行类似巷道的现场实测、实验室模拟试验以及理论计算等研究后做出决定[51]。

④ 预防巷道开岔处冒顶的措施。开岔口应避免进入原巷道的冒顶区域;在抬棚支设稳定后,方可拆除原巷道的棚腿,切忌过早拆除棚腿或在支撑抬棚前拆除棚腿。选用抬棚材料时,应确保其质量与规格符合要求,确保抬棚具有足够的强度。巷道交岔点处的支架棚梁应与棚梁连接成一体;开帮与被开帮的巷道之间应保持适当的夹角。

⑤ 加强掘进巷道贯通的安全技术措施。要按《煤矿安全规程》的相关规定，制定专项安全措施，严格贯彻执行。对头掘进贯通的巷道，要准确测量贯通距离，绘制测量图，并由测量人员及时填绘施工进度。在两个掘进工作面相距 20 m 时，要停止一个掘进头，实行单头作业并保持被停掘进头的正常通风。贯通前 5～10 m 起，要按顶板完整情况和压力大小，架棚掘进巷道应缩小循环进尺和棚距，严格按规程做好支护；加固抬棚长度大于设计永久抬棚长度，支护断面尺寸必须大于巷道贯通断面尺寸。

5.3.1.2 复合顶板、滑移面岩层压垮型冒顶预防

(1) 冒顶的特点及原因

复合顶板一般有以下三个特征：

① 煤层顶板由下“软”上“硬”的不同岩性的岩层组成。

② “软”“硬”岩层间夹有煤线或薄层软弱岩层。

③ 下部“软”岩层的厚度一般情况下要大于 0.5 m 且小于 3.0 m。

滑动构造发育于煤层顶板附近，并衍生多种相关构造现象。在层理滑动作用下，顶板岩石插入煤层，形成所谓的“二合顶”现象。该现象破坏煤层顶板稳定性，并对上覆岩层裂隙发育具有显著控制作用。在复合顶板岩层中，大块游离顶板岩石的切刮与脱落构成巷道顶板冒顶的潜在隐患[64-65]。

(2) 预防复合顶板、滑移面岩层压垮型冒顶技术措施

在巷道施工前一定要摸清地质构造及顶板结构，以在施工时采取安全技术措施：

① 在滑动构造发育地带必须加强顶板管理，在开拓中不可沿滑脱面掘进，避免冒顶事故出现。

② 确保支架有足够的支护阻力和支护强度，拱形支架的卡缆是决定支架阻力大小的主要因素之一，有的煤矿规定拱形支架的卡缆扭紧力矩必须大于 240 kN・m。锚杆支护巷道要加密锚杆、锚索。

③ 施工巷道掘进工作面 10 m 内使用防倒器，安装架间拉杆以增强支架的稳定性和整体性。工作面出现“伞檐”时必须先处理掉。

④ 要按离层型围岩特征，采用与之相适应的金属拱形可缩性支架，支架顶和帮要插严背实。

⑤ 优先采用综合掘进机进行破岩作业，以减少对顶板的扰动。在复合顶板条件下掘进时，应将爆破断面的尺寸设计略小于设计断面轮廓的尺寸。缩小空顶间距，以便于爆破后及时进行支架支护。

5.3.1.3 工作面开切眼、绕道掘进工作面压垮型冒顶预防

(1) 冒顶的原因

工作面开切眼和绕道断面尺寸较大，悬顶面积大；在掘进过程中炮眼较深，装药量大，对不稳定顶板振动大，使顶板比较破碎。同时，周围巷道布置复杂，回采时对巷道顶板的支撑力不足，受回采工作影响，巷道易发生压垮型冒顶。

(2) 预防工作面开切眼、绕道掘进工作面压垮型冒顶技术措施

如果地质条件较差，大跨度巷道不可采用一次掘够全宽施工，而应采用小断面掘进后再扩帮；要搞好支架的壁后充填。不得使用金属液压支柱和木支护混合支护；要指定专人

负责检查和处理顶板。按顶板稳定情况及时采取临时支护；要采用打密眼、打浅眼、少装药的爆破方法。

5.3.2 漏冒型冒顶事故的预防

5.3.2.1 大面积漏冒型冒顶预防措施

① 合理选择支护材料，使工作面有足够的支撑力和可缩量。

② 加强工作面顶板管理，顶板必须背严刹实，防止淌冒。

③ 作业期间严禁倒架，避免出现局部冒顶。

5.3.2.2 局部漏冒型冒顶

局部漏冒型冒顶主要有以下几种。

（1）靠煤帮附近的漏冒

由于原生或构造等原因，在一些煤层的直接顶中因存在多组交叉裂隙而形成某些离散岩块，这些岩块通常是具有光滑破裂面的孤立岩块，在采煤机采煤或爆破落煤后，如果支护不及时，就可能在无任何征兆的情况下突然冒落，造成局部漏冒型事故。如果工作面第一排支柱的初撑力不够，可以导致机道上方的直接顶过分变形破裂，从而造成局部漏冒。当基本顶来压时，煤壁附近直接顶可能破碎，从而导致煤层片帮，进而扩大了无支护空间，严重威胁作业人员的人身安全，增大一通三防的管理难度。靠煤帮附近的漏冒现象导致的死亡事故较多，作业时要严加防范。

预防靠煤帮附近局部漏冒的措施主要有：

① 提高工作面第一排支柱的初撑力，以减少机道上方直接顶的下沉量。

② 采用能及时支护悬漏顶板并能减小端面距的支架，及时支护控制悬漏顶板。

③ 炮采工作面要合理布置炮眼和装药量，尽量避免崩倒支架。

④ 合理布置工作面，尽量使工作面与煤层的主节理方向垂直或斜交，避免煤壁片帮，发现问题及时处理。

（2）工作面两端的漏冒

工作面两端的漏冒，包括输送机机头机尾处的局部漏冒，也包括与工作面相接的一段巷道中的局部漏冒。工作面两端经常要进行机头机尾的推移工作，尤其机头是架设抬棚支护，移置机头时需拆除抬棚下的支柱，此时如果处理不当会造成直接顶的下沉，导致破碎顶板或孤立岩块的冒落。

为预防工作面两端发生漏冒，应在机头和机尾处采用 4 对 8 梁支护。棚梁选用长度不小于 32 m 的型钢梁，支柱采用单体液压支柱，支护形式为 1 梁 3 柱。每对抬棚在机头或机尾处交替前移迈步，每次仅拆移一个抬棚，另一抬棚保持就位，以持续提供支护。同时，应加强工作面两侧 20 m 范围内的支护，在巷道支架中增设中柱；必要时，在距工作面 10 m 范围内的支架中增设双中柱。

（3）放顶线附近的漏冒

由于放顶线上的支柱受力是不均匀的，当人工回拆受力较大的柱子时，随柱子倒下，顶板也随即垮落，如果作业人员躲避不及时，往往会造成人身伤害事故，这种情况多数发生在回拆最后 1～2 根支柱时。为了预防放顶线附近的漏冒，除了在放顶线附近加强支护外，保证回柱工人始终在有支护的条件下作业，还需要采用特殊手段，例如，加打戗柱护住放顶线附近的顶板，这样可以减少顶底板的移近量，从而改善顶板状态，以保证回柱工人的安全。

（4）地质破坏带附近的漏冒

地质破坏带及其附近的顶板往往比较破碎，更容易造成漏冒事故，工作面的矿压显现也较明显，因此要特别加强支护，同时更要加强工作面护顶工作，增大工作面支护密度，尤其在工作面坡度较大时，更要做好防推防冒工作。

5.3.3　推垮型冒顶事故的预防

（1）提升矿井地质勘探有效性。

矿井地质具有结构复杂、勘探难度大的特点。地质人员在对开采工作面的顶底板进行勘探时，需要做到仔细分析、注重细节，尽可能提升矿井地质勘探的有效性。提升矿井地质勘探有效性需要注重两个方面：

① 提升勘探技术，完善勘探方案。提升勘探技术能够直接提升勘探工作人员的工作效率和成果，尤其是在断层、节理等复杂地质构造带上，提升勘探技术可以有效增加勘探细节，为采煤工程人员提供更多的信息，方便工程人员制定工程方案。另外，勘探人员需要对矿井地质开发有详细的勘探方案，慎重对待复杂构造带，更进一步完善解决方案，并在施工过程中及时更新地质资料，补充矿井地质信息。

② 开采方式需要因地制宜。部分具备小型结构、并且多而不明显的节理裂隙面，对顶板的支护强度具有较高要求。开采人员需要详细研究开采煤层的各项数据，结合围岩的变形特点和覆岩的移动规律，因地制宜地研究解决方案。

（2）提升液压支架管理效率。

提升液压支架管理效率，需要做好七个方面，分别是“支、护、稳、切、控、实、齐”，其中，最重要的方面是“移架”，即移架工作。在移架过程中，工程人员必须做到严格遵照作业流程进行操作，并时刻保持高度警惕，仔细排查移架过程中的异常现象。尤其是在应力集中区进行作业，工程人员需要牢记移架工序标准，及时对支架进行安全检测，发现问题立即采取措施。另外，采煤工程需要对分层开采的中、底区域以及应用简易支架的放顶煤工作面进行特别管理，应以复合顶板的管理标准进行管理，提高管理强度。具体措施主要是设置采煤预备队。通常情况下，采煤队必须一队一面进行开碴和收作，不允许一队多面生产。

5.3.4　局部冒顶事故的预防

5.3.4.1　采煤工作面局部冒顶

采煤工作面局部冒顶的一般处理方法是先在冒顶区上下部加固支柱，防止冒顶范围继续扩大。然后用顶柱、托棚等支架加固冒顶区的顶板，如顶板冒落已形成拱形时可在棚梁上打木垛接顶，使顶板不再冒落。护住顶板后清除冒落的矸石，如矸石压埋输送机无法开机时，缩短机尾或开小巷使输送机恢复运转。处理完矸石后再根据具体情况增补支架，恢复工作面的生产。

5.3.4.2　端头处冒顶

工作面上下端头是局部冒顶的高发区，采煤实践表明，占整个采煤工作面冒顶事故的

20%，因此是工作面顶板管理的重点和难点。预防端头冒顶事故是整个顶板事故预防中的重要内容。端头冒顶的类型有复合顶板端头推垮型冒顶、端头大面积悬顶时顶板断裂时造成的压垮型冒顶、移工作面输送机机头推垮型冒顶、端头有空洞上层顶板垮落冲击型冒顶以及端头顶板台阶下沉型冒顶五种。

5.3.4.3 端头局部冒顶

(1) 提高端头支架的整体性和稳定性。应广泛使用十字铰接顶梁支护端头以及加强上下两巷超前支护。支护系统必须具有一定的侧向抗力，以避免基本顶来压时推倒支架。

(2) 提高支护强度。端头支架的支护强度应提高到工作面正常支护强度1.6倍以上，主要是增大支护密度、增加抬棚及木垛等，可以支撑松动下来的直接顶岩石，还能支撑住基本顶来压时施加的冲击力。

(3) 端头采用锚杆支护。在复合顶板条件下，为了防止顶板离层、移动，在进行超前切口的时候用超前锚杆锚固端头顶板，有显著的预防效果，支护系统必须始终没有可导致顶板局部冒落的“空档”。

(4) 工作面回柱放顶后，让顶板及时垮落，工作面两道靠采空区侧顶板悬顶超过要求时，必须按规程要求采取措施。按规程要求进行支护，一般都能有效防止上下两出口的局部冒顶。但是，如果在端头处冒顶，无法处理冒落区时，一般采用掘进补巷绕过冒顶区，接通输送机后即可恢复生产。

(5) 金属网人工顶板下局部冒顶处理方法。金属网人工顶板冒顶多数为网破漏矸，处理这种冒顶事故时一般先挡住矸石再补网和整修工作面。先在冒顶区的边缘垂直工作面支设双腿套棚，托住金属网使之不再下沉，再用小直径圆木或小钢轨平行工作面打穿楔，挡住矸石，托住网。将漏下的矸石出净后再把网破损处补好，这样由外向里每整修1 m支一架双腿子，在棚梁上打插梁维护人工顶板(撞楔套棚)，直至恢复生产，处理方法如图5-9所示。

图5-9 金属网下冒顶处理方法示意图

5.3.4.4 顶板有小地质构造时预防局部冒顶的方法

(1) 查明工作面的顶板是否有小地质构造和影响范围，以便在制订作业规程和选择支护形式时采取有针对性的设计和措施。

(2) 考虑支护方式时必须选择能及时支护或超前支护的支架。

(3) 破煤后必须先挂梁或打探顶杆再作业，不得在无支护区作业。

(4) 工作面局部空顶的原因与处理措施：采煤工作面因局部空顶，上部大块岩石突然冒落冲击造成局部冒顶伤亡事故占总冒顶伤亡事故的比重很大，因此，必须重视这种事故的预防工作。

形成局部空顶的原因主要有以下几种：

① 局部漏顶没有填实形成的空洞。当直接顶非常破碎、松软，由于支护不及时或刹顶不严，漏顶后没引起重视，也未采取填实或刹严等措施，使上层顶板悬空造成隐患。这种情况一般都发生在控顶区内，如果在空洞下放顶，对回柱人员的安全威胁很大，在没有预防性措施的情况下往往会发生局部冒顶事故。

② 上分层大块岩石冒落形成的空洞。在厚煤层分层开采工作面，如果上分层的顶板冒落岩块较大，造成空洞，当第二分层的工作面采到此处时，人工顶板上部的空洞就成为一大隐患，这种空洞初时较稳定，当放顶线延伸到大岩块的下端时，岩块向采空区移动，岩块上端失去支撑点的瞬间产生较大的冲击力，推垮支柱并波及比空洞更大的范围，形成局部冒顶，对回柱放顶人员的安全威胁极大，如图 5-10 所示。

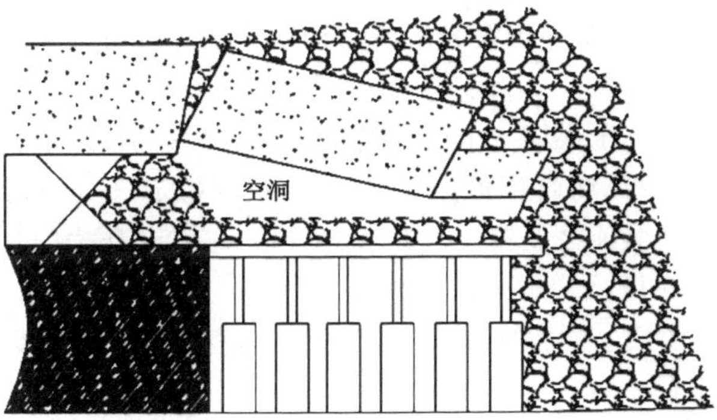

图 5-10　大块岩石造成的空洞示意图

③ 上分层的支架没回收造成的悬顶。在上分层开采过程中，没有把该回收的支架、木垛回撤。当下分层采到此处时，造成局部有悬顶。这种情况如处理不当，上分层插入煤中的支柱，在采下分层时悬露出来失去支撑能力，悬顶冒落，其冲击力造成局部冒顶。另一种情况是回柱工作到悬顶下也会形成较大的冲击造成局部冒顶。这两种事故，在实际工作中都有造成人员死亡的实例。防止空洞、悬顶冒落冲击造成局部冒顶事故的预防措施如下：在局部顶板破碎处采用超前支护的方法，把顶板插严背实防止漏顶；如有漏顶，必须采取封堵措施；对已形成的空洞必须详细调查其位置、面积、高度、顶板岩性以及周围地质构造等，采取预防措施。当空洞面积、高度不大时，在加固空洞周边的支架后，在空洞中间支设一根木支柱作为临时点柱，然后在洞中打木垛接顶。当冒落空洞较大时，在单体支柱工作面处可在空洞内打上高木柱，柱间钉上拉木，空洞周边用木料背实并在周边打上锚杆，对空洞顶板进行直接支护。

5.3.5　综合类型冒顶事故的预防

综合类型冒顶又称为其他类型冒顶，是除了以上冒顶类型以外的冒顶或者以上冒顶事故中两种或两种以上的冒顶事故。

防止采掘工作面或巷道的冒顶片帮、采场（采空区）顶板大范围冒落事故的发生，必须严格遵守安全技术规程，从多方面采取综合预防措施[66-67]。

5.3.5.1 巷道掘进工作面

(1) 将巷道布置在煤层开采后所形成的应力降低区域内。

(2) 如果难以避开采动支承压力的影响，应尽量避免支承压力叠加的强烈作用，或尽量缩短支承压力影响时间，避免在遗留煤柱下方布置巷道等。

(3) 在采矿系统允许的范围内，选择稳定的岩层或煤层布置巷道，尽量避免水与松软膨胀岩层直接接触。

(4) 巷道通过地质构造带时，巷道轴向应尽量垂直断层构造带或向斜构造、背斜构造。遵守安全技术规程，采取综合预防措施。

(5) 相邻巷道或硐室之间选择合理的岩柱宽度。

(6) 巷道的轴线方向尽可能与构造应力方向平行，避免与构造应力方向垂直。

5.3.5.2 回采工作面

(1) 对回采工作面，充分掌握顶板岩层的结构变化及煤层群开采的相互影响，掌握直接顶、基本顶的类型及运动规律。

(2) 直接顶是指直接位于煤层之上的易垮落岩层。煤矿直接顶稳定性分类主要以直接顶初次垮落步距为主要指标，将直接顶分为不稳定、中等稳定、稳定和非常稳定 4 类。

(3) 基本顶是位于直接顶之上较硬或较厚的岩层，基本顶压力显现分为 4 级，即基本顶来压不明显、来压明显、来压强烈和来压极强烈。

(4) 针对顶板事故的压、漏、推 3 个类型，支架应具备支、护、稳的特点，实现支架对顶板的支得起、护得好、稳得住。

5.3.5.3 预防压垮型冒顶

(1) 支柱或支架的工作阻力应能支撑开采区域上方垮落带岩层的重力（支）。

(2) 支柱或支架的初撑力能限制顶板岩层之间的离层（切）。

(3) 支柱或支架能适应顶板的适当下沉（让）。

(4) 对难冒厚坚硬顶板，应实施松动措施（挑）。

5.3.5.4 预防漏冒型冒顶

(1) 选择支撑掩护或掩护式支架，适当缩小端面距，及时支护，必要时采取临时支护措施。

(2) 支柱顶梁必须背严背实。

(3) 遇到断层破碎带等围岩松动区时，应考虑采用临时围岩加固措施，如化学加固、注浆加固、锚注加固等。

5.3.5.5 预防推垮型冒顶

(1) 支柱或支架的初撑力应能限制顶板岩层的离层，并具有足够的切顶能力，限制岩层间的滑动。

(2) 支柱或支架的初撑力应保证网兜高度不超过 150 mm。

(3) 尽可能采用整体支架，或支柱连锁。

(4) 严格执行安全规程，选择合理的生产技术，严格按照作业规程施工，加强支护质量管理，是防治顶板事故的主要措施。

(5) 巷道掘进前及掘进期间，应进行巷道围岩稳定性监测，包括巷道围岩应力监测、巷道周边位移监测(巷道表面位移监测)、巷道围岩深部位移监测、巷道围岩松动圈监测等。常用的围岩稳定性监测方法有木楔法、标记法、声波探测法、地震波法、微震法。

(6) 开采前及开采过程中应进行围岩的压力监测、位移量监测、支柱的工作阻力监测等。综采工作面须进行工作面支架工作阻力监测(包括初撑力、最大工作阻力、时间加权平均工作阻力、初次及周期来压步距、动载系数等)。

5.3.6　顶板断裂型冲击地压事故的预防

冲击地压，是采矿诱发的矿井地震，是矿井的一大自然灾害。冲击地压发生时，围岩迅速释放能量，煤岩突然被破坏，造成暴风、冒顶片帮、支架折断、巷道堵塞、地面震动、房屋损坏和人员伤亡。

顶板的稳定性主要受拉应力控制，岩石微破裂的发生、发展是拉伸破裂的结果，每个拉伸破裂都是一次拉伸失稳释放能量的过程[68-70]。在井下回采工作面经常会感觉到这一类拉伸失稳而产生的震动。在一定的条件下，特别是在坚硬且完整的岩层中，将会出现较大范围的拉应力区而发生微破裂。由于不断受到扰动，微破裂不断增加，平衡状态的稳定性逐渐减弱，当最后处于稳定平衡的极限状态时，微小扰动引起的微破裂转移造成雪崩式的连锁反应，发生拉伸失稳破坏，顶板岩层突然裂开，产生宏观裂缝，使得系统储存的弹性能迅速释放而发生顶板断裂型冲击地压[71]。

顶板断裂型冲击地压的预防措施主要是改变顶板运动规律，主要方法为开采解放层、对本层煤进行高压水射流钻孔割缝和留设煤柱。

(1) 开采解放层改变顶板运动规律。

当有相邻两层煤可供选择开采时，可以先开采位于下层的煤，这时位于上层的煤得到解放，使得顶板由可能断裂的方式变为弯曲下沉的运动方式，从而避免冲击地压的发生。

(2) 对本层煤进行高压水射流钻孔割缝改变顶板运动规律。

开采解放层是冲击地压防治的一项治本措施，但对有些煤层找不到可以解放的煤层，同时，即使解放层开采，还有一个解放范围问题。对于非解放范围，由于应力集中，冲击地压会更加严重，所以寻求本层煤的开采解放是冲击地压防治的一个发展方向。高压水射流钻孔割缝技术就可以实现本层煤的解放，该方法是用旋转射流钻孔，钢管连续推进，在采煤工作面与回风顺槽沿煤层中下部间隔钻出与煤层平行的钻孔，孔深为 100～150 m，然后沿钻孔后退用高压水射流割缝，缝高为 30～50 mm，深度为 1.5～2.0 m，钻孔间距在 4 m 左右。其机理是大面积的钻孔割缝使煤层破坏、损伤、卸压、应力松弛。

(3) 留设煤柱改变顶板运动规律。

在有些情况下可以通过留设煤柱来改变顶板运动规律。通过合理选择煤柱的宽度和间距，使得留设的煤柱，既改变了顶板运动规律，使之不会产生大面积顶板断裂，同时又因留设煤柱而不致引起新的应力集中。

6 顶板事故的现场处理和技术分析

顶板事故发生后应立即采取一切措施进行抢险救灾，并高度关注后续的恢复与预防工作。对受灾区域进行全面安全评估，确保生产环境安全。做好预防工作的同时组织专业队伍对设备进行检修和更换，力求尽快恢复生产。

为了防止此类事故再次发生，必须进一步加强对矿山的安全管理与监管。建立健全安全生产管理制度，明确各级管理人员和矿工的职责，确保安全生产责任到人。加强安全教育和培训，提高人员安全意识和操作技能，让安全成为每个人心中的头等大事。构建智能化安全管理和应急指挥系统，实时监控矿山的安全状况，深入分析潜在的安全隐患，并及时提醒相关人员进行处理，将极大提升矿井安全管理和应急救援能力，为矿山的安全生产保驾护航。

综上所述，顶板事故的抢险救灾工作不仅要迅速高效，还要全面细致，确保矿山生产的安全稳定，保障广大矿工的生命财产安全。不断加强安全管理和监管工作，提高矿山的安全生产水平，为矿山的可持续发展奠定坚实基础[72]。

6.1 顶板事故特点

在矿山开采和其他地下工程活动中，顶板事故是最容易发生且破坏性极强的安全事故。顶板事故的发生主要受到客观条件和人为因素的影响，在煤矿中分布广泛、种类多样且机理复杂。随着矿井采掘深度的提高以及矿井采煤工作的扰动，打破煤层及岩体原始应力状态，应力的变化使顶板破断失稳，突然发生冒落，造成设备损毁和生产中断，更是严重威胁生产人员的生命安全。这类事故的特点主要表现在以下几个方面：

(1) 突发性

顶板事故往往具有突发性，事故发生时通常没有明显的征兆，由于地下工程的特殊环境，顶板岩层受到各种因素的影响，如地质构造、地下水、开采方法等，其稳定性随时可能发生变化。一旦失稳，就会导致顶板坍塌，给安全生产带来极大的危害。

(2) 危害性大

顶板事故的危害性极大，一旦发生，往往会造成人员伤亡和财产损失。由于地下工程空间有限，顶板坍塌时工人往往难以躲避，容易造成重伤甚至死亡。2016—2022 年国内煤矿共发生事故 652 起，其中顶板事故共发生 181 起，占比高达 27.8%；煤矿事故共死亡人数 1 568 人，顶板事故死亡人数 421 人，占比 26.8%[73]。顶板事故起数及死亡人数占比如图 6-1 所示。顶板事故还可能破坏地下工程的设备、设施，造成生产中断，给企业带来巨大的经济损失。

(3) 预防难度大

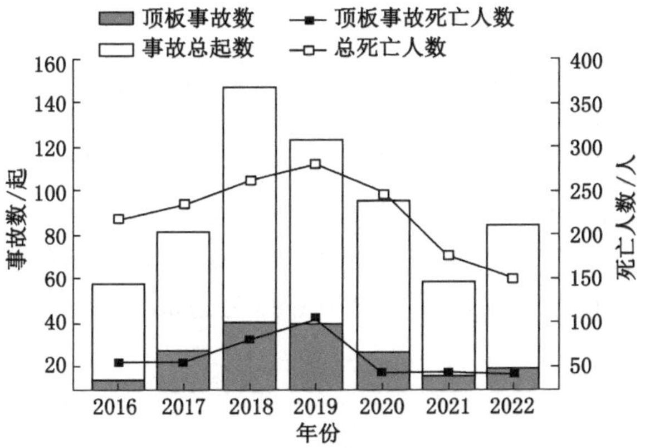

图 6-1 顶板事故起数及死亡人数

预防顶板事故的难度较大。地下工程的地质条件复杂多变,很难准确预测顶板岩层的稳定性。此外,地下工程的开采方法、支护措施等也会对顶板的稳定性产生影响。因此,要有效预防顶板事故,需要采取多种措施,如加强地质勘探、优化开采方法、提高支护强度等。

(4) 救援困难

一旦发生顶板事故,救援工作往往面临诸多困难。由于地下工程空间有限,救援人员难以快速进入事故现场。此外,顶板坍塌后可能形成密闭空间,导致氧气供应不足,给救援工作带来更大的难度。在救援过程中还需要采取特殊的救援技术和设备,如生命探测仪、气垫等,才能确保救援工作的顺利进行。

综上所述,顶板事故具有突发性、危害性大、预防难度大和救援困难等特点。为了有效预防和应对顶板事故,需要采取加强地质勘探、优化开采方法、提高支护强度等措施,同时还需要加强应急救援体系建设,提高救援能力和效率,从而最大限度地减少顶板事故带来的危害和损失。

6.2 顶板事故的原因分析

要深入了解和预防顶板事故,首先需要对其原因进行细致分析。顶板事故的发生通常是由多种因素共同作用的结果,将事故诱因分为自然因素、技术条件、人为因素三个主导因素,顶板事故诱因事故起数及死亡人数占比如图 6-2 所示[74]。

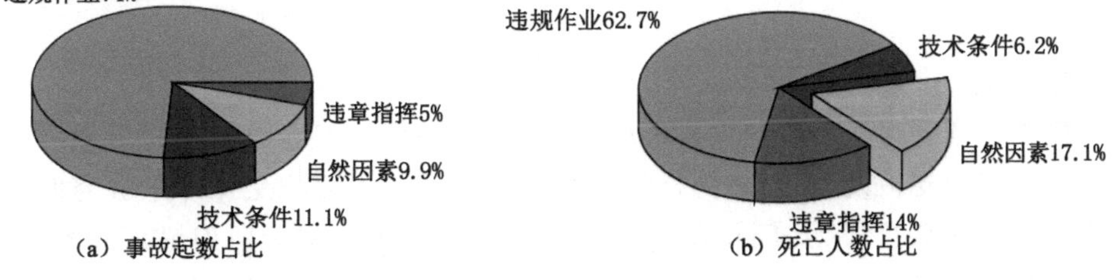

图 6-2 顶板事故诱因事故起数及死亡人数占比

自然因素是事故发生的内在原因，由于岩石强度低和局部空隙造成应力集中，引发事故的严重程度较大，死亡比例高达17.1%。

技术条件方面，开采方法不合理、使用淘汰工艺、支护方法不当、支护材料硬度不够和支护设计不符合规定等原因，同样会导致顶板事故的发生。

在人为因素中，违规作业和违章指挥是造成事故的主要原因，违规作业包括空顶作业、冒险作业、未及时撤离、违反纪律进入采空区和缺乏检查等，占比74%，造成死亡人数占比62.7%，这些多数是监管不力、工人安全意识淡薄和安全培训不到位造成的[73]。违章指挥则是由于负责人指挥不当，进行冒险拆除支护等行为造成事故，因此需要加强对管理人员的安全技术理论培训。

6.2.1 自然因素

地质条件是影响顶板稳定性的最主要的自然因素。地下工程所在地的地质构造、岩石类型、岩石结构、地下水状况等都会对顶板的稳定性产生影响。

煤矿地质的断裂构造会影响煤层的连续性和顶板完整性。正是由于煤层和岩层的不连接情况，容易造成断层两侧岩体相对位移。当工作面推进方向与断层倾向相同时，同向断层下盘岩块的重力直接作用在支柱上，岩块易离层下落砸人或推垮工作面，顶板较难控制，冒顶事故多发。在大断层两侧，往往伴生中、小断层和裂隙，其产状大致与主断层相近，落差为1～2 m。小断层延伸到松软的煤层时，在顶底板岩层中产生了薄弱面，特别是小断层密集区段，两条不同倾向的小断层可产生离层三角岩块，对顶板管理危害极大[75]。

围岩的岩性和结构很大程度上决定了巷道的稳定性，成分单一的块状结构砂岩组成的岩体，巷道稳定性好，上、下岩层岩性、结构差别大，含有软弱黏土夹层的岩体，巷道稳定性差，容易片帮或掉块。

回采后，顶板水通过覆岩导水裂隙带波及范围内的砂岩、石灰岩含水层及断层水涌入工作面，导致岩石因长期浸泡而软化或裂隙活化。在复合顶板或伪顶较厚的工作面，顶板淋水会促使抽顶现象加速发展，进而引发冒顶事故。

6.2.2 技术条件

(1) 开采方法

开采方法是影响顶板稳定性的重要因素。不合理的开采方法可能导致顶板岩层应力分布不均匀，从而引发顶板事故。例如，开采速度过快、开采顺序不合理等都可能导致顶板失稳。施工工艺落后或采用淘汰工艺施工，不合理的施工工艺极大地增大了煤矿发生顶板事故的可能性，近年来仍有部分煤矿采用落后和国家明令禁止使用的工艺施工，最终导致顶板事故发生[74]。

(2) 支护措施

支护措施是预防顶板事故的重要手段，然而当支护措施不当或不足时可能导致顶板事故的发生。合理的支护设计、合格的材料和有效规范的矿压监测是保障采掘空间顶板安全的关键环节。支护强度不足，间排距、空顶距不合理，施工关键参数如锚杆锚固力、预紧力不足，支护材料不合格，无有效的矿压监测仪器及正常观测都会降低支护效果，从而增大顶板事故的风险。特殊区域主要有地质构造区，如过褶曲、断层、陷落柱、风氧化带、流沙层、破碎带、淋水区、穿层段等；复杂地段，如巷道交岔口、大断面、巷道刷扩区、高冒区、工作面上下端头、工作面片帮冒顶区、各种原因导致的应力集中区等地段。特殊区域围岩结构、强度、应力环境均较复杂，支护难度较大，极易引发顶板事故[76]。

6.2.3　人为因素

人为因素也是导致顶板事故的重要原因之一。准备工作不到位，采掘区域围岩地质力学测试与评估不健全，缺乏对采掘区域围岩地质力学特性的掌握以及对围岩变形破坏特性的了解，没有对采掘区域全范围全服务周期、动态的围岩地质力学性能进行有效的探测、评估和跟踪是导致顶板灾害事故的重要原因。部分工人安全意识淡薄，违规操作，存在侥幸心理，且安全管理不到位，未严格执行规章制度，违规操作同样会导致事故发生。同时管理人员的违章指挥也是造成事故发生的主要原因，需要加强对管理人员安全意识培训及专业知识学习，确保掌握最新的安全管理理论。为了追求经济利益，重生产轻安全，也可能导致顶板事故的发生。

6.3　顶板事故的应急救援

尽管采取了各种预防措施来降低顶板事故的风险，但是事故仍有可能发生。事故发生时，完善的应急救援体系将发挥重大作用，能够提高救援能力和效率，对于减少事故损失和保护人员安全至关重要。

（1）应急预案的制定

企业应制定详细的顶板事故应急预案，明确应急组织、通信联络、救援流程、资源配置等方面的要求。预案应根据地下工程的特点和实际情况进行制定，并定期进行修订和完善，确保其具有针对性和可操作性。

（2）应急队伍的建设

企业应建立专业的应急救援队伍，配备专业的救援人员和必要的救援设备。救援人员应具备良好的身体素质、专业技能和心理素质，能够迅速、准确地应对顶板事故。同时，企业应加强与专业救援机构的合作，提高整体的救援能力。

（3）应急演练的开展

为提高应急救援的实战能力，企业应定期开展应急演练活动。通过模拟真实的顶板事故场景，检验应急预案的可行性和救援队伍的反应能力，发现并改进存在的问题和不足。

（4）事故现场的紧急处置

一旦发生顶板事故，企业应迅速启动应急预案，组织救援力量赶赴现场。在现场，应根据事故的具体情况制定救援方案，采取科学、有效的救援措施。同时，要加强与上级主管部门和救援机构的沟通协调，及时汇报事故进展情况，争取更多的支持和帮助。

（5）事故后的总结与反思

在顶板事故处理完成后，企业应组织相关人员进行事故总结和反思。通过分析事故原因、评估救援效果、总结经验教训，提出改进措施和建议，为防止类似事故再次发生提供有益的借鉴和参考。

建立完善的应急救援体系是预防和应对顶板事故的重要保障。通过制定应急预案、建设应急队伍、开展应急演练、实施紧急处置以及进行事故总结和反思等措施，可以提高救援能力和效率，最大限度地减少顶板事故带来的危害和损失。

6.4 顶板事故的现场处理技术

顶板事故是煤矿生产中最常见且危险的事故之一。当矿井顶板受到地质应力、开采扰动等因素影响时，可能导致顶板坍塌，进而造成人员伤亡和财产损失。因此，了解并熟练掌握顶板事故的救灾方法与处理技术，对于保障煤矿生产安全至关重要。

顶板事故作为煤矿生产中最常见且极具破坏性的灾害之一，其发生的原因和后果不容忽视。在深入地下进行煤炭开采的过程中，矿井顶板承受着来自上方的巨大的地质应力，同时还会受到开采活动自身带来的扰动。这些因素的综合作用，使得顶板有可能发生坍塌，进而造成严重的人员伤亡和财产损失。对顶板事故的救灾方法与处理技术的深入了解和熟练掌握，对于确保煤矿生产安全具有极其重要的意义。

顶板事故的发生具有极大的复杂性，其不仅仅是一个简单的物理坍塌过程，还涉及地质构造、岩石力学、开采工艺等多个方面的因素。在预防和处理顶板事故时，需要综合考虑这些因素，制定科学合理的安全措施。

救灾方法的掌握是应对顶板事故的关键。在事故发生后，如何迅速有效地组织救援，减少人员伤亡，是摆在面前的重要任务。这需要相关人员具备丰富的救援经验和专业的技能，能够在第一时间内做出正确的判断和行动。同时，还需要配备先进的救援设备和工具，以提高救援效率和质量。

处理技术的提升也是防止顶板事故的重要手段。通过采用先进的开采技术、加强顶板支护、优化开采布局等措施，可以有效降低顶板事故的发生率。同时对于已经发生的事故，通过科学的处理技术，可以迅速控制事故现场，防止事故进一步扩大。

顶板事故是煤矿生产中必须高度重视的问题，需要从多个方面入手，加强预防、提高救援能力和处理技术，以确保煤矿生产的安全和稳定，切实保障广大矿工的生命安全和财产安全。

6.4.1 救灾方法

(1) 现场应急措施

① 现场人员要迅速撤至安全地点，并迅速向调度室报告。

② 在小型冒顶、坍塌、压埋事故发生时，现场人员在保证安全的前提下，应立即开展自救互救。

③ 在撤离受阻时应紧急避险，采取以下自救措施：a. 选择最近的避难硐室或临时避险设施待救。b. 选择最近的设有压风自救装置和供水施救装置的安全地点，进行自救互救和等待救援。c. 迅速避险撤退到安全地点，如有压风管路，应输送新鲜空气。可利用现场材料，维护加固附近顶板，设置生存空间，等待救援。

④ 被困后采用有规律敲击等一切可用措施向外发出呼救信号，但是在瓦斯和煤尘较大的情况下不可用石块或铁质工具敲击金属，避免产生火花而引起瓦斯煤尘爆炸。

⑤ 被困待救期间，遇险人员要节约体能，节约使用矿灯，保持镇定，互相鼓励，积极配合

外面营救工作。

⑥ 带班领导和班组长负责组织撤离和自救互救工作。

(2) 矿井应急处置措施

① 启动应急预案,及时撤出井下人员。调度室接到事故报告后,应立即通知撤出井下受威胁区域人员。严格执行抢险救援期间入井、升井制度,安排专人清点升井人数,确认未升井人数。

② 通知相关单位,报告事故情况。第一时间通知矿山救护队出动救援,通知当地医疗机构进行医疗救护,通知矿井主要负责人、技术负责人及各有关部门相关人员开展救援,按规定向上级有关部门和领导报告。

③ 采取有效措施,组织开展救援。矿井应保证主要通风机正常运转,保持压风、供水系统正常。矿井负责人要根据事故情况,在确保安全的情况下,调集井下带班领导和开拓、掘进、维修等作业队伍及企业救援力量,采取一切可能的措施,迅速组织开展救援工作,积极抢救被困遇险人员,防止事故扩大。

(3) 抢险救援措施

① 了解现场情况,调集救援资源。各级领导和救援队伍到达现场后,首先要掌握冒顶、坍塌或冲击地压发生地点和区域范围,遇险人员数量和被困位置及被困空间生存环境,有关系统(通风、供水、压风等)是否被破坏,有害气体和瓦斯涌出情况,巷道支护情况,有无积水涌出,有无压风管路和水管及通信设备,以及现场救援队伍和救援装备情况等。其中,准确判断被困位置是迅速有效打通救援通道的关键。根据需要,增调救援队伍、装备和专家等救援资源。

② 多措并举构建快速救援通道。主要方法有:一是快速清理和恢复冒顶、坍塌和受冲击地压破坏的灾区巷道,形成直通被困人员地点的救援通道。二是在冒顶巷道、垮塌或受冲击地压破坏的灾区巷道中开挖小断面救援通道。三是在人员被困巷道附近,新掘小断面救援通道,形成通往被困人员地点的救援通道。四是向被困人员位置施工大孔径救援钻孔,形成快速救援通道。在上述方法实施过程中,要根据具体情况和施工进度,研究选择最快的方法加强力量、重点突破,快速救人。

③ 在救援过程中,当被困人员不能及时救出时,利用压风管、供水管或打小孔径钻孔等,向被堵人员输送新鲜空气、饮料和食物,为被困人员创造生存条件,为救援争取时间。

④ 尽快恢复巷道通风,保障救援人员安全。恢复独头巷道通风时,应将局部通风机安设在新鲜风流处,按照排放瓦斯的措施和要求进行操作。

⑤ 救援人员进入冒顶灾区前,应加固破坏的巷道,防止片帮冒顶。侦察、救援和巷道清理工作应由外向内进行,行进中要检查冒顶巷道支护、顶板等情况,及时清理退路,确保救援后路安全畅通。矿山救护队要做好监护工作和抢救遇险人员的准备工作。

⑥ 抢救被煤、矸埋压的人员时,首先清理出人员的头部和胸部,清理口鼻污物,恢复遇险人员的呼吸条件,然后在保证安全的前提下迅速将遇险人员救出。

6.4.2 处理技术

(1) 铺设人工假顶

考虑到工作面煤壁局部片帮严重,防止冒顶区域大块矸石掉落造成人员伤害或影响生产,需要在片帮严重的冒顶区域铺设假顶。首先在顶板完整、坚实、无冒顶的地点架设铁棚,并把顶帮背实背紧。其次在已架设好的棚子上方灌钎子作为临时支护,在临时支护的掩护下挖单体支柱脚窝,在煤壁侧打棚钩,将单体临时架起来支撑棚钩,把准备好的矿用工字钢一侧架设在支架前梁上方,架设深度不低于 0.3 m,并用铁丝绑扎牢固,另一侧架在棚钩上,每个支架上方架设 2～3 根工字钢,工字钢之间用拉杆固定,形成整体。最后在架设好的棚梁上铺设聚酯纤维网,用道木、圆木按照一定的间距堆积直至与顶板紧密接触,再向假顶上充填罗克休高分子材料[77]。施工人工假顶剖面图如图 6-3 所示。

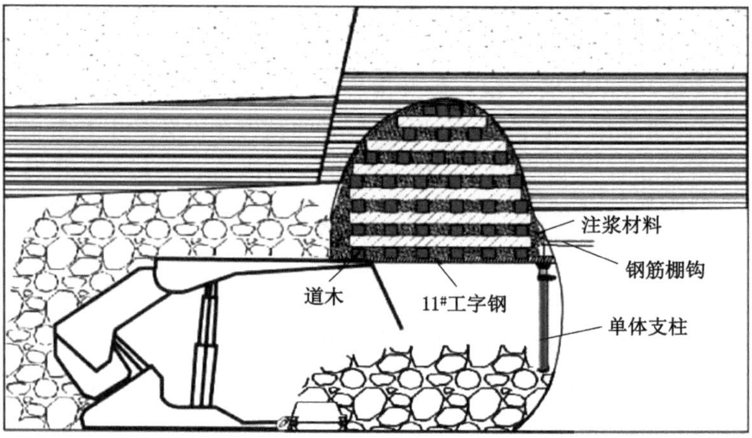

图 6-3　施工人工假顶剖面图

(2) 顶板加固

在处理顶板事故时,顶板加固是至关重要的一步。为了有效地防止顶板继续坍塌,必须采取适当的加固措施。加固方法的选择应根据现场情况灵活变通,确保施工的安全和效率。

注浆加固是一种常见的顶板加固方法。该方法通过在顶板内部注入特定配合比的浆液,填充裂缝和空隙,从而提高顶板的整体稳定性。注浆加固的优点是操作简单、成本较低,并且可以在不破坏顶板结构的前提下实现加固效果。

注浆加固工艺包括施工钻孔眼、钻孔内插导流管、注入高分子材料等工序[78]。准备注浆桶、搅拌桶、管路等设备,以及较多注浆材料,保证注浆工程的连续施工。施工步骤:① 按照注浆工程设计方案选定钻孔,在需加固位置打钻孔。② 连接封孔器、导流管,保证管路接口的密闭性,用气动注浆泵压风,把管路中的碎物吹干净,不阻碍注浆工程的实施。③ 封孔器插入钻孔封孔位置。④ 施工前,采用清水冲洗管路,并检查管路的密闭情况,测试能否达到设计注浆压力。开泵封孔并注入加固材料按照设计要求施工注浆孔,间距误差控制在 0～50 mm。钻孔深度误差控制在 0～30 mm。⑤ 停泵,拆除孔口管及停止系统运行,移至下一个钻孔。

注浆材料的选择和注浆压力的控制都是关键要素,需要根据顶板的岩石性质、裂缝发育情况等进行合理设计。罗克休泡沫与马丽散化学注浆材料是常用的高效注浆材料。

马丽散化学注浆材料是一种双组分新型高分子聚合产品[79],具有一定的膨胀性、凝固快,黏合力极高、机械性能好,适用于加固较大裂隙岩层、充填空隙、加固松散岩(煤)体,也可以封闭出水口。马丽散技术参数见表6-1，该材料燃烧性能等级为难燃B1级；黏合能力强，凝固后韧性好，能增大岩（煤）体的机械阻力和支撑力；膨胀倍数大，可较好地填满裂隙；黏度低，反应速度快，能渗入细小的裂隙中，遇水后在十几秒内发生反应，反应后形成的泡沫不溶于水，能迅速封堵水流。

表6-1　马丽散技术参数

固化物	20 ℃时的反应数据
反应开始/s	90
反应结束/s	130
膨胀倍数	1.5～2
抗压强度/MPa	>60
黏结强度/MPa	>3.5
阻燃抗静电性能	符合《煤矿井下用聚合物制品阻燃抗静电性通用试验方法和判定规则》(MT 113—1995)标准

罗克休泡沫产品是一种由2种成分（树脂和催化剂）组成的注射产品，用于充填空洞、密闭空气和瓦斯，以及加固断裂程度高的地层。树脂和催化剂以体积比4∶1混合，直接注入需处理区域，发生快速反应生成泡沫，接着产品会快速膨胀到原体积的1 015倍。罗克休泡沫在几分钟内硬化，10%变形时抗压强度可达到100～300 kPa。利用罗克休快速反应、高膨胀率、良好的抗压能力，可以取得经济、高效、安全的充填效果。罗克休注浆技术操作方便，只需要使用1台多功能泵和1只混合枪，其体积小、质量小（100 kg），动力来源广泛（4～7 kg风压即可），输出压力大（可达170 kg左右）。施工时只需及时更换料桶，对工人体力消耗较小，能够显著降低劳动强度[80-87]。

局部冒顶处理技术：在冒顶区煤壁前方开掘一个措施巷道，往工作面顶板注入罗克休，待措施巷施工完成后施工煤壁侧注入马丽散，综采工作面措施巷布置如图6-4所示。注浆工艺：① 先对支架顶梁前部顶板冒空区实施钢筋网加风筒布填充，防止罗克休漏出；② 再对支架前部顶板冒空区实施罗克休材料的充填；③ 在措施巷内向煤柱侧打注浆眼，钻孔直径为42 mm，间排距为1 000 mm，三花布置，孔深设计为3 000 mm，注浆孔垂直煤壁施工；④ 施工注入马丽散，注浆顺序为由两边向中间。

大倾角片帮冒顶处理技术采用化学注浆充填冒顶区并加固煤壁，选用适宜的充填加固材料，注浆设备包括锚杆估机和注浆泵。具体施工方案包括在工作面分别钻孔至煤壁和顶板，布置方案如图6-4和图6-5所示。开孔位于支架探梁与护帮板结合部的顶板，片帮加固孔布置于顶板下方，每隔2架（3 m）布置1个交错的注浆孔。通过注浆管向煤岩体注入高分子化学浆，化学浆材料与松散、破碎的煤岩体结合，凝固后形成坚固的整体，提高了煤体与顶板岩石的完整性。

除了注浆加固外，锚杆加固也是一种常用的顶板加固方法。锚杆加固通过在顶板中钻孔并安装锚杆，将顶板与周围的稳定岩层相连接，形成一个整体受力体系。锚杆的存在能够有效地传递和分散顶板上的应力，提高顶板的承载能力。锚杆加固适用于各种岩石类型和地质条件，并且具有加固效果好、使用寿命长等优点。

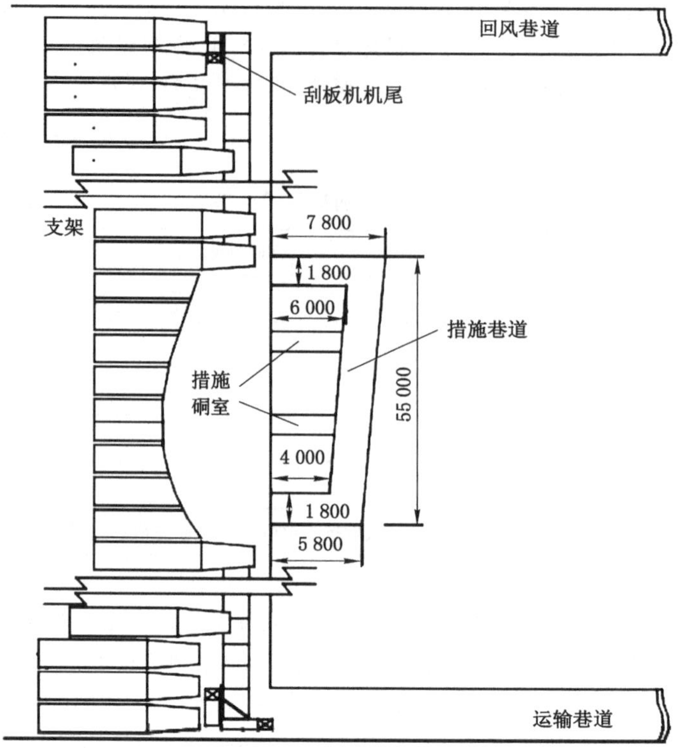

图 6-4　措施巷道布置图

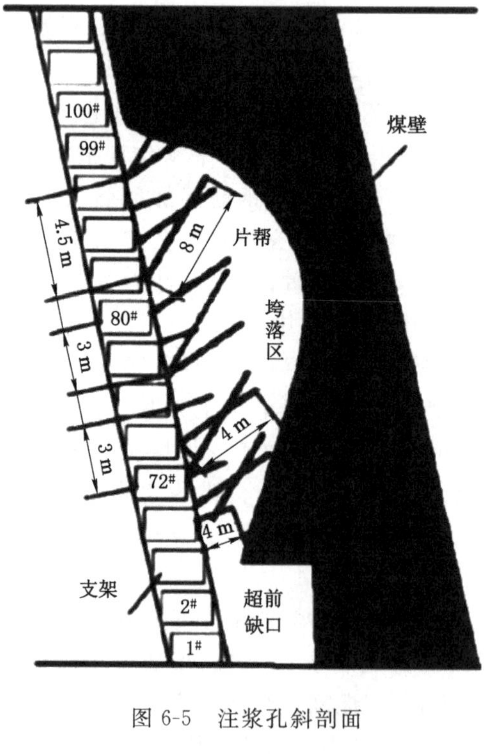

图 6-5　注浆孔斜剖面

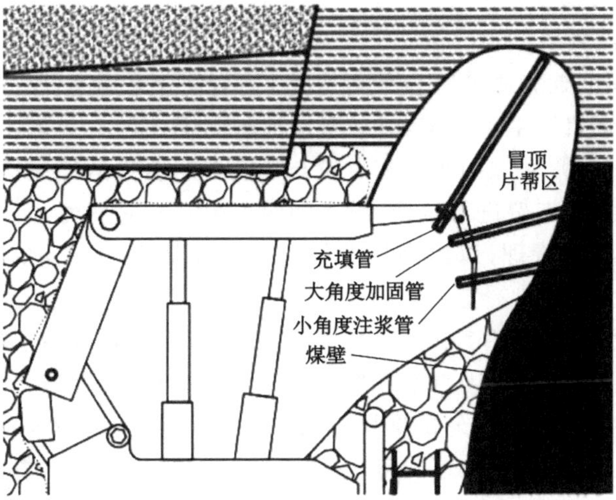

图 6-6　注浆孔竖直剖面

在选择顶板加固方法时，需要综合考虑现场情况、施工条件和经济效益。对于岩石破碎、裂缝发育的顶板，注浆加固可能是一个经济有效的选择；而对于岩石坚硬、裂缝较少的顶板，锚杆加固可能更适用。还应注重加固施工的质量控制和监测，确保加固效果达到预期目标。

在处理顶板事故时，顶板加固是一项至关重要的工作。通过注浆加固、锚杆加固等方法的选择和实施，可以有效地提高顶板的稳定性，保障施工的安全和顺利进行。还应加强对顶板加固技术的研究和创新，不断提高加固效果和施工效率。

(3) 矸石处理

溜槽内出现大块矸石垮落后，若大块矸石可以在运输机内移动，则牵引煤机向机头方向顶板好的区域移动，将矸石拉至未受损支架处，人工使用劈裂机、空气炮或爆破等方式处理大块矸石。

架区域冒落的大块矸石在运输机内卡死，在顶帮稳定，条件允许的情况下，直接进行人工处理。可采用爆破的方式，爆破大块矸石时选取合理的角度，执行停电连线，人员警戒，三人连锁爆破等措施。

处理护帮板上的矸石时，采取“放一架处理一架”的原则，人工收回护帮并放下冒落矸石。先收回三级护帮板，再收回二级护帮板，最后收回一级护帮板，将支架顶梁和梁前活矸放空后，将护帮板及时打出，固定人员收打护帮板。

采煤机滚筒被压死时需先铺设人工假顶，在上方注入罗克休，充填支架护帮板和煤壁空间，创造安全作业环境，人员在假顶下作业，采用水冲、镐刨等方法，清理出被埋压的滚筒。待滚筒被完全清理出来以后，通过煤机牵引，短油缸顶导向滑靴助力等方式，使煤机开出被埋压区域。

若顶帮不稳定，有矸石块滑落危险，采用煤机滚筒割大块的方式预处理，将大块矸石破碎疏通，割大块时慢速牵引，防止速度过快或二次掉大块卡死滚筒，同时安排人员及时向煤机滚筒截齿区域洒水降温降尘。煤机处理大块过程中，若截齿磨损严重，则要将煤机牵引至顶板较好的区域更换截齿。

(4) 处理咬架和扶倒架

采用煤机拖拽、顶油缸和底油缸拉伸等方法，结合降架收侧护板，实现快速扶倒架[81]。例如综采工作面 92# 支架发生了倒架，将马蒂尔油缸固定在 88# 支架顶梁，活柱油缸与 92# 支架顶梁连接；煤机右摇臂通过钢丝绳和滑轮与 92# 支架顶梁吊环连接；底座通过 91# 支架四连杆上安设油缸对 91# 支架进行拉拽，煤机和两个油缸一起发力，实现快速扶倒架。对底座架缝中的煤矸进行及时清理，以提高扶倒架效果。在扶倒架的同时及时挑梁，实施此方案后，架形持续改善。

咬架处理方案：例如 75#、76# 和 77# 支架咬架严重，支架别劲，拉架困难，将 75# 支架右立柱挤在 76# 支架顶梁上，通过从 60# 支架向机尾持续扶倒架，为 75# 支架向机头移动留出间隙。采用 77#、78# 支架机尾向外倒推拉头，卸下 76# 支架大侧护板，在 76# 支架和超前支架顶梁间用钢丝绳连接拖拽的方式，减小机尾段架间的挤压受力。在应力释放后，工作面向前推进过程中，75#、76# 支架间隙越来越大，采用煤机、长短油缸配合，在空间足够的前提下能够解决支架咬架问题[71-73]。

(5) 排水处理

顶板事故往往伴随着地下水涌入，给救援工作带来困难。要及时将涌入的水排掉，确保救援工作的顺利进行。

在矿山、地下工程或其他地下空间作业过程中，顶板事故是一种常见且危险的安全隐患。当顶板失去稳定性，可能会引发坍塌，造成人员伤亡和设备损失。更为严重的是，顶板事故往往伴随着地下水的涌入，这不仅增大了救援的难度，还可能对被困人员构成更大的生命威胁。及时对涌入的水进行排水处理至关重要，以确保救援工作的顺利进行。

在排水处理方面，首先要做的是快速评估水源和涌水量。这通常需要专业的地质工程师或救援队伍进行现场勘察和测量。了解水源的位置、涌水量以及水质特点，有助于制定科学合理的排水方案。

要根据实际情况选择合适的排水设备和方法。对于涌水量较小的情况，可以采用便携式的水泵进行排水；而对于涌水量较大的情况，则可能需要使用更大功率的排水设备，甚至需要调用专业的排水车队进行支援。同时要确保排水设备的运行稳定可靠，避免因设备故障导致排水不畅或中断。

在排水过程中，还要注意对水质进行监测和处理。由于地下水可能含有各种杂质和有害物质，直接排放可能会对环境和人体健康造成危害。因此，需要使用专业的水质监测设备对排水进行实时监测，并根据水质情况采取相应的处理措施，如沉淀、过滤、消毒等，确保排水符合环保标准。

排水处理过程中还需要注意现场安全问题。由于顶板事故现场可能存在结构不稳定、气体浓度超标等安全隐患，救援人员在进行排水处理时要穿戴好防护装备，如安全帽、防护服、呼吸器等，确保自身安全。设立警戒线和安全警示标识，防止无关人员进入危险区域。

综上所述，顶板事故中的排水处理是一项复杂且重要的任务，只有科学合理地评估水源和涌水量、选择合适的排水设备和方法、注意水质监测和处理，并严格遵守安全操作规程，才能确保排水处理工作的顺利进行，为被困人员的救援争取宝贵的时间。同时，这也体现了在紧急情况下科学、有序、高效的应急处理机制对于减少人员伤亡和财产损失的重要性。

（6）恢复通风

在事故发生后，通风系统可能受到破坏，导致灾区通风不畅。因此，要尽快恢复通风系统，确保灾区空气流通，防止有害气体积聚。

在矿难、火灾或其他地下事故中，通风系统的正常运作至关重要。通风不仅能够为地下空间提供必需的氧气，还能够排除有害气体和烟雾，保障人员的生命安全。然而在事故发生后，通风系统往往会受到严重破坏，导致灾区通风不畅，给救援工作带来极大的困难。因此，恢复通风系统是事故救援中不可或缺的一环。

首先，要尽快评估通风系统的受损情况。救援人员需要进入灾区，对通风设施进行检查，了解通风管道、风机等设备是否受损，以及受损的程度。这些信息对于制定恢复通风的方案至关重要。

其次，要根据评估结果制定恢复通风的方案。如果通风管道出现破裂或堵塞，需要及时修复或清理；如果风机等设备损坏，需要尽快更换或修复。在方案制定过程中，还需要考虑通风量的需求，确保灾区内的空气流通量能够满足人员生存的需要。

在方案实施过程中需要注意安全问题。由于灾区可能存在有害气体和烟雾，救援人员需要佩戴专业的防护装备，确保自身安全。同时还需要采取必要的措施，防止有害气体和烟雾扩散到其他区域。

最后，在恢复通风的过程中，还需要持续监测灾区的空气质量。通过安装气体检测仪等设备，实时监测灾区内的有害气体浓度和氧气含量，确保空气质量符合安全要求。如果发现空气质量不符合要求，需要及时调整通风方案，确保灾区的空气流通。

综上所述，恢复通风是事故救援中非常关键的一环。通过评估受损情况、制定恢复方案、实施安全措施和持续监测空气质量，可以确保灾区的通风系统尽快恢复正常，为救援工作提供有力的支持。

6.4.3 顶板事故现场处理新技术

随着科技的进步和煤矿安全技术的不断提升，顶板事故的处理技术和救灾方法也在不断创新和完善。

（1）高效救援装备与机器人技术

随着科技的日新月异，救援工作将不再完全依赖于人力。通过使用更加高效、智能化的救援装备和机器人技术，如无人驾驶救援车辆、无人机搜救系统、机器人救援队等，能够显著提高救援效率和安全性，降低救援人员的伤亡风险。

在灾难现场往往存在着道路损毁、交通拥堵等复杂情况。无人驾驶救援车辆便能发挥出巨大的优势，在复杂多变的环境中自主导航，快速准确地到达指定地点，为灾区提供急需的医疗物资、食品和水等。这些车辆还可以配备各种先进的传感器和探测设备，如生命探测仪、气体检测器等，帮助救援人员更快地发现并救出被困人员。

无人机技术在近年来得到了迅猛的发展，其在救援领域的应用也日渐广泛。无人机搜救系统可以通过搭载高清摄像头、红外探测仪等设备，对灾区进行快速、全面的侦察。它们能够飞越复杂地形，迅速发现被困人员的位置，并通过实时传输图像和数据，为救援人员提供决策支持。

机器人救援队是救援工作中不可忽视的力量。可以根据不同的救援需求选择相对应的机器人类型，如搜救机器人、灭火机器人、医疗机器人等。机器人能够在灾区执行各种高风险、高难度的任务，如深入倒塌的建筑物内部搜救被困人员、在有毒有害环境中进行灭火作业等。通过配备先进的传感器和算法，机器人可以自主决策、协同作业，极大地提高了救援的效率和安全性。

除了具体的救援装备和机器人技术外，智能化的指挥系统也是救援工作中不可或缺的一部分。通过集成各种传感器、通信设备、数据分析工具等，智能化指挥系统可以实现对灾区状况的实时监控和动态分析。可以根据灾区的实际情况，自动调整救援资源的分配和调度，优化救援流程，提高救援效率。同时，通过大数据分析和人工智能技术，智能化指挥系统还可以对灾区的未来发展进行预测和评估，为救援决策提供科学依据。

高效救援装备与机器人技术将在救援工作中发挥越来越重要的作用。它们将极大地提高救援的效率和安全性，减小救援人员的伤亡风险。随着科技的不断进步和创新，救援工作将变得更加智能、高效和安全。

（2）新型加固材料与技术

随着材料科学的飞速发展，新型加固材料与技术层出不穷，为各种工程应用提供了更为先进、高效的解决方案。更轻便、强度高、耐久性好的新型加固材料，如高强度纤维复合材料、纳米材料等，能够极大地提升顶板加固的效果和可靠性，其材料和技术的更新迭代显得尤为重要。

传统的加固材料如钢筋、混凝土等，虽然在一定程度上能够满足工程需求，但在某些特殊环境下，如高温、高湿、化学腐蚀等，其性能往往会受到严重影响，甚至导致结构失效。更加轻便、强度高、耐久性好的新型加固材料研究成为材料科学领域的重要任务。

高强度纤维复合材料（High-Strength Fiber Reinforced Composites）便是其中的佼佼者。这种材料由高强度纤维（如碳纤维、玻璃纤维等）与基体材料（如环氧树脂、聚酯树脂等）通过特定的工艺复合而成，具有轻质、高强、抗疲劳、耐腐蚀等优点。

纳米材料（Nanomaterials）则是另一种备受关注的新型加固材料。纳米材料具有极高的比表面积和优异的力学性能，可以在极小的尺度上实现材料性能的飞跃。在顶板加固中，纳米材料可作为增强剂添加到传统材料中，显著提高其力学性能和耐久性。例如，将纳米硅酸盐添加到混凝土中，可以显著提高混凝土的抗压强度和耐久性，从而提高顶板的稳定性和安全性。

除了材料自身的创新，新型加固技术的应用也为顶板加固提供了更多可能性。例如，随着 3D 打印技术的日益成熟，可以利用这一技术实现复杂结构的一次性成型，大幅度提高了施工效率和精度。智能材料（Intelligent Materials）和自修复材料（Self-Healing Materials）的出现也为顶板加固提供了新的思路。这些材料能够在受到损伤时自动修复或调整自身性能，从而延长结构的使用寿命和安全性。

新型加固材料与技术的发展为煤炭行业的顶板加固提供了更为先进、高效的解决方案。随着材料科学和工程技术的不断进步，顶板加固将更加轻便、强度更高、耐久性更好，为煤炭企业的安全生产提供更加坚实的保障。

（3）综合应急管理平台

建立综合应急管理平台，将各类安全监测数据、救援资源和应急预案等信息进行集成和整合，实现信息共享和协同作战，提高应急响应的效率和准确性。

平台建设的具体措施：① 数据整合。平台应建立统一的数据标准和格式，对各类安全监测数据进行收集、整理和分析。包括地质灾害、气象灾害、安全生产等领域的数据。② 信息共享。平台应建立信息共享机制，确保各部门和地区之间能够实时交换信息，包括灾害预警、救援进展、资源调配等方面的信息。③ 预案管理，平台应建立应急预案库，对各类灾害和突发事件的应急预案进行统一管理和维护。这有助于在灾害发生时迅速找到最适合的预案，提高救援工作的针对性和有效性。

煤矿开采过程中事故频发，给人们的生命财产安全带来了严重威胁。应对这些挑战的过程中，一个高效、综合的应急管理平台能够发挥巨大的作用。平台能够将各类安全监测数据、救援资源和应急预案等信息进行集成和整合，实现信息共享和协同作战，从而大幅度提高应急响应的效率和准确性。

① 提高响应速度。通过集成各类安全监测数据，平台能够实时监控潜在的安全风险，并在第一时间内发现异常情况。这种实时监控和快速响应机制，可以显著缩短应急响应时间，为救援工作赢得宝贵的时间。

② 优化资源配置。平台能够将各地的救援资源进行有效整合，实现资源共享。灾害发生时，平台可以迅速调配附近的救援力量和资源，确保救援工作的高效进行。

③ 协同作战。通过信息共享和协同作战，平台能够将不同部门和地区的力量凝聚成一个整体，形成强大的合力。这种协同作战模式能够消除信息孤岛，提高救援工作的协调性和整体效率。

随着科技的不断发展，综合应急管理平台的建设也将不断完善和升级。未来会有更多的先进技术被应用到平台中，如人工智能、大数据分析、物联网等。这些技术的应用将进一步提高平台的智能化水平，使其能够更好地服务于应急管理工作。

在加强技术应用的同时，还需注重对应急管理工作的宣传教育。通过广泛普及应急知识，提高公众的应急意识和自救互救能力，形成全社会共同参与的良好氛围。

综合应急管理平台的建设对于提高应急响应的效率和准确性具有重要意义。通过整合各类安全监测数据、救援资源和应急预案等信息，实现信息共享和协同作战，可以构建一个高效、综合的应急管理体系，为应对突发事件和自然灾害提供有力保障。

随着科技的日新月异，综合应急管理平台正逐步走向成熟与升级。该平台将积极拥抱更多尖端科技，如人工智能、大数据分析和物联网等。这些技术的融入将极大地提升平台的智能化水平，为应急管理工作注入新的活力。

人工智能作为现代科技的璀璨明珠，将在综合应急管理平台中发挥重要作用。例如，通过机器学习和深度学习技术，平台可以自主分析历史数据，预测潜在风险，为决策者提供科学依据。同时，人工智能还可以辅助救援人员快速判断现场情况，优化救援方案，提高救援效率。

大数据分析技术则能够整合各类安全监测数据，深入挖掘潜在风险，为预警和决策提供支持。通过对海量数据的分析，平台可以实时了解各类突发事件和自然灾害的发展态势，为应急响应提供精准指导。

物联网技术的应用将实现各类设备之间的互联互通，为应急管理提供全面的感知能力。通过实时监测各类设备和设施的运行状态，平台可以及时发现安全隐患，避免事故的发生。

综合应急管理平台的建设不仅关乎技术的升级与应用，还关乎全社会共同参与和协作的精神。通过整合各类安全监测数据、救援资源和应急预案等信息，实现信息共享和协同作战，可以构建出一个高效、综合的应急管理体系。这一体系将为应对突发事件和自然灾害提供有力保障，为人民的生命财产安全筑起坚实的防线。

7 神东煤炭上湾煤矿特大采高工作面冒顶事故分析

7.1 工程概况

12403 综采面是 12 煤四盘区第 3 个工作面，于 2019 年 11 月掘进完成，面长 299.8 m，推进长度为 5 292.5 m，设计采高为 8.6 m。煤层厚度为 6.7～9.55 m，平均煤厚为 8.58 m，可采出煤量为 1 663.7 万 t。工作面上覆基岩厚度为 103～228 m，上覆松散层厚度为 2～22 m，埋深为 105～244.6 m。距工作面 550 m 有 b279 钻孔，具体岩性如图 7-1 所示。

12403 综采面配套西安煤矿机械有限公司制造的 MG1100/3030-GWD 型双滚筒采煤机；郑州煤炭工业有限责任集团公司生产的 128 台 ZY26000/40/88D 型双柱掩护式液压支架，支架工作阻力为 26 000 kN，支架中心距为 2.4 m；江苏天明公司生产的 SGZ1400/4800 型变频软启动刮板输送机；北京华海基业机械设备有限公司生产的 HDP-1000-90 型超大流量成套泵站及高压增压泵，最大压力为 42 MPa。胶运顺槽配套 ZQ10800/33/55D 型超前支架；回风顺槽配套 ZQ26000/32/55D 型超前支架。

表 7-1 12403 综采面设备配套表

序号	设备名称	型号	主要参数
1	采煤机	MG1100/3030-GWD	滚筒直径为 4 300 mm
2	液压支架	ZY26000/40/88D	
3	刮板输送机	天明 SGZ1388/3×1 600	运输能力为 6 000 t/h
4	转载机	天明 SZZ1588/700	运输能力为 7 000 t/h
5	破碎机	天明 PLM700	破碎能力为 7 000 t/h
6	乳化液泵	北京华海 HDP1000	工作压力为 37.5 MPa

12403 综采面于 2021 年 12 月 10 安装，2021 年 12 月 20 日验收投产，为了保证开切眼初采期间顶板随工作面推进及时垮落，采用井下定向钻孔分段水力压裂技术。

开切眼顶板水预裂：在 12403 辅运顺槽 68 联巷距离开切眼正帮 35 m 布置 1 个 Y 形钻场，钻孔沿工作面倾向布置，共布置 2 个钻孔，孔径为 96 mm，共计压裂 18 段，层位控制在煤层上部 16 m。其中 Y1 号孔设计长度为 345 m，设计压裂 9 段，距离 Y2 号孔 50 m；Y2 号孔设计长度为 345 m，设计压裂 9 段，距离 12403 工作面开切眼副帮 25 m。两个压裂孔影响

地层	层厚/m	柱状 1:200	层号	岩石名称	岩性描述	备注
延	14.16		17	细粒砂岩	灰白色，细粒砂状结构，次棱角状，分选差，孔隙式泥质胶结，局部基底式硅质胶结，有亮煤透镜体，具有不明显斜层理	
	2.79		18	砂质泥岩	灰~灰黑色，砂泥质，含砂泥质机构，断口平坦，局部粗糙，致密性脆	
	6.98		19	粉砂岩	灰白色，层面呈灰黑色，粉砂状结构，泥质胶结，水平，波状，交错层理均有出现	
	1.99		20	砂质泥岩	灰~灰黑色，砂泥质，含砂泥质结构，断口平坦，局部粗糙，有出现化石，与下层渐变接触	
安	8.07		21	细粒砂岩	灰白色，细粒砂状结构，分选性好，孔隙式泥质胶结，含植物化石	
	1.75		22	泥岩	深灰色，砂泥质结构，断口粗糙，含植物化石	
组	9.44		23	1-2煤	黑色，光泽暗淡，局部沥青光泽，粗条带结构，梯形断口，含黄铁矿薄膜及泥质包裹体，层状构造。半暗~半亮型煤	
	1.28		24	泥岩	黑灰色，泥质结构，断口平坦，致密，块状构造，含植物化石	

图 7-1　b279 钻孔岩性图

工作面推进长度 100 m。

回风 59 联水预裂：针对 12402 综采面推进 100～600 m 范围，因为直接顶厚度大，随着工作面推进，存在顶板不能及时垮落的风险，容易造成工作面煤壁片帮，支架梁端距增大，顶板漏矸。因此，在 12403 综采面回风顺槽 600 m 处布置 1 个 1# 钻场，钻孔沿工作面走向布置，共布置 2 个钻孔，孔径为 96 mm，共计压裂 32 段，层位控制在煤层上部 20 m。其中 1-1 号布置在工作面中部 150 m，对应支架为 62# 架，孔设计长度为 680 m，设计压裂 16 段；1-2 号孔设计长度为 640 m，设计压裂 16 段，距离 1-1 号孔 70 m，对应支架为 92# 架。两个压裂孔影响工作面宽度为 50～105# 架。水力压裂钻孔设计平、剖面布置情况如图 7-2 所示。

2021 年 12 月 20 日 12403 工作面投产，工作面推进至 12.5 m，工作面 1# ～25# 架垮落；推进至 15.5 m，工作面 26# ～72# 架垮落；推进至 22 m，工作面直接顶全部垮落。

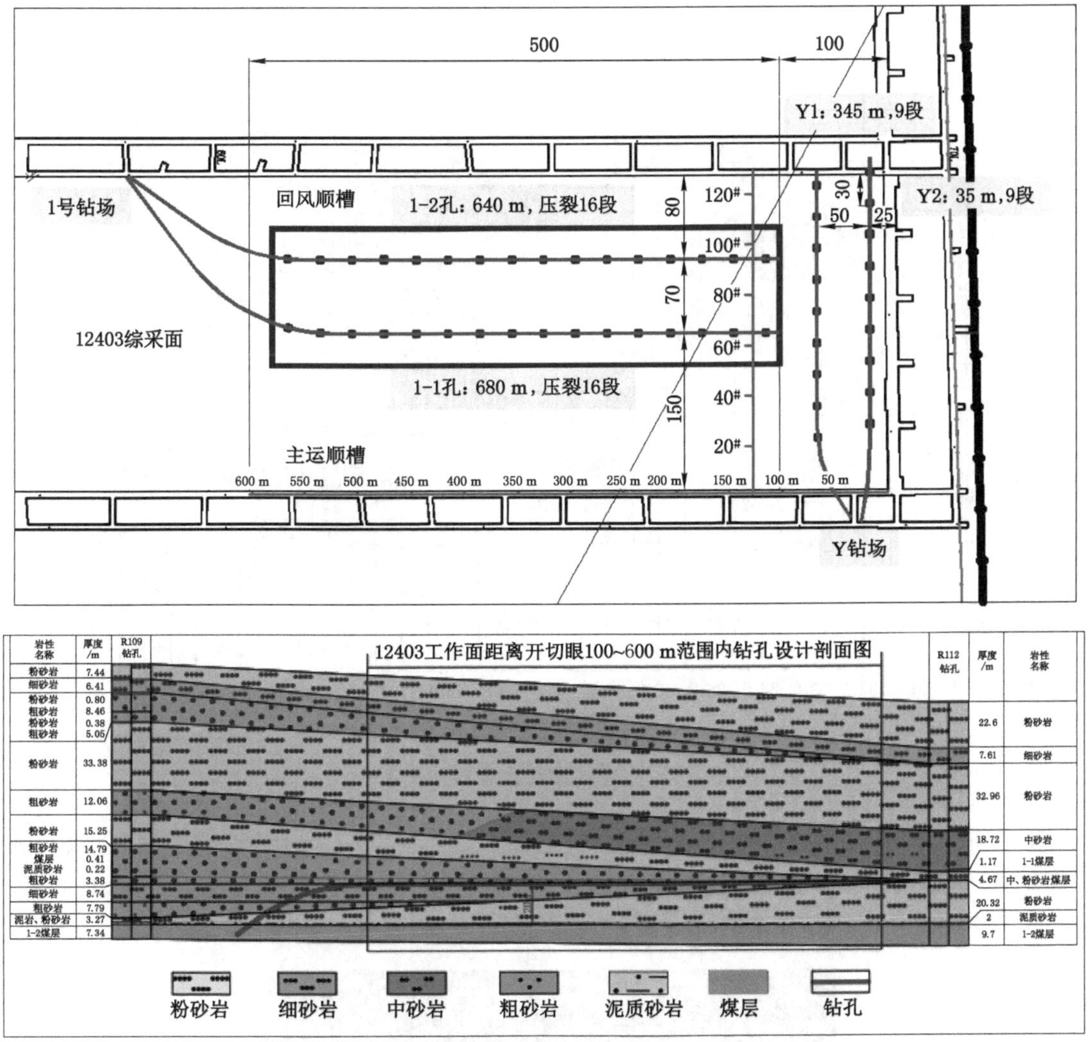

图 7-2　12403 综采面水力压裂钻孔设计平、剖面布置图

12 月 30 日，工作面推进至 30 m，工作面支架上有压力变大趋势，80# ～100# 架压力为 350～400 bar，最大为 400～450 bar，工作面有少量片帮显现。

2022 年 1 月 2 日，工作面推进至 44 m，基本顶初次来压，机尾 80# ～105# 架先来压，压力为 400～500 bar，其中 90# ～105# 架压力大，工作面片帮严重，持续 4 刀后有所减弱，紧接着机头 25# ～70# 架来压，工作面局部压力为 450 bar 以上，煤壁片帮增大，持续 3 刀后工作面 25# ～110# 架大面积来压，工作面严重片帮，梁端距大，50# ～70# 架和 90# ～100# 架矿压显现强烈，煤壁变疏，持续 5 刀，初次来压结束，推进度约为 56.6 m，如图 7-3 所示。

1 月 5 日中班工作面生产结束，推进度约为 62 m，停机支援 22104 综采面末采贯通。1 月 6 日至 1 月 10 日，12403 综采面停机保障 22104 综采面贯通，停机期间工作面 90# ～110# 架局部漏矸。

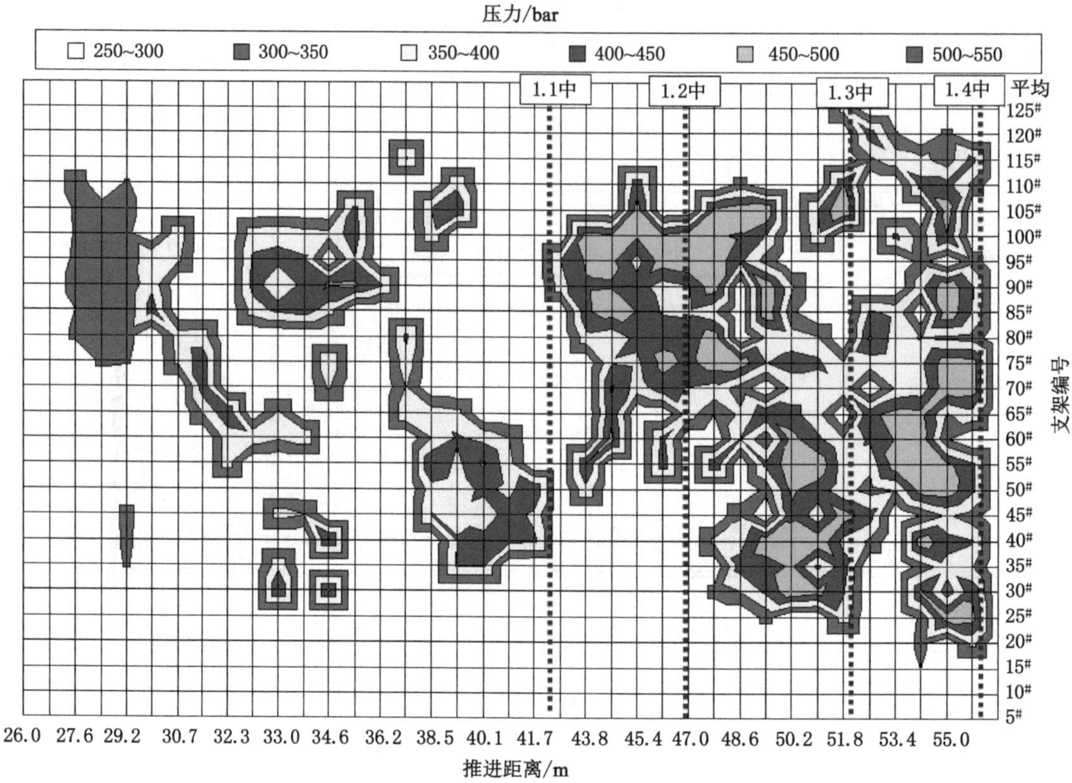

图 7-3　12403 面初次来压曲面图

1 月 11 日早班 12403 综采面开机生产，工作面 90# ～110# 架片帮严重，漏矸加剧，如图 7-4 所示，导致刮板输送机、转载机等堵大块，制约生产，工作面周期来压持续时间长。12403 工作面矿压显现情况如图 7-5 所示。

图 7-4　12403 工作面 90# ～126# 架片帮、漏矸情况

1 月 11 日至 2 月初，工作面局部漏顶，伪顶持续冒落，冒落高度范围由 90# ～110# 架逐步扩展到 110# ～125# 架。

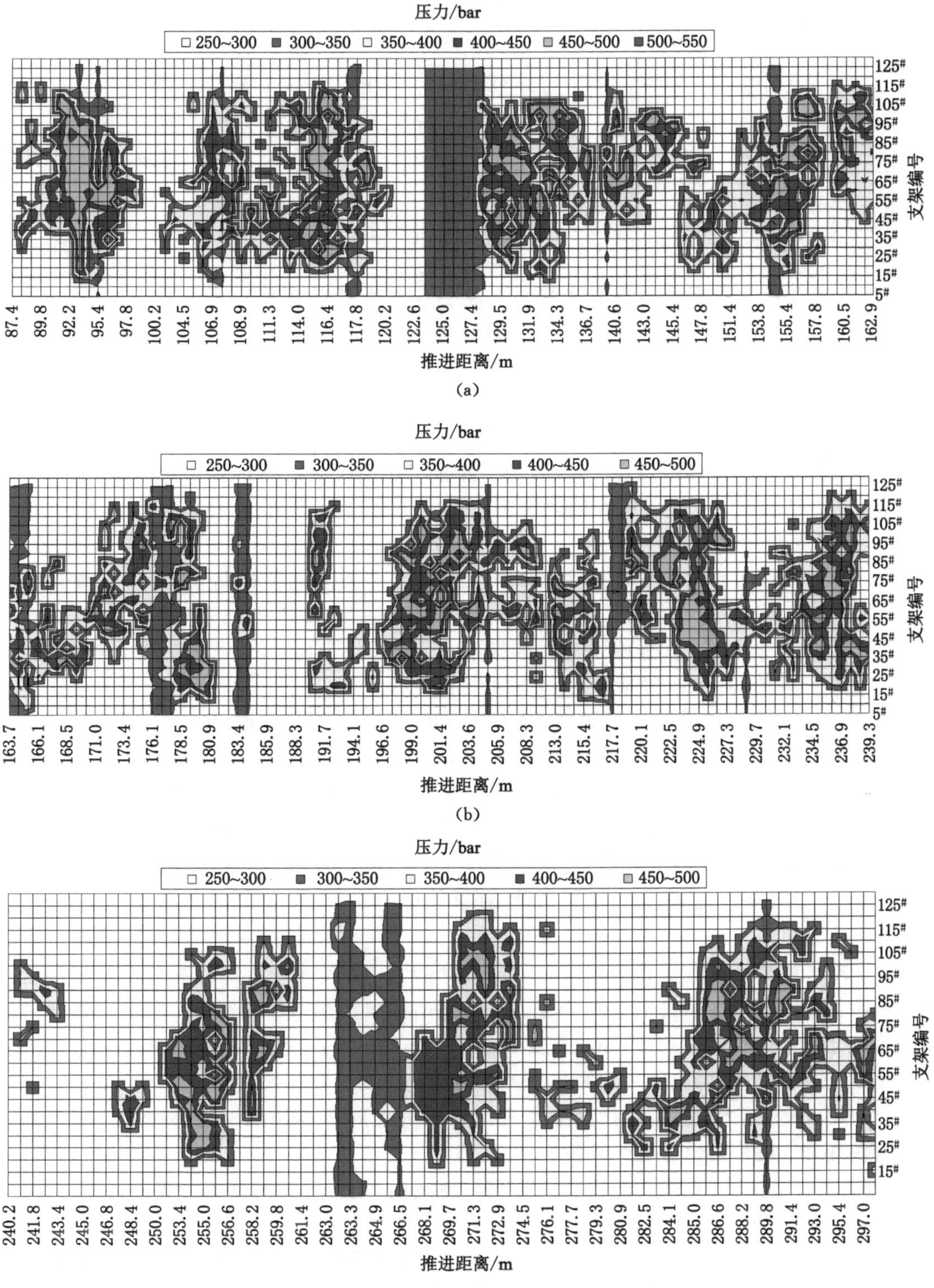

图 7-5 12403 工作面周期来压曲面图(90～380 m)

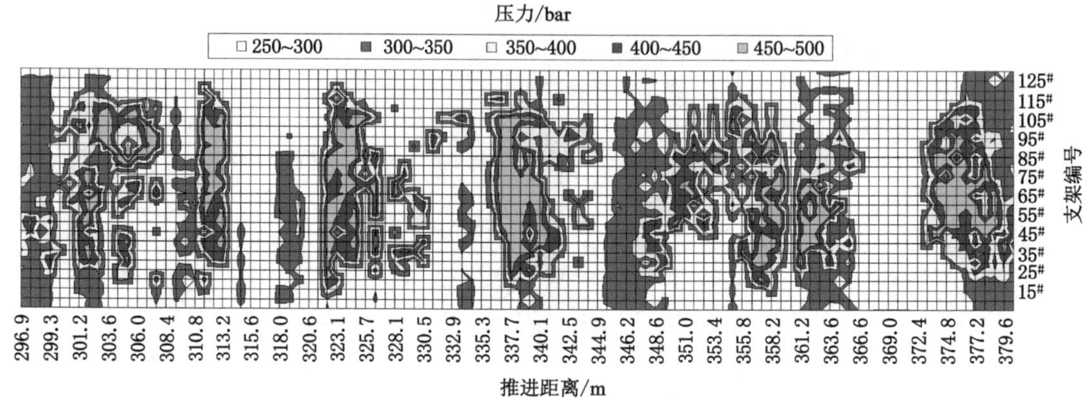

(d)

图 7-5 （续）

2 月 2 日早班工作面推进至 266 m，为了防止工作面机尾三角区 124# ～126# 架片帮导致冒顶，生产办组织生产准备队在回风顺槽正帮施工注高分子钻孔，孔口距底板 4 m，孔深为 8 m，水平孔距为 3 m，倾角为 45°。

2 月 5 日早班工作面推进长度为 302 m 时，125# 支架上部顶板漏空，126# 支架顶板完整，二者错茬 30 cm 以上，支架工拉架时操作不当，未关闭 125# 架自动补液，造成 125# 和 126# 架（大侧护过渡架）咬架，由于支架倒架别劲、架缝小等原因，无法及时处理咬架，同时工作面遇到周期来压，造成冒顶事故，工作面推进困难。

2 月 6 日，12403 综采面冒顶加剧，冒顶时 108# ～113# 架梁端距为 0.5～1.5 m，冒落高度为 0～1 m；114# ～120# 架梁端距为 1.5～3 m，冒落高度为 1.5～2 m；121# ～126# 架梁端距为 3～3.5 m，冒落高度为 2～3 m。立即成立 12403 综采面冒顶事故应急处理领导小组，研究制定了 12403 综采面冒顶事故处理方案，对工作面顶、帮钻孔注高分子加固，回顺顶、帮锚索补强支护，大块煤矸石处理，支架倒架、栽头、咬架处理，现场安全防护等事项进行了详细研究部署。综采一队根据方案编制了详细的“12403 综采面冒顶处理安全技术措施”。

2 月 6 日和 2 月 7 日受春节放假影响，火工品无法到货，生产办组织高分子厂家和生产准备队在回风顺槽正帮和工作面冒顶区域注入马丽散，如图 7-6 和图 7-7 所示。在回风顺槽顶板施工 28.6 mm×8 150 mm 锚索、帮施工 28.6 mm×4 000 mm 锚索，提高工作面围岩的稳定性。再同时安排综采一队采用风镐、劈裂机、爆破等方法处理漏顶区域大块。

2 月 8 日火工品到位后，工作面主要采用爆破处理矸石，同时采用单向割煤、加刀的方式处理机尾段 118# ～126# 架支架栽头、倒架等。

2 月 12 日 14:30，煤机扫底至 125# 架即将割透时，顶板突然掉落大量煤矸，将右滚筒埋住，煤机无法移动。

2 月 14 日 22:00，在采取架钢梁做假顶（图 7-8），清理煤机机身煤矸及在煤壁、冒顶区域顶、帮注马丽散等措施后煤机开出。为了避免煤机通过机尾时再次压死，采取运输机溜槽铲板前爆破和短单体协助推溜等措施推移运输机。

2 月 15 日和 2 月 16 日为了实现机尾快速推进，从 121# 架向 126# 架方向逐架将未施工

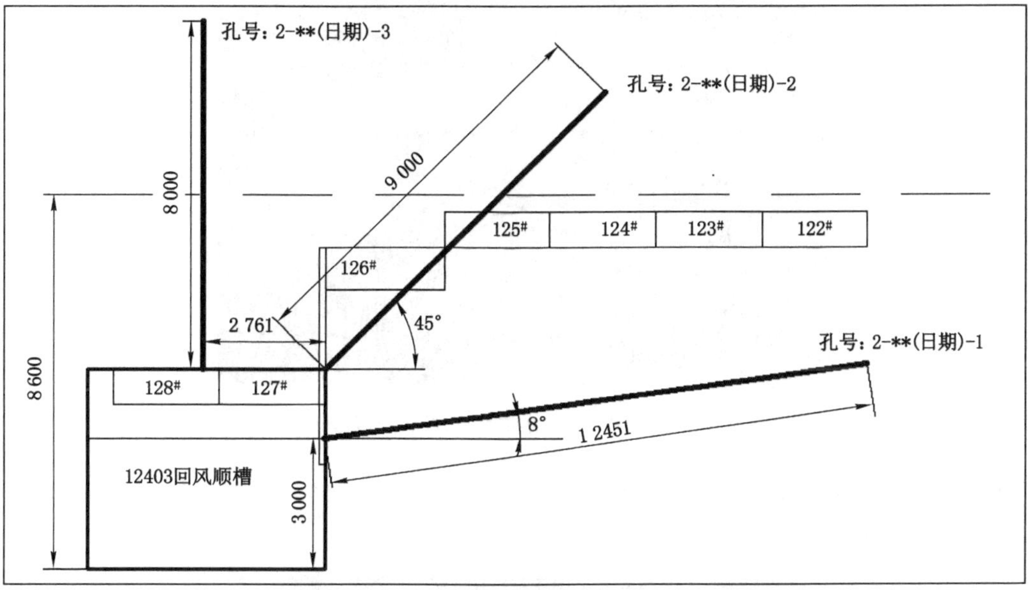

图 7-6　12403 工作面回风顺槽加固设计图

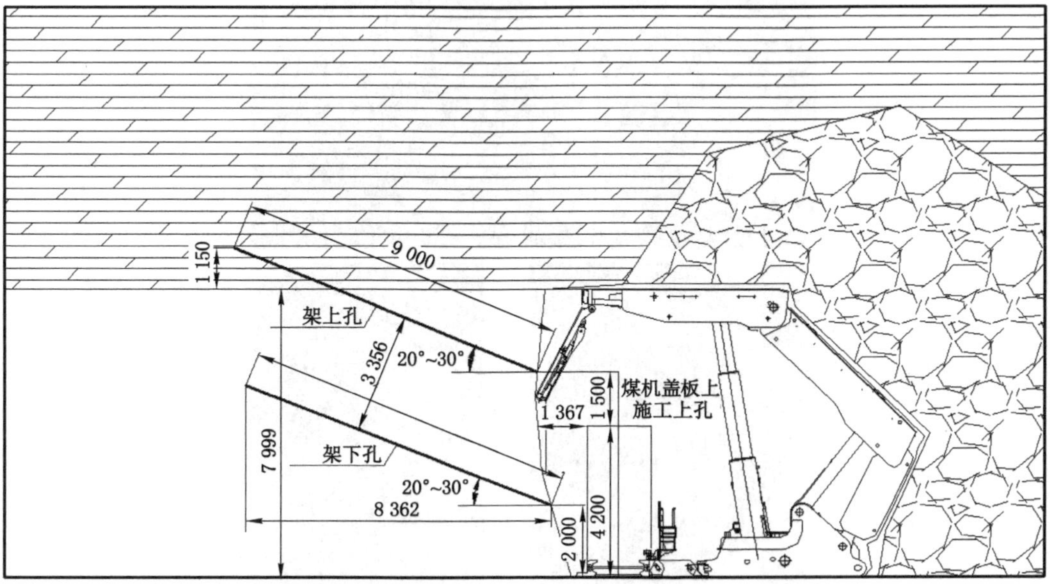

图 7-7　12403 工作面煤壁加固设计

假顶的矸石放空，通过在支架一级护帮板上开孔，在满足煤机扫底通行的高度上在支架护帮板及煤壁之间架设 11# 工字钢，保证了煤机安全通过冒顶区进行扫底，加快了工作面推进速度。

2 月 17 日至 2 月 21 日开始延用单向割煤、加甩刀的方式推进，减小了支架梁端距，利用煤机、油缸等方式扶倒架及调架缝等(图 7-9)，为处理 125# 架和 126# 架咬架做准备。同

图 7-8　12403 工作面施工假顶现场图

时采取打眼爆破处理刮板输送机内矸石和在工作面及回风顺槽注入马丽散加固煤壁等措施，为恢复生产做准备。

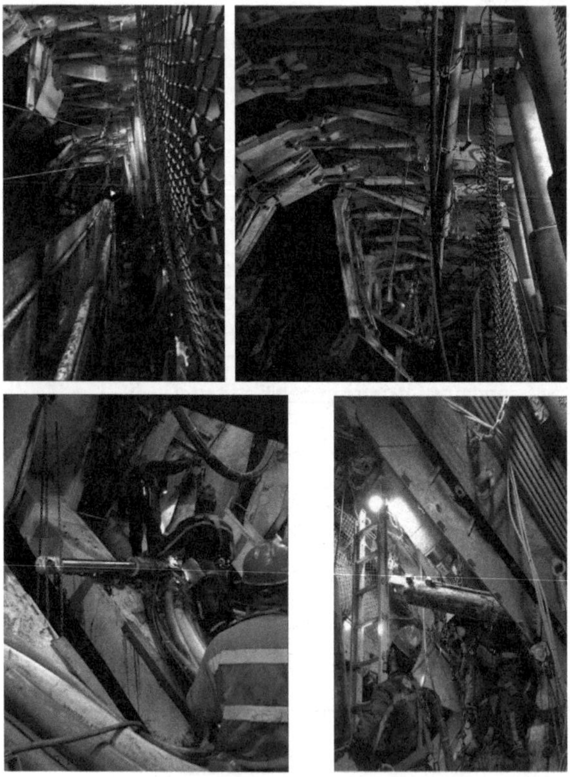

图 7-9　12403 工作面扶倒架现场图

2 月 21 日 4:45，125# 架和 126# 架咬架处理完毕。

2 月 22 日中班至 2 月 23 日夜班，工作面割煤 8.5 刀，工作面逐步恢复正常，组织地测钻机在工作面回风顺槽超前支架外施工长距离注浆钻孔，未在工作面施工钻孔注浆。工作面 100# ～115# 架，120# ～124# 架煤壁片帮严重，架前掉大块，影响生产。

2 月 24 日组织人员在工作面施工注浆钻孔，采取短孔注浆，工作面逐步恢复正常。

2 月 27 日早班开始，每天早班在工作面 115# ～126# 架采取架前煤壁短孔常态化注浆，中、夜班生产基本恢复正常。

此次冒顶事故处理历时 22 d，累计注入马丽散 286 t，乳化炸药使用 2 040 kg，影响产量 37 万 t，增加人工投入约 800 个。

7.2　顶板岩层宏细观物理力学特征

为了研究煤、岩体结构稳定性，采用单轴压缩试验、巴西劈裂试验、抗剪强度试验、常规三轴压缩破坏试验等试验。探究煤、岩体的力学性质和稳定性变化情况。

7.2.1　煤岩体单轴压缩试验

采用 TAW-2000 型岩石试验机进行煤岩体单轴压缩破坏试验，如图 7-10 所示。本次试验选择 3 组直径 50 mm、高 100 mm 的煤岩圆柱形试件进行单轴压缩破坏试验，加载速率为 0.5 MPa/s，持续加载直至煤岩试件破坏。试验过程严格按照《工程岩体试验方法标准》(GB/T 50266—2013)进行，获得 3 组单轴压缩全应力-应变关系曲线，试验结果如图 7-11 所示。

(a) TAW-2000型岩石试验机　　(b) 引伸计　　(c) 加载位置校正

图 7-10　TAW-2000 型电液伺服岩石三轴试验机

根据煤岩单轴压缩应力-应变关系曲线，参考《工程岩体试验方法标准》(GB/T 50266—2013)，分别按式(7-1)和式(7-2)计算泊松比和弹性模量。

$$E_{av} = \frac{\sigma_b - \sigma_a}{\varepsilon_{vb} - \varepsilon_{va}} \tag{7-1}$$

$$\mu_{av} = \frac{\varepsilon_{hb} - \varepsilon_{ha}}{\varepsilon_{vb} - \varepsilon_{va}} \tag{7-2}$$

式中　E_{av}——弹性模量平均值，MPa；

μ_{av}——泊松比平均值；

σ_a、σ_b——选取直线段上 a 和 b 两点对应的应力值，MPa；

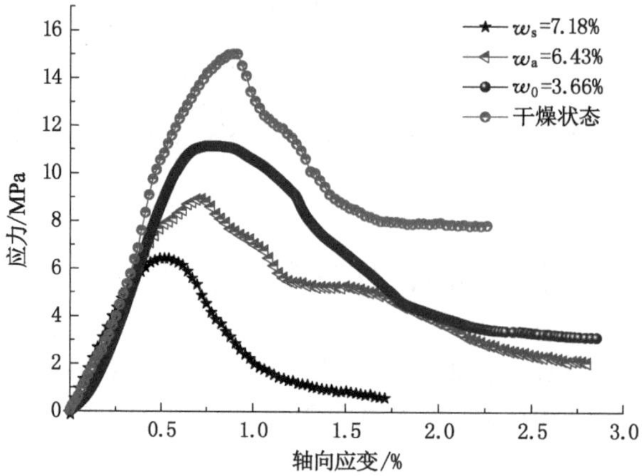

图 7-11　单轴压缩煤岩应力-应变关系曲线

ε_{va}、ε_{vb}——选取直线段上 a 和 b 两点对应的轴向应变值，MPa；

ε_{ha}、ε_{hb}——选取直线段上 a 和 b 两点对应的径向应变值，MPa。

煤岩体基本力学参数见表 7-2。

表 7-2　煤岩体基本力学参数

含水率	峰值强度 σ_c/MPa	弹性模量 E/GPa	泊松比 μ
0%	15.025	47.961	0.201
3.66%	11.150	21.536	0.218
6.43%	8.946	15.145	0.224
7.22%	6.508	6.998	0.246

从表 7-2 可以看出，矸石吸水后强度由干燥状态的 15.025 MPa 降低到 6.508 MPa，强度降低超过 50%，饱和吸水后弹性模量迅速降低（仅为 6.998 MPa），说明浸水后岩石强度劣化，承载能力显著降低。

7.2.2　煤岩体巴西劈裂试验

巴西劈裂试验是测量岩石抗拉强度常用的一种方法，本次试验采用 TAW-2000 型电液伺服岩石三轴试验机，采用直径为 50 mm、高度为 50 mm 的圆柱体进行巴西劈裂试验，如图 7-12 所示。试验过程按照《工程岩体试验方法标准》(GB/T 50266—2013)试验标准进行，岩石抗拉强度的计算公式为：

$$\sigma_t = \frac{2p}{\pi Dh} \tag{7-3}$$

式中　σ_t——抗拉强度，MPa

P——劈裂破坏时对应的荷载，kN；

D——岩样直径，mm；

h——岩样高度，mm。

(a) (b)

图 7-12 煤岩巴西劈裂试验

煤岩巴西劈裂试验结果见表 7-3。

表 7-3 煤岩巴西劈裂试验结果

含水率	最大荷载 P/N	抗拉强度/MPa	平均值/MPa
0%	9 345.58	3.36	3.18
3.66%	8 386.17	3.19	
6.43%	7 927.59	3.10	
7.22%	6 592.36	3.07	

由表 7-3 可以看出，煤岩吸水后抗拉强度由干燥状态的 3.36 MPa 降低到 3.07 MPa，强度降低不到 10%，说明浸水后岩石强度劣化，但相比于抗压承载力，抗拉承载能力受影响较小。

7.2.3 煤岩体抗剪强度试验

试验仪器采用 SHM-200 型双端面磨石机，试件为 150 mm×150 mm×150 mm 的立方体，煤岩剪切试验严格按照《工程岩体试验方法标准》(GB/T 50266—2013)进行试验，其中煤岩剪切强度的计算公式为：

$$\sigma = \frac{P}{F}(\cos\alpha + f\sin\alpha) \tag{7-4}$$

$$\tau = \frac{P}{F}(\cos\alpha - f\sin\alpha) \tag{7-5}$$

式中 σ——剪切破坏面上的正应力，MPa。

T——剪切破坏面上的剪切应力，MPa。

P——剪切破坏时的剪切荷载，kN。

F——岩样剪切面积，$F=Dh$，m^2。D 为直径，h 为高度。

f——岩样摩擦系数，$f=1/(n\alpha)$。n 为岩样表面的粗糙度系数，α 为岩样的倾斜角度。

α——剪切面与水平面夹角，(°)。

对试件的剪切试验数据进行线性拟合，其拟合结果如图 7-13 所示。

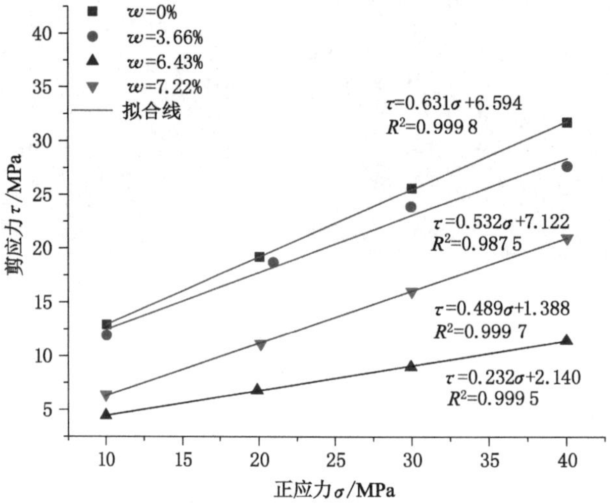

图 7-13　煤岩剪应力-正应力关系曲线

由图 7-13 可知，剪应力与正应力之间呈现线性关系，拟合相关度都在 98% 以上。通过对剪切试验数据进一步分析，可获得煤岩的基本力学参数，计算结果见表 7-4。

表 7-4　煤岩剪切试验基本参数

含水率	内摩擦角 φ/(°)	内摩擦角平均值/(°)	黏聚力 C/MPa	黏聚力平均值/MPa
0%	56.3	43.4	6.59	4.31
3.66%	48.9		7.12	
6.43%	45.5		1.39	
7.22%	22.8		2.14	

7.2.4　煤岩体三轴压缩试验

采用 TAW-2000 型岩石试验机进行三轴压缩试验，该仪器具有围压、轴压及反压（水压）三套独立控制系统。试件尺寸为直径 50 mm、高度为 100 mm 的圆柱形煤岩试件。试验方案：① 围压和轴压以 0.05 MPa/s 的速率同时加载至围压预定值；② 当围压稳定时，应变参数调整为 0；③ 以 0.05 MPa/s 的加载速率施加轴向偏应力，直到煤岩试件失去承载能力。通过三轴岩石压缩试验可得到 4 组不同围压作用下的岩石应力-应变关系曲线，如图 7-14 所示。

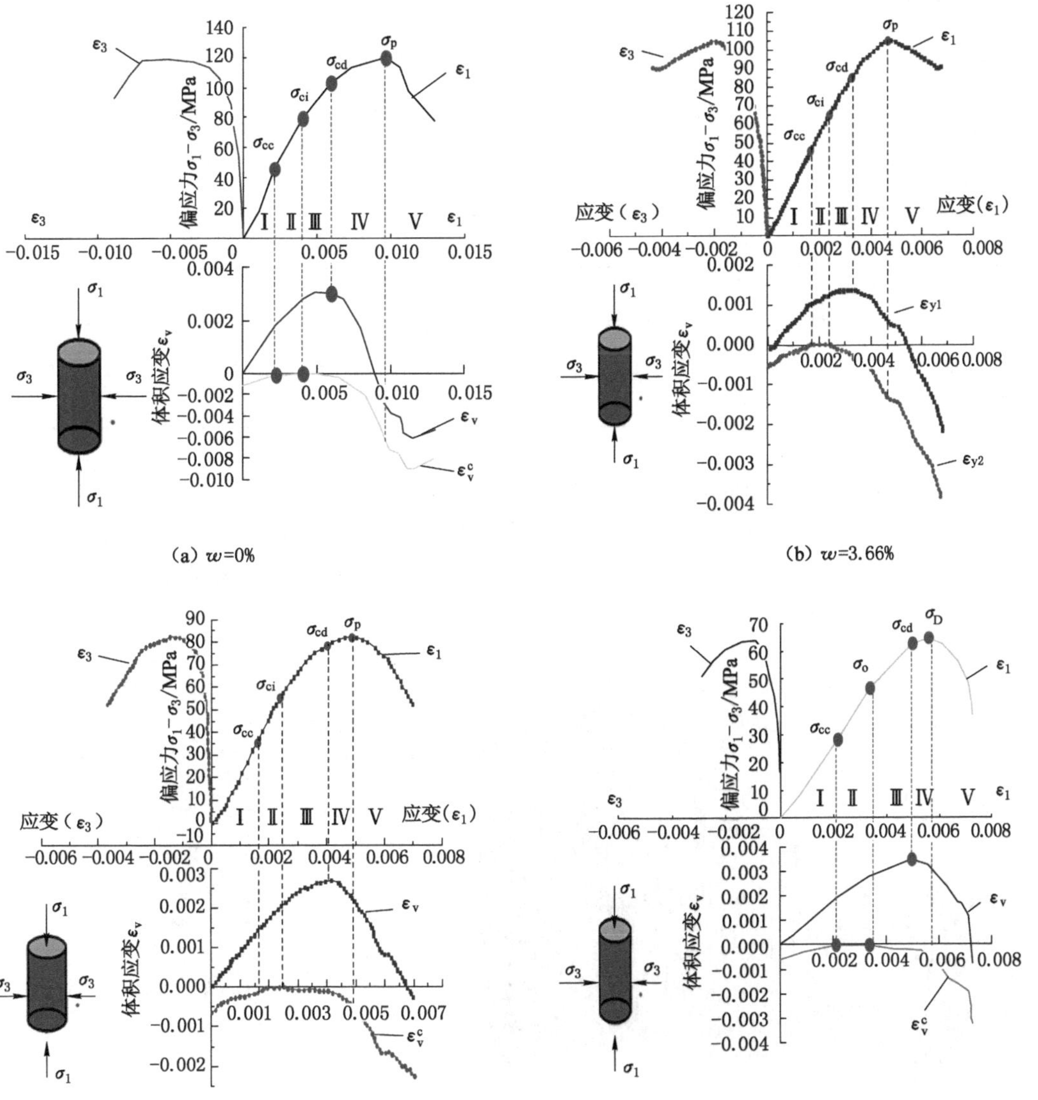

(a) w=0%　(b) w=3.66%　(c) w=6.43%　(d) w=7.22%

图 7-14　不同含水条件下煤岩应力-应变关系曲线

7.2.5　渗流-应力耦合条件下煤岩体三轴压缩破坏试验研究

煤岩渗透-应力耦合条件下三轴压缩破坏试验在英国 GDS 软岩流变仪的高级加载模块中进行，该仪器具有围压、轴压及反压（水压）三套独立控制系统。试验的主要目的是探究煤岩在渗流-应力耦合条件下岩石的破坏规律。试验的围压设置为 4 MPa、8 MPa、12 MPa 3 个等级。为保证试验的顺利进行，渗透压不能大于围压。因此，渗透水压设置为 3 MPa、6 MPa、9 MPa。试验主要考虑不同渗透水压、不同围压等试验条件下煤岩试件的全应力-应变与渗透系数之间的关系。具体渗透-应力耦合条件下煤岩三轴压缩试验方案见表 7-5。

表 7-5　煤岩渗透性试验方案

试验方案	围压 CP/MPa	空隙水压/MPa		渗透压 P/MPa
		进口	出口	
SL-1	4	3	0	3
SL-2	8	3	0	3
SL-3	8	6	0	6
SL-4	12	3	0	3
SL-5	12	6	0	6
SL-6	12	9	0	9

煤岩渗透-应力耦合三轴压缩破坏试验的具体操作步骤严格按照《工程岩体试验方法标准》(GB/T 50266—2013)进行试验。试验所用 GDS 软岩流变仪如图 7-15 所示。渗透性试验采用进水流量稳态法来测定煤岩的全应力-应变过程中的渗透率。渗透性原理如图 7-16 所示。

图 7-15　GDS 软岩流变仪

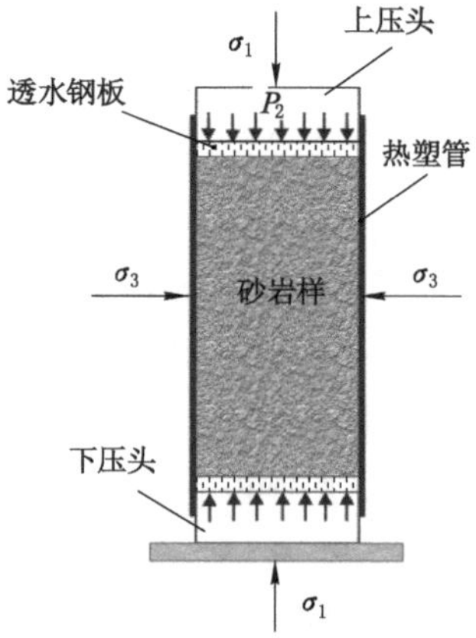

图 7-16　渗透性原理

当渗流水流入煤岩试件中会造成密闭加载舱内渗透压发生变化，因此，单位时间内流入煤岩试件的水流体积和渗透压变化差值比即可表征煤岩试件的渗透性。依照《工程岩体试验方法标准》(GB/T 50266—2013)中的计算公式计算渗透率，计算公式为：

$$k_i = \frac{\mu H \Delta V_i}{A \Delta P_i \Delta t_i} \tag{7-6}$$

按照表 7-5 中试验方案进行煤岩渗流-应力耦合三轴压缩试验，进而获得了不同渗透压下煤岩偏应力、渗透系数与轴向应变的关系曲线，如图 7-17 所示。渗流-应力耦合作用下煤岩的力学参数及阈值应力汇总见表 7-6。

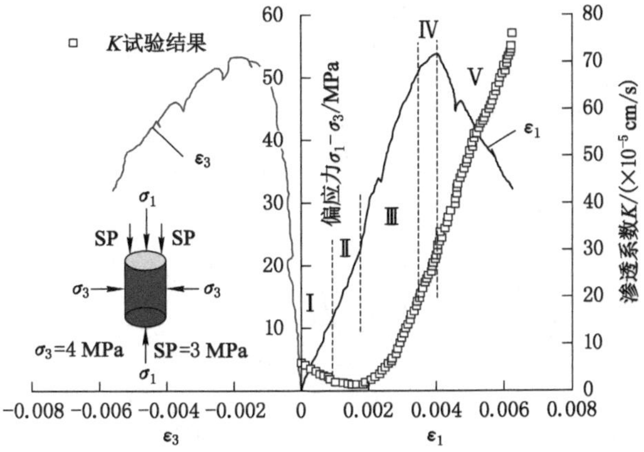

(a) 围压4 MPa，渗透压3 MPa

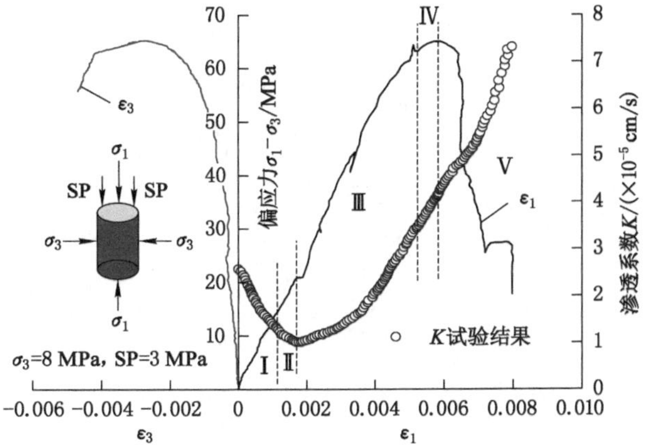

(b) 围压8 MPa，渗透压3 MPa

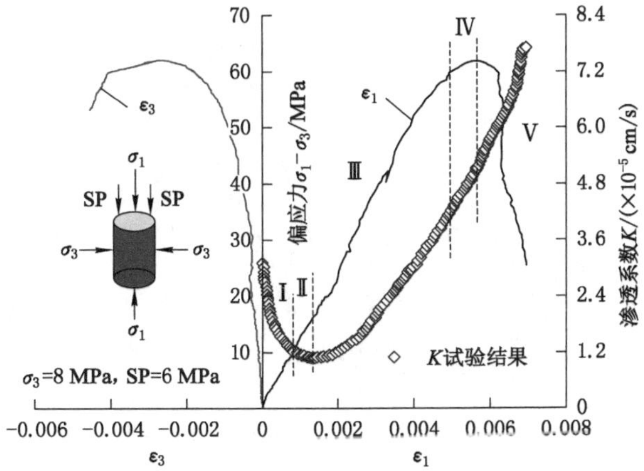

(c) 围压8 MPa，渗透压6 MPa

图 7-17 煤岩偏应力、渗透系数与轴向应变的关系曲线

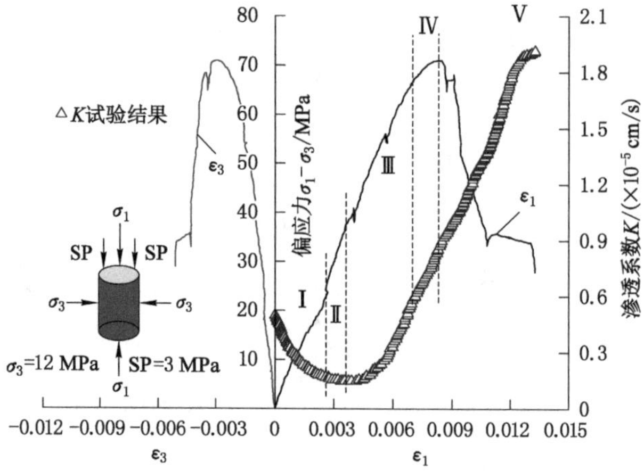

(d) 围压12 MPa，渗透压3 MPa

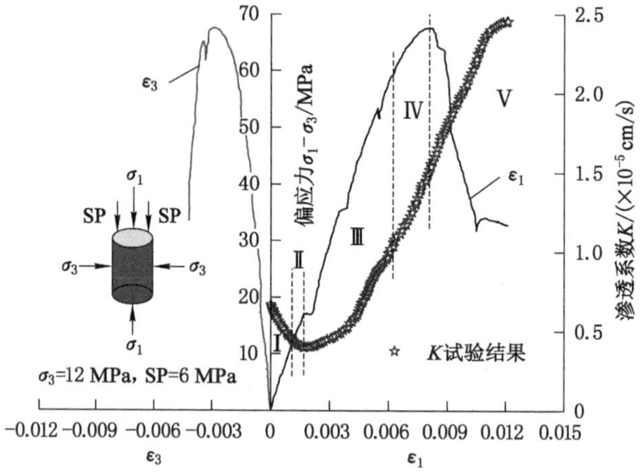

(e) 围压12 MPa，渗透压6 MPa

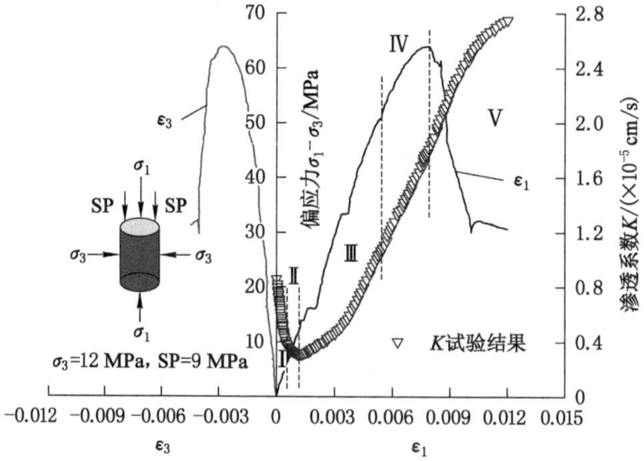

(f) 围压12 MPa，渗透压9 MPa

图 7-17 （续）

表 7-6　渗流-应力耦合作用下煤岩的力学参数及阈值应力汇总

试验方案	围压 σ_3 /MPa	孔隙水压 SP/MPa	泊松比 μ	弹性模量 E/GPa	闭合应力 σ_{cc}/MPa	起裂应力 σ_{ci}/MPa	扩容应力 σ_{cd}/MPa	峰值应力 σ_p/MPa
M-1	4	0	0.146	19.998	31.916	49.303	62.718	64.628
M-2	8	0	0.195	22.063	39.093	63.381	70.165	82.527
M-3	12	0	0.284	23.653	41.610	67.149	77.954	105.020
M-4	4	3	0.226	9.988	16.130	26.810	45.612	53.733
M-5	8	3	0.264	11.062	22.583	34.487	56.291	65.192
M-6	12	3	0.391	13.356	22.917	34.598	58.850	70.976
M-7	12	6	0.428	12.072	11.230	21.508	48.314	67.490
M-8	12	9	0.458	11.390	7.710	19.241	45.702	63.642

7.2.6　煤岩体三轴压缩渐进破坏的力学行为

根据不同围压三轴压缩破坏试验数据探究岩石三轴压缩破坏的力学行为。煤岩渐进破坏过程总伴随着原始孔隙压密、起裂、扩展及贯穿等现象，裂纹系统的演化会对岩体宏观力学性质造成不可逆的“劣化”。因此，对岩石力学特性与岩石内部裂纹发育情况进行关联分析，是提升对岩石力学特征认识的一种有效方法。根据已有的研究成果，可将岩石全应力-应变关系曲线划分为裂纹压密阶段（Ⅰ）、弹性阶段（Ⅱ）、裂纹稳定扩展阶段（Ⅲ）、裂纹非稳定扩展阶段（Ⅳ）、峰后破坏阶段（Ⅴ）5 个阶段。不同阶段分界点所对应的应力阈值通常称为闭合应力 σ_{cc}、起裂应力 σ_{ci}、扩容应力 σ_{cd}、峰值应力 σ_p。以围压＝12 MPa 为例，其全过程应力-应变关系曲线的划分方法及结果如图 7-18 所示。

（1）压密阶段Ⅰ：加载初期，煤岩内部原生孔隙和微裂纹被压实，随着轴向应力增大，应变缓慢增大，应力-应变关系曲线呈非线性上凹形曲线。

（2）弹性阶段Ⅱ：随着轴向荷载的增大，内部裂纹和孔隙已完全闭合。应力-应变关系曲线在此阶段呈直线状态。该阶段可确定煤岩的弹性力学参数，根据《煤和岩石物理力学性质测定方法　第 1 部分：煤和岩石三轴强度及变形参数测定方法》(GB/T 23561.9—2009)中推荐的方法对弹性模量 E 和泊松比 μ 进行计算，计算公式如下：

$$E = \frac{\sigma_1 - 2\mu\sigma_3}{\varepsilon_1} \tag{7-7}$$

$$\mu = \frac{B\sigma_1 - \sigma_3}{\sigma_3(2B-1) - \sigma_1} \tag{7-8}$$

$$B = \frac{\varepsilon_3}{\varepsilon_1} \tag{7-9}$$

（3）裂纹稳定扩展阶段Ⅲ：随着轴向荷载的增大，内部微裂纹萌生，即Ⅲ区的起始应力为煤岩起裂应力 σ_{ci}。此时裂隙体积应变 ε_v^c 开始增大，但同时总体积应变依旧呈现减小趋势。

目前，求取应力阈值的方法主要有声发射法、应变测量分析法和裂隙体应变法。其中，裂隙体应变法以清晰的概念表征裂隙闭合、起裂、扩展、贯穿的规律，并且确定简单。体应

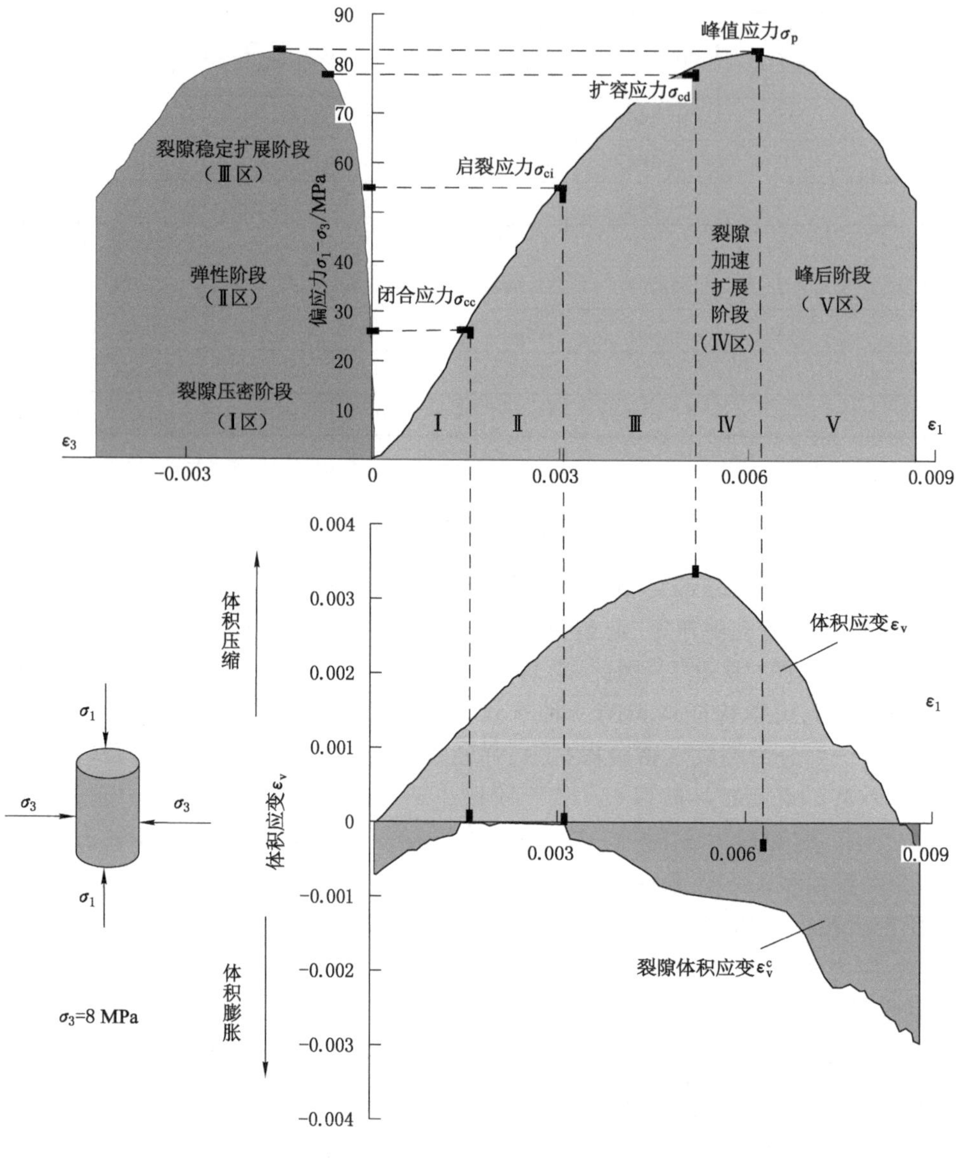

图 7-18　煤岩全应力-应变关系曲线

变与裂纹体应变之间的关系式为：

$$\varepsilon_v = \varepsilon_1 + 2\varepsilon_3 = \varepsilon_v^e + \varepsilon_v^c \tag{7-10}$$

$$\varepsilon_v^e = \frac{1-2\mu}{E}(\sigma_1 + 2\sigma_3) \tag{7-11}$$

$$\varepsilon_v^c = \varepsilon_v - \frac{1-2E}{E}(\sigma_1 + 2\sigma_3) \tag{7-12}$$

式中　ε_v——总体积应变；

ε_v^e——弹性体积应变；

ε_v^c——裂纹体积应变。

(4) 裂隙加速扩展阶段Ⅳ:此阶段的起始应力为扩容应力 σ_{cd},即煤岩试件开始出现剪胀现象,内部宏观裂隙急速扩展贯通,同时会有掉渣现象出现,最终达到煤岩试件的峰值应力 σ_p。

(5) 峰后破坏阶段Ⅴ:岩石达到峰值应力 σ_p 之后煤岩试件仍具有一定的承载能力,同时产生碎胀变形,直至岩石完全破坏。力学参数及各阶段的阈值应力汇总见表 7-7。

表 7-7 不同围压作用下煤岩的力学参数及各阶段的阈值应力汇总

试验方案	含水率 w/%	泊松比 μ	弹性模量 E/GPa	闭合应力 σ_{cc}/MPa	起裂应力 σ_{ci}/MPa	扩容应力 σ_{cd}/MPa	峰值应力 σ_p/MPa	残余应力 σ_{re}/MPa
M-1	0	0.154	17.160	13.284	46.042	60.583	64.628	37.962
M-2	3.66	0.235	20.469	21.829	58.761	78.622	82.527	52.691
M-3	6.43	0.294	21.895	28.575	67.149	81.351	105.020	70.414
M-4	7.22	0.314	22.561	36.775	79.874	104.586	119.204	76.543

7.2.7 不同含水率时煤岩体蠕变力学性能测试

采用 GDS HPTAS 岩石三轴仪(图 7-18)对煤岩试样开展渗流作用的蠕变试验,将无侧限压缩强度作为三轴压缩的最大荷载,按照 5～8 级的分级加载标准进行三轴蠕变试验,每一级加载当变形达到稳定之后即可进行下一级加载,获取煤岩试样分级加载蠕变变形和体积应力的变化规律,采用拟合方法确定煤岩的蠕变参数,获取不同裂隙发育程度的煤岩试样流变力学参数,建立不同裂隙发育程度的煤岩流变力学方程,开展 8 组工况条件下的相关试验,每组蠕变试验包括 2 组试件,其中煤样 4 个,岩样 4 个。

试验方案:采用应力控制的方式对煤岩试样进行围压恒定,轴向分级加载的蠕变试验加载速率为 0.1 MPa/min。首先对试件进行等压加载至围压 $\sigma_{3c}=5$ MPa。根据单轴压缩试验取最大轴载约为单轴抗压强度的 60%,约为 12 MPa;轴向偏应力分为 2 MPa、4 MPa、6 MPa、8 MPa、10 MPa 等 5 级加载,每级荷载加载时间约 50 h。

GDS HPTAS 岩石三轴仪如图 7-19 所示,试验步骤如下:

图 7-19 GDS HPTAS 岩石三轴仪

① 对三轴试件进行真空抽气饱和。

② 将饱和后的岩样放到带透水孔的圆形透水钢板上，调整各自传感器与数据接口的最佳装配位置，利用电吹风将热塑管固定在试件表面，保证管壁与试件表面完全贴合，采用 O 形密封圈和橡胶套密封处理上压水头、试件及下压水头的连接位置。

③ 粘贴 2 个轴向局部传感器和 1 个径向传感器，并校正传感器，之后将压力室密封、固定。

④ 启动 GDSlab 软件。采用高级加载模块，围压和轴压分别以应力控制的方式加载到试验设计值，加载速率为 0.05 MPa/s。定围压增轴压试验中设定试件初始应力状态为围压 $\sigma_r=4$ MPa，轴压 $\sigma_a=4$ MPa；定轴压卸围压试验中设定试件初始应力状态为：围压 $\sigma_r=8$ MPa，轴压 $\sigma_a=10$ MPa。

⑤ 达到初始应力状态后开始煤岩体蠕变试验。

(1) 蠕变变形结果分析

定围压增轴压蠕变试验轴向应变-时间关系曲线、径向应变-时间关系曲线结果如图 7-20 所示。

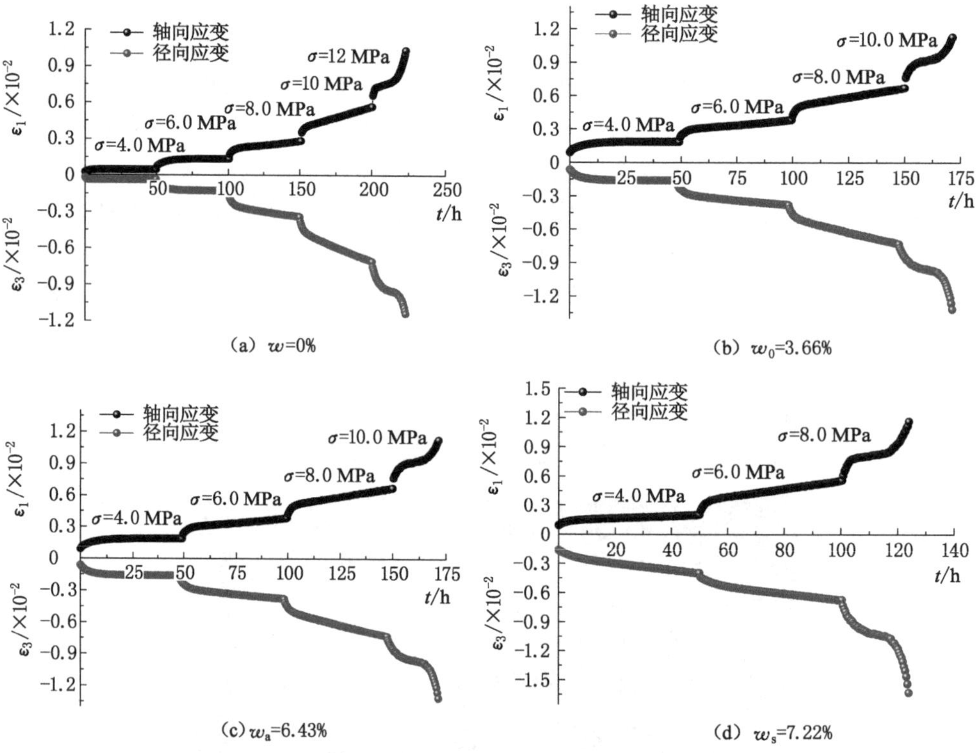

图 7-20 不同含水条件下煤岩体升轴压蠕变试验结果($\sigma_3=4$ MPa)

从图 7-20 可以看出，煤岩体蠕变变形与时间具有正相关关系，随着时间的增长蠕变变形表现为稳定、等速增长和快速增长等形式。当围压 $\sigma_3=4$ MPa、轴压 $\sigma<6$ MPa 时，岩石试件煤岩体在任何含水条件下都表现为稳定蠕变，曲线包括瞬时变形和速率逐渐衰减的稳态蠕变变形，即此时蠕变表现为稳定型衰减蠕变；当轴压为 8 MPa 时，含水率为 7.22 的蠕变

曲线发生加速蠕变。当轴压 σ=10 MPa、含水率为 3.66 和 6.43 的岩石试件的蠕变曲线发生加速蠕变。轴压 σ=12 MPa、含水率为 0 的岩石试件的蠕变曲线也发生加速蠕变。软岩试件的蠕变曲线则表现为典型的三阶段蠕变曲线，即此时试件产生瞬时变形、第一阶段衰减蠕变、第二阶段等速蠕变和第三阶段加速蠕变特征，其中第一阶段和第二阶段又称为稳态蠕变。稳态蠕变持续时间相对较长，应力越大，稳态应变持续时间越短。

(2) 蠕变速率分析

为了研究煤岩体蠕变变形速率的变化规律，利用 Origin 软件将蠕变试验结果曲线进行一阶求导，得到煤岩体蠕变过程速率曲线，如图 7-21 所示。

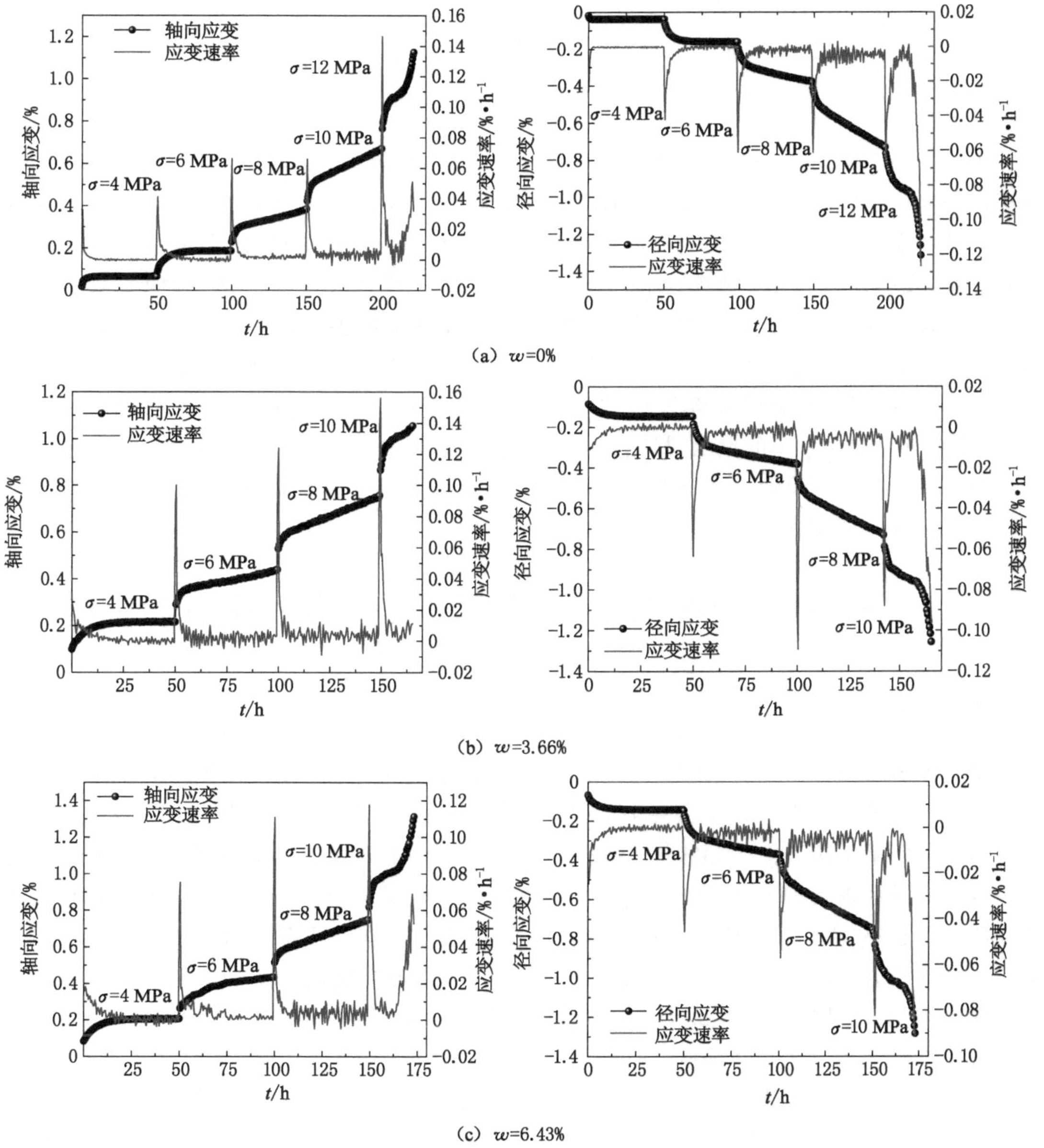

图 7-21 煤岩体升轴压蠕变速率结果(σ_3=4 MPa)

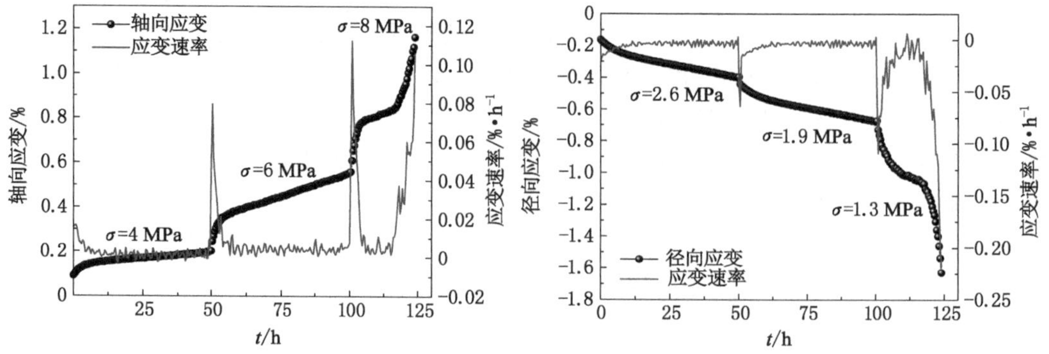

(d) w=7.22%

图 7-21 (续)

从图 7-21 可以看出，煤岩体蠕变试验过程中，每一级荷载作用下，其蠕变速率均是在加载瞬间产生一个较高的应变速率，此阶段对应着试件产生瞬时变形，之后蠕变速率不断降低。瞬时蠕变速率随着加载轴向力的增大而增大。对于衰减蠕变曲线，其蠕变速率在试验前期速率衰减完成后，衰减速率保持一个定值且仅有小幅波动。对于等速蠕变曲线，蠕变速率在瞬时蠕变完成后逐渐衰减，但是衰减后蠕变速率始终保持在 0.02%左右，处于等速蠕变阶段。当产生加速蠕变时，蠕变速率在衰减保持稳定蠕变较短的时间后便开始迅速增大，直至试件破坏。同时可知煤岩体在不同含水条件下产生加速蠕变趋势的时间并不一致，随着偏应力和含水率的增大，蠕变曲线逐渐由稳态蠕变过渡到非稳态蠕变，并且发生加速蠕变的趋势越早。煤岩体径向蠕变速率与轴向蠕变速率变化趋势相同，其加速蠕变后期的速率大于轴向加速蠕变速率。

7.3 上湾煤矿 12403 综采面煤层顶板破裂失稳力学模型

7.3.1 围岩稳态结构力学分析

在坚硬岩层条件下，随着工作面不断回采，顶板悬露一定面积后，顶板垮落带率先冒落在采空区内。随着采空区顶板所受到压力逐渐升高，基本顶产生旋转下沉的运动，该阶段顶板形成悬臂梁结构。由于顶板岩层强度较大，直接顶并不会产生较大变形，进而将压力传递给煤帮及巷内支护上，使得煤帮应力集中区域逐渐扩大到一定范围，较难以阻止基本顶旋转下沉趋势，基本顶在煤帮处断裂。随着顶板继续冒落成矸石，堆积达到一定高度后，采空区侧顶板岩层继续下沉接触矸石后并逐渐压实，顶板岩层逐渐达到稳定状态。基于上述内容，建立稳态结构如图 7-22 所示，对稳态结构进行分析，探究顶板稳定性影响因素[58]。

(1) 基本顶关键块体 B 分析

图 7-22 中 T_a 为岩体 B 受到岩体 A 运动的影响所产生的水平推力，若未在煤帮侧发生断裂此处将受弯矩作用；T_c 为岩体 B 受到岩体 C 运动的影响所产生的水平推力；N_a 和 N_c 为块体 A、C 之间对块体 B 产生的剪切力；q_4 为上覆岩层对顶板施加的荷载；q_0 为基本顶块

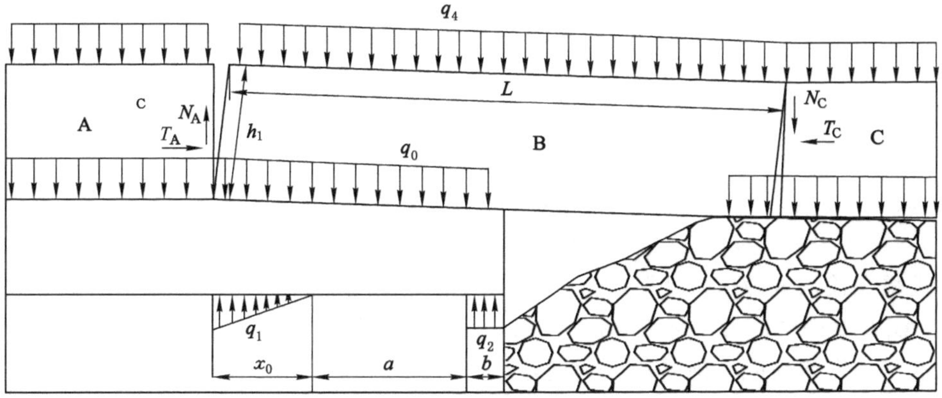

图 7-22　围岩稳态结构示意图

体对直接顶的单位荷载；q_1 为煤柱塑性区对顶板的支撑力；q_2 为巷旁支护力；q_3 为采空区矸石对基本顶的支撑力。

如图 7-23 所示，以块体 B 为研究对象，此时在块体 A 和块体 B 的接触作用、直接顶和采空区矸石的支撑作用下，处于平衡状态，此处 A 与 B 之间由于破断，因此弯矩较小，可忽略不计。则有：

$$\sum M_B = 0$$

$$T_A = T_C$$

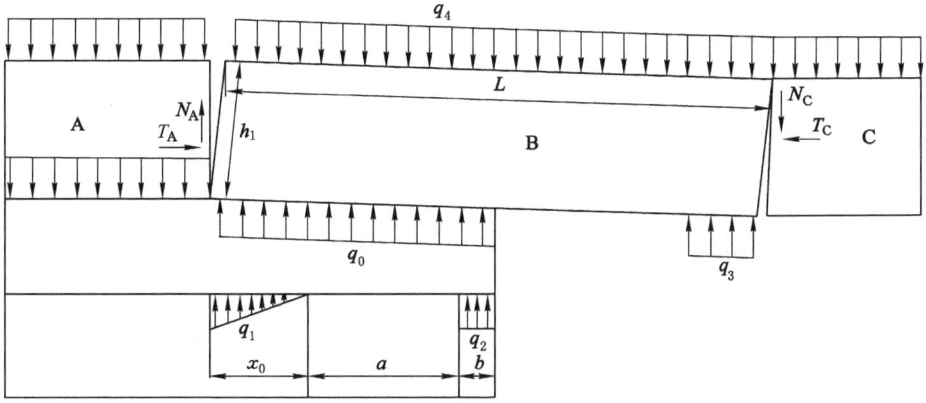

图 7-23　沿空留巷围岩稳态结构力学模型

可得：

$$N_A + q_0(x_0 + a + b) = q_4 L + N_C + q_3 L_1$$

因此其块体 B 的合力矩应为 0，可知：

$$M_G + M_{q_4} - M_{q_3} - M_{q_0} - M_N - M_T = 0 \tag{7-13}$$

其中，

$$M_G = G_B L/2$$

$$M_{q_4} = q_4 L^2/2$$

$$M_{q_3} = \int_0^{L_1} q_3 l \mathrm{d}l$$

$$M_{q_0} = \int_0^{x_0+a+b} q_0 l \mathrm{d}l$$

$$M_N = N_c L$$

$$N_C = T_C \tan\varphi$$

$$M_T = T_C h_1 \cos\alpha$$

上式联立代入式(7-13)可得：

$$G_B L/2 + q_4 L^2/2 - q_3 L_1^2/2 - q_0 (x_0 + a + b)^2/2 - N_C L - T_C h_1 \cos\alpha = 0 \tag{7-14}$$

式中 x_0——煤帮极限平衡受压区宽度，m；

a——巷道宽度，m；

b——切顶支护宽度，m；

L——块体 B 的长度，m；

L_1——块体 B 与采空区矸石接触长度，m；

h_1——基本顶厚度，m；

α——旋转下沉角度，(°)。

其中，根据煤体极限平衡区理论研究可知：

$$x_0 = \frac{K h_0}{2\tan\varphi} \cdot \ln \frac{\dfrac{c}{\tan\varphi} + k\gamma H}{\dfrac{c}{\tan\varphi} + \dfrac{p}{K}} \tag{7-15}$$

式中 H——煤层埋深，m；

h_0——煤层厚度，m；

k——煤帮应力集中系数；

K——侧压力系数；

γ——上覆岩层岩石重度，kN/m^3；

p——煤体强度，MPa；

φ——煤体内摩擦角，(°)；

c——内聚力，kPa。

对于块体 C 来说，T_C 受块体 C 断裂影响，其与块体 B 之间弯矩为 0，则有：

$$T_C (h_1 + L\cos\alpha) = q_4 L_n \tag{7-16}$$

式中 L_n——基本顶岩层垮落后断裂块体尺寸，m。

对式(7-14)进一步求解可得：

$$\int_0^{x_0+a+b} q_0 l \mathrm{d}l = G_B L/2 + q_4 L^2/2 - \int_0^{L_1} q_3 l \mathrm{d}l - T_C L \tan\varphi - T_C h_1 \cos\alpha \tag{7-17}$$

由此可得出基本顶受到直接顶的支撑力的荷载积分形式，将式(7-16)代入式(7-17)，得到直接顶所受荷载 q_0 的积分形式：

$$\int_0^{x_0+a+b+h_1\cot\theta} q_0 \mathrm{d}\left(\frac{l}{2}\right)^2 = G_B L/2 + q_4 L^2/2 - \int_0^{L_1} q_3 \mathrm{d}l - T_C L \tan\varphi - T_C h_1 \cos\alpha \tag{7-18}$$

直接顶所受荷载 q_0 为：

$$q_0 = (G_B L/2 + q_4 L^2/2 - \int_0^{L_1} q_3 l \mathrm{d}l - T_C \tan \varphi L - T_C h_1 \cos \alpha)/(x_0 + a + b + h_1 \cot \theta) \tag{7-19}$$

式中 θ——采空区冒落矸石碎胀角。

(2) 关键块体 B 下部直接顶分析

坚硬顶板条件下，顶板抵抗变形较大，上覆岩层压力进一步传递至煤帮压缩区和巷旁支护上，直接顶以整体下沉的方式运动。前文得到了直接顶对基本顶的支撑力荷载，根据牛顿第三定律可知，基本顶与直接顶之间总是有一个相等的反作用与其相对抗，作用力和反作用力为 q_0，反向、共线，彼此作用于对方[59-60]。

在图 7-24 中，q_0 为基本顶块体 B 对直接顶的荷载；M_1 为直接顶所受到的弯矩；q_2 为巷旁支护对直接顶的支撑力；q_1 为煤帮对直接顶的支撑力；h_2 为直接顶厚度。其中：

$$q_1 = \left(\frac{c}{\tan \varphi} + \frac{p}{K}\right) e^{\frac{2\tan \varphi}{K h_0}} - \frac{c}{\tan \varphi} \tag{7-20}$$

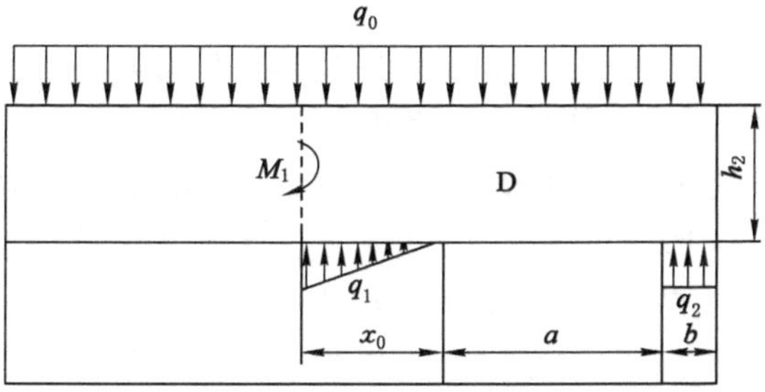

图 7-24 直接顶块体力学模型

对于直接顶有：

$$M_1 + M_{G1} + M_{q1} + M_{q2} - M_{q0} = 0 \tag{7-21}$$

其中，

$$M_1 = \frac{\sigma_t h_2^2}{6}$$

$$M_{q_1} = \int_0^{x_0} q_1 \mathrm{d}l$$

$$M_{q_2} = q_2 b(x_0 + a + b/2)$$

式中 σ_t——直接顶岩石抗拉强度，MPa。

将上式代入式(7-21)可得出 M_{q_0} 的表达式为：

$$M_{q_0} = \frac{(G_B L/2 + q_4 L^2/2 - \int_0^{L_1} q_3 l \mathrm{d}l - T_C L \tan \varphi - T_C h_1 \cos \alpha)(x_0 + a + b)}{2(x_0 + a + b + h_1 \cot \theta)} \tag{7-22}$$

其中，

$$T_C (h_1 + L \cos \alpha) = q_4 L_n \tag{7-23}$$

$$M_{q_0} = q_2 b(x_0 + a + b/2) \tag{7-24}$$

将式(7-23)和式(7-24)联立，得到：

$$q_2=\frac{(G_BL/2+q_4L^2/2-\int_0^{L_1}q_3l\mathrm{d}l-T_CL\tan\varphi-T_Ch_1\cos\alpha)(x_0+a+b)/2(x_0+a+b+h_1\cot\theta)-\int_0^{x_0}q_1\mathrm{d}l-G_D(x_0+a+b)/2-M_1}{b(x_0+a+b/2)}\tag{7-25}$$

通过对留巷稳态力学模型及巷旁支护力 q_2 分析可知，在保证冒落高度的前提下，直接顶所受到荷载与巷内加强支护力主要受顶板关键块体长度 L 与采空区来压影响下在留巷外侧的基本顶断裂块体长度 L_n 影响。通过减小 L，减少留巷上方基本顶重力以降低围岩的压力，对于煤帮侧和顶板可以起到卸压作用。L_n 影响着关键块体受到的周期断裂块体下沉运动而产生的水平方向上挤压力。通过减小 L_n 降低留巷顶板块体受到的水平方向上的挤压力，降低采空区顶板对留巷围岩的偏心压力作用，提高留巷稳定性。为了达到上述留巷状态，可采用切顶的方式，可以同时将 L_n 和 L 长度减小，从根源上降低直接顶受到的支承力，使得留巷所需支护阻力强度也将减小，有利于巷内维护与留巷稳定性[61-62]。

7.3.2 顶板弱化机理分析

上湾矿区顶底板及煤层都较坚硬，顶板岩层整体性较好，裂隙较不发育，抗压强度超过 100 MPa。煤层厚度较大，采煤工作面经过后极易造成顶板大面积悬露而不垮落，随着周围煤体不断受压达到极限时顶板岩层被动垮落，较容易发生冲击地压事故，是我国典型的“三硬”地质条件矿区[59]。在这种地质条件下，进行沿空留巷，对巷旁支护结构和顶板支护提出了较高要求。需要从根源上解决，从改变顶板结构的角度出发，主动促使顶板岩层垮落，减小周期垮落步距，使得顶板垮落不可控变为可控，沿空留巷安全支护被动控制变为主动控制[63-64]。

因此，首先需要解决坚硬顶板难冒落问题，对此可通过切顶的方式改变顶板岩层的破断规律，进而改变顶板结构的运动特征，优化顶板结构形态。切顶后的顶板结构，在上覆岩层压力和支护结构的协同作用下，顶板在设计切顶位置处破断，减小了矿压对留巷的影响，并使得冒落矸石具有较好的充填效果，形成煤帮-顶板-矸石帮稳定结构，三者协同共同承载。目前国内外已经提出了众多切顶方法。

(1) 密集支柱切顶

在留巷巷道采空一侧的巷道边缘，沿工作面走向，紧随其后布置密集支护。该措施通过支柱较大的初始支撑力和材料刚度，对顶板施加较大的阻力，从而起到切顶的作用。但都是应用到一些采面矿压相对较小且煤层赋存条件较好的薄煤层矿井，而且采用该方法时支柱回收率较低，压缩量较小，应用面较狭窄[69]。

(2) 水力压裂切顶

通过钻深孔的方式，使用高压注水设备，做好压裂孔的密封措施后，利用高压水冲击，使得顶板压裂孔内扩展裂纹，直至将相邻压力裂孔贯通，从而形成顶板弱面，但是其工序较为复杂[61]。

(3) 定向聚能爆破切顶

常规的炸药爆炸会产生放射状裂纹，药量的投放也会影响预裂效果，钻孔内的炸药爆破产生的能量较大一部分消耗在钻孔裂隙圈内，容易形成爆炸空腔，破坏顶板局部稳定性。采用定向聚能爆破技术可有效解决这种问题。定向聚能爆破能够实现射流侵切和爆炸能量的叠加作用,从而使爆破聚能方向上的岩石裂纹的数量和深度都有所增加,使得切缝连贯且通透。因此在工作面推进之前,沿着巷内顶部采空侧边缘向巷道外侧上顶板进行钻孔施工,并进行聚能定向爆破,通过在爆破孔内安装定向聚能装置,引导设置炮孔内炸药爆破时的方向,从而将能量聚集起来形成应力集中,在巷道顶板钻孔切缝设计方向上使岩层形成断裂面。该方法对预定爆破方向以外的顶板冲击破坏较小,切顶效果较为明显,且成缝效率较高[71]。

以上叙述的切顶方法根据自身的技术特点,广泛使用在不同工程地质条件的矿区,对工作面的生产影响较小,并且切顶效果也十分明显。在研究中,根据对顶板及煤层地质条件的调研调查结果,分析出工程地质特点:中厚煤层,煤层平均厚度为 3.5 m,煤体抗压强度较高,顶板厚,较为坚硬且完整性较好;巷道宽度为 6 m,为大跨度留巷巷道,工作面推进距离要求较高。因此,决定采用超前预裂爆破切顶技术,即在工作面回采前一段距离,在预留巷旁支护区域外,向工作面煤体顶板一侧打一排深孔,深度达到设计高度处,实施聚能爆破,待工作面回采经过后,巷内支护及时设置,与顶板下沉运动相配合,促进顶板及时冒落。

7.3.3 覆岩破坏形态与顶板断裂结构力学模型

(1) 常规顶板覆岩破坏形态

坚硬顶板条件下沿空留巷,由于顶板具有强度高、完整性较好且不易垮落等特点,无法及时形成平衡的裂隙带,巷道围岩矿压较大,此时再进行巷内顶板维护较困难且具有危险性。传统留巷方式,虽然采用一定技术手段,可以控制顶板运动,但仍然无法调整顶板块体的整体结构位态,顶板关键块体的结构位态受地质因素、支护因素等因素影响变得不可控。对于在实际坚硬顶板留巷工程中,工作面不断向前推进,坚硬顶板悬顶面积逐渐增大,采空区中间区域的直接顶将受拉破坏,开始冒落。随着继续推进工作面,顶板下方采空区面积继续增大,悬顶梁板承受的上覆岩层压力也逐渐增大,直至压力使得悬顶梁的基本顶达到极限抗拉强度,在中间部位发生破断,两个结构块Ⅰ受其影响开始向下运动,其产生的作用力向工作面两侧传递并产生影响,使得工作面顶板边缘区域逐渐应力集中,导致煤帮塑性区范围逐渐扩大,顶板弯曲下沉趋势得不到抑制,最终导致顶板在煤帮侧破断,直至工作面顶板边缘块体Ⅱ冒落,这个过程形成了顶板初次来压;当工作面再次推进达到极限时,顶板会再次产生相同的破坏,即周期来压。如果支护控制效果较差,留巷上方坚硬基本顶会过度弯曲下沉,使得其弯矩达到极限,断裂出现在煤帮上方,与常规长壁式采煤的自然垮落管理的顶板破坏形式相近似,此时巷道基本顶的承载性能将大幅度降低,留巷顶板处压力将积聚在直接顶处,无法得到释放,同时留巷顶板也将会随着工作面继续推进产生周而复始的来自基本顶断裂对顶板的动压扰动,对工作面的稳定极为不利[69]。覆岩破坏分布形态如图 7-25 所示。

(2) 顶板覆岩形态

对于坚硬顶板,通过切顶的方式在巷道采空侧外侧形成弱面,使得巷道顶板与采空区顶板切断部分力学作用,降低部分周期来压的动压影响,但无法避免顶板来压前的矿压影响。对切顶的参数精准设计,可实现顶板在巷道外采空区侧破断,缩短了顶板悬臂梁长度,对于留巷顶板和采空区上覆岩层都具有积极的意义[65]。因此,在切顶条件下,顶板覆岩破坏规律的边界发生改变,如图 7-26 所示,基本顶在周期来压后,留巷顶板受到水平推力、上

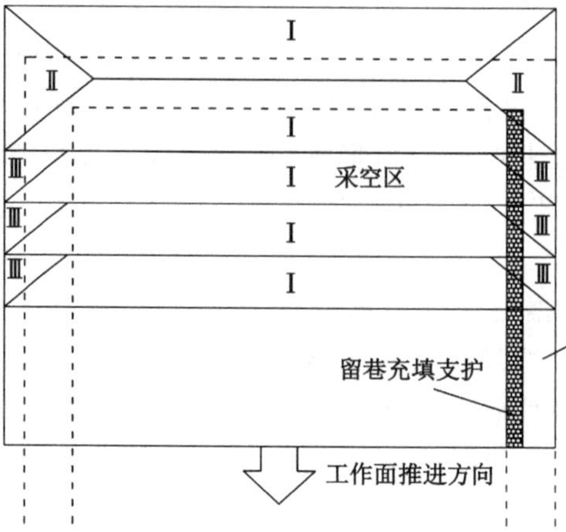

图 7-25　覆岩破坏分布形态

覆岩层荷载及顶板岩梁弯矩的复合作用下，沿着留巷切缝发生应力集中而破断，使得周期来压步距减小。相比于传统留巷方式，切顶留巷对巷道的稳定性具有较好的控制[72-73]。

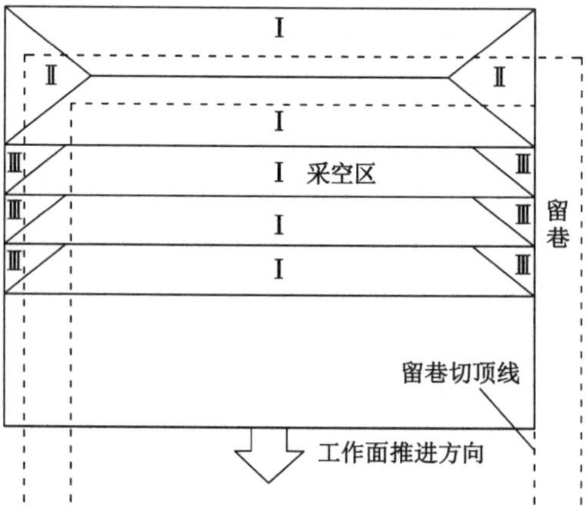

图 7-26　覆岩破坏分布形态

在顶板运动过程中，基本顶往往会以块体结构形式形成“关键块体”大结构，其覆盖在采空区落矸及巷道顶板上方，因此基本顶块体运动趋势和结构形态决定了巷道围岩稳定性[66]。对于强度较高和完整性较好的坚硬顶板来说，经过切顶后的顶板，在基本顶关键块体的给定变形期间，仍然会在留巷顶板区域发生断裂，形成砌体梁结构，使得留巷直接顶区域应力集中，围岩变形周期较长，如图 7-27 所示。对此提出一种留巷控制思路，通过在巷道采空区边缘预裂弱化顶板岩石和提高巷内支护力的协同控制下，使得顶板在垮落期间沿着切缝破断，切断采空区顶板与留巷侧顶板的联系，同时合理支护控制又可以避免顶板断裂出现在切缝内侧的顶板区域，保证基本顶的完整性，进而降低围岩变形[72-73]。

为了验证留巷控制思路的可行性，通过建立切顶断裂结构力学模型，来推导实现采空侧切顶的力学条件，对其进行探究。如图 7-28 所示，建立以 O 点为原点的坐标系。将顶板岩梁在煤帮极限塑性区上方端头视为固定端，将基本顶结构简化为受均布荷载和集中力的悬臂梁。

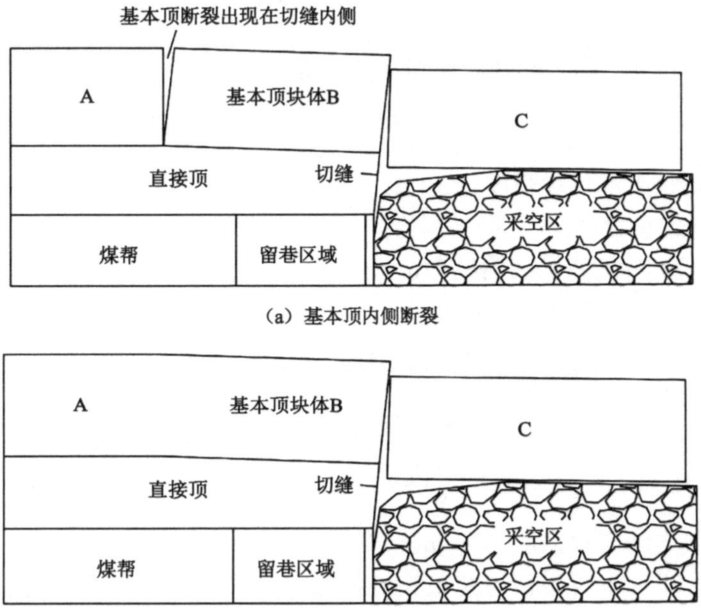

(a) 基本顶内侧断裂

(b) 基本顶切缝处断裂

图 7-27 基本顶关键块体形态

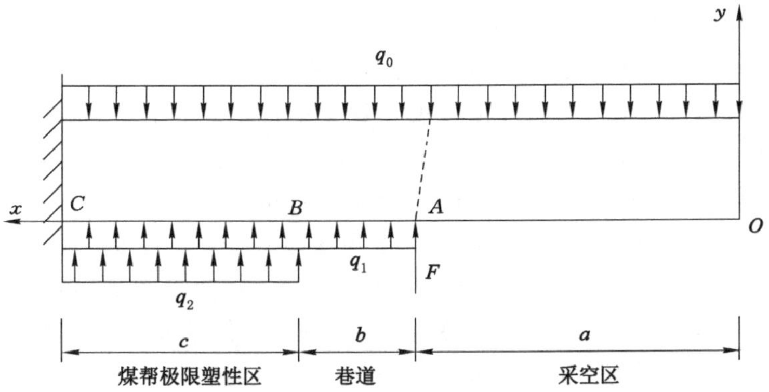

图 7-28 顶板断裂结构力学模型

根据力学模型结构中梁的受力状态，分别对 OA、AB、BC 段进行分析，对比得出弯矩最大值及其作用位置，以此判断切顶的最佳条件。

在 OA 段中，$0\leqslant x\leqslant a$，OA 段弯矩表达式为：

$$M_{OA}=\frac{q_0x^2}{2}\tag{7-26}$$

式中 q_0——顶板上覆荷载，简化为均布荷载，kN/m；

x——顶板梁上任意一点位置，m。

在 $x=a$ 处，该段弯矩最大值为：

$$M_{(OA)\max}=\frac{q_0a^2}{2}$$

在 AB 段中，$a\leqslant x\leqslant a+b$，$AB$ 段弯矩表达式为：

$$M_{AB}=\frac{q_0x^2}{2}-\frac{q_1(x-a)^2}{2}-F(x-a) \tag{7-27}$$

式中 q_1——直接顶支承荷载强度，kN/m；

F——切顶支护力，kN；

a——留巷采空侧顶板悬露长度，m。

在 $x=a+b$ 处，该段弯矩最大值为：

$$M_{(AB)\max}=\frac{q_0a^2}{2}+\frac{(q_0-q_1)b^2}{2}-abq_0-Fb$$

在 BC 段中，$a+b\leqslant x\leqslant a+b+c$，$BC$ 段弯矩表达式为：

$$M_{BC}=\frac{q_0x^2}{2}-\frac{q_1(x-a)^2}{2}-F(x-a)-\frac{q_2(x-a-b)^2}{2} \tag{7-28}$$

式中 q_2——煤帮支承荷载强度，kN/m。

在 $x=a+b+c$ 处，取得该段弯矩最大值：

$$M_{(BC)\max}=\frac{q_0a^2}{2}-\frac{(q_0-q_1)(b+c)^2}{2}+aq_0(b+c)-F(b+c)-\frac{q_2c^2}{2} \tag{7-29}$$

在坚硬顶板条件下，通过锚固的方式控制顶板离层，保证了顶板具有较好的完整性和整体强度。因此，在分析中可将 q_1 视为直接顶对基本顶的支承力，切顶支护力 F 经过坚硬完整顶板传递作用基本顶。根据顶板基本顶弯矩分析可知，对于弯矩变化来说，其主要影响因素为切顶支护力 F，当 F 足够大时，A 处的弯矩将大于任意位置处的弯矩，该处岩梁因超限发生破坏。在实际过程中，直接顶强度及煤帮强度随着不同工程地质情况而有差异，不同支护方式产生的切顶力将部分损失。因此，为保证基本顶岩梁在弯矩最大处即切顶位置处破断，需要提高切顶力。而切顶力过大容易对直接顶产生应力集中，导致顶板局部塑性破坏，进而影响切顶力传递效率，反而不利于顶板顺利切落。因此，可以考虑在巷旁支护外侧对顶板进行爆破预裂处理代替部分切顶力的作用。在坚硬顶板条件下，采用锚固的方式控制顶板离层，使顶板具备较高的完整性和整体强度，保证切顶过程中切缝内侧的顶板具有一定强度而不会断裂和滑移；在切顶支护外侧对顶板进行爆破预裂处理，通过破坏基本顶整体性，使得在基本顶块体裂缝处的水平推力、集中切顶支护力和弯矩作用下，预裂裂缝就会逐渐扩散而失稳，最终破断破坏。而切缝内侧顶板通过合理锚固厚度控制，巷内基本顶其他位置不会超过抗拉强度而产生破坏，锚固支护提高了顶板自承能力的同时，也促进了采空侧切顶块体顺利落下，进而对留巷围岩卸压，降低了支护体的压力。综上所述，基于理论分析验证了提出的协同锚固控制思路的合理性。

7.4 顶板稳定性分析及计算机仿真模型

项目所研究的采空区冒顶事故，涉及顶板关键块体断裂等节理裂隙与岩层运动、分离等问题，其本质为非连续性介质问题。UDEC 的计算基本原理为离散单元法，其基于拉格朗日算法，可建立块体单元之间不同接触关系，块体会沿着设定节理方向运动，能够有效模拟分析开裂、分离和下沉等非连续大变形、大位移问题。UDEC 内置 7 种材料本构模型和 5 种节理本构模型，在岩石边坡、采矿工程等岩石力学问题中得到了广泛应用。基于此，研究中采用 UDEC7.0 离散元分析软件进行切顶沿空留巷围岩变形规律试验研究，并根据模拟试验结果确定最优留巷切顶几何参数[73-74]。

7.4.1 UDEC 数值模型建立

采用 UDEC 软件进行切顶参数对顶板围岩应力和变形的影响进行分析，针对上湾煤矿 12403 工作面地质条件，建立计算模型。采用莫尔-库仑本构模型对块体进行破坏条件定义[75]。依据前文力学测试结果，并结合实际地质资料，确定模拟参数，见表 7-8。

表 7-8 数值模拟模型岩层参数

岩石名称	密度 ρ/(kg/m³)	弹性模量 E/GPa	内摩擦角 φ/(°)	黏聚力 C/MPa	抗拉强度 σ_t/MPa	泊松比 μ
煤体	1 220	4.63	29.27	4.89	2.96	0.31
直接顶	2 890	23.4	20.6	12.09	7.39	0.19
底板	2 730	14.1	24.7	8.76	7.73	0.28
基本顶	2 500	22.1	21.5.	13.25	8.63	0.17

在本构参数中，块体间接触面法向刚度 K_n 和切向刚度 K_s 与岩石体积模量 K 和剪切模量 G 有关。根据式(7-29)和式(7-30)可以得到具体数值。

$$K_n = 10\,\frac{K + 3G/4}{\Delta Z_{\min}} \tag{7-29}$$

$$K_s = 4\,\frac{K + 3G/4}{\Delta Z_{\min}} \tag{7-30}$$

式中 K——岩石体积模量，GPa；

G——岩体剪切模量，GPa；

$\Delta Z_{\min}$——法向接触区域最小宽度，m；

K_n——接触面法向刚度，GPa/m；

K_s——接触面切向刚度，GPa/m。

以 12403 工作面实际尺寸，建立长×宽=180 m×80 m 的数值模拟模型，工作面长度为 130 m，煤层厚度为 3.5 m。在巷道待采工作面巷帮顶板处设置 contact，为消除边界效应，模型左右边界只设置水平位移约束，在下边界设定竖直方向位移约束，模型上方设定应力边界条件。工作面埋深设置为 350 m，由于埋深较深，根据岩层物理性质调查，确定模型上部应力为 8.33 MPa，煤层主应力方向为工作面走向，左右两侧设置初始应力2.7 MPa。由圣维南原理可知，作用在物体表面上的力被作用于同一块表面上的静力等效力系替代，这种替换仅使局部表面产生显著的应力变化，而在比应力变化表面的线性尺寸更远的地方，其影响可忽略不计。在本书中，重点研究的对象为顶板围岩区域，在模拟顶板冒落过程中，采空区顶板相对于底板来说，其变形运动程度及应力变化远大于底板，因此可忽略底板影响。具体的煤岩层建模如图 7-29 所示。

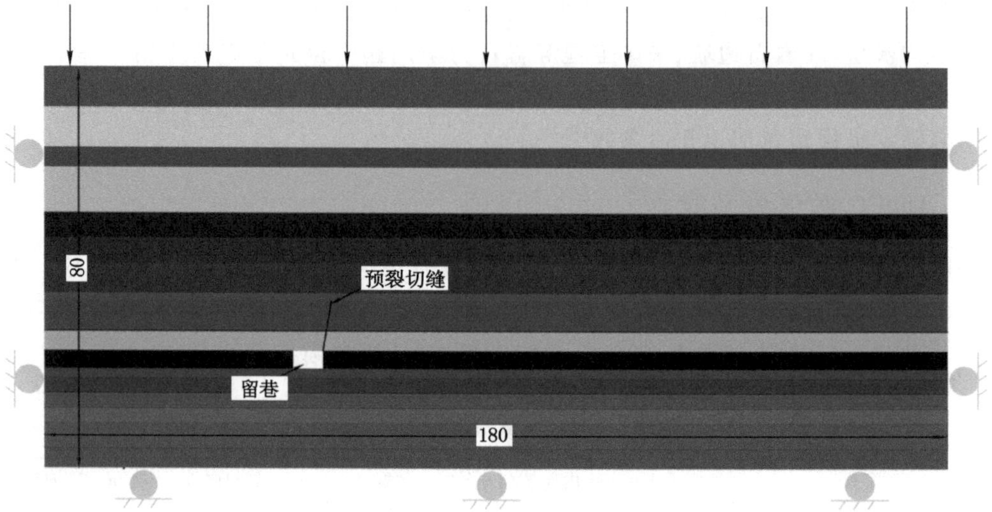

图 7-29　煤岩层模型

7.4.2　液压支柱支护方案模拟分析

根据工作面实际工程地质条件，建立数值模型，如图 7-30 所示。模型尺寸为 150 m（长）×150 m（宽）×80 m（高），共划分出 74 160 个单元和 70 381 个节点。采煤厚度为 3.5 m，工作面倾向长度为 130 m，巷道原尺寸为 6 m×3.5 m，模拟工作面推进 150 m，回风巷道与运输巷道两侧分别留 20 m 和 40 m 煤柱，以降低边界效应。模型四周约束侧向 x 轴、y 轴方向位移，模型底部约束 z 轴方向位移。模型上部施加上覆岩层等效荷载为 8.3 MPa，侧压力系数取 1.4。采用莫尔-库仑本构模型对围岩应力进行分析的思路，将莫尔-库仑强度准则设置为单元破坏条件。

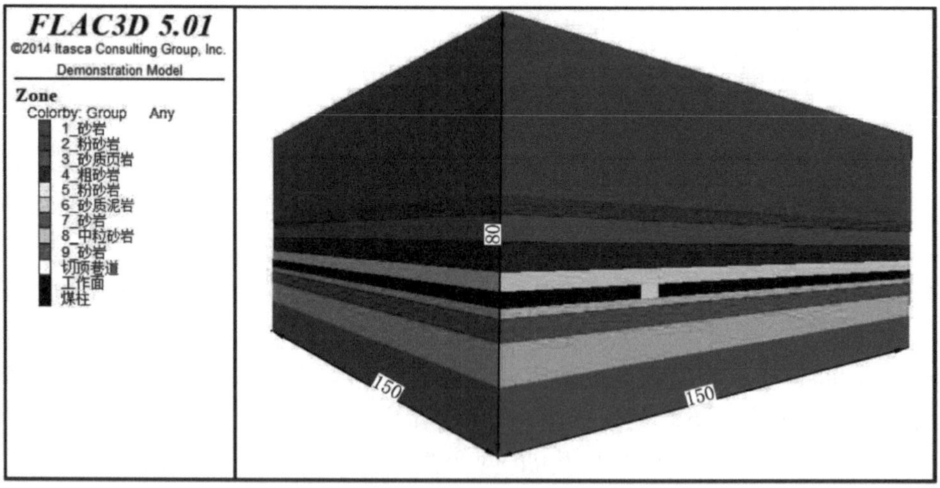

图 7-30　数值模型

支护模型如图 7-31 所示。

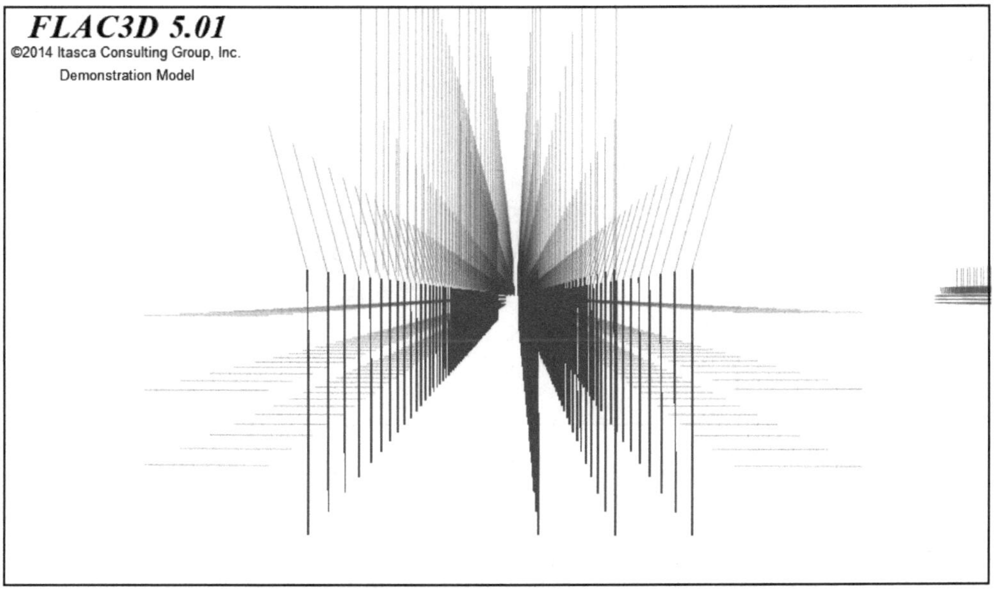

图 7-31 支护模型

（1）采动影响下超前支承应力分析

回采工作面的超前影响范围因工作面实际情况不同而有所不同，所产生的超前支承压力直接影响留巷顶板的应力发育，应根据超前支承压力大小及分布对超前支护进行优化。

图 7-32 为工作面超前支承压力分布云图，可以看出，工作面回采所产生的超前支承压力较为明显，影响较大的地方在工作面前 30 m 范围处，煤帮处超前支承压力峰值为 15 MPa，峰值出现在留巷煤帮侧，煤帮受支承压力影响较明显。图 7-33 为工作面前方 30 m 内巷道断面竖直应力云图，从图中可以发现，随着接近工作面，巷道围岩受超前采动影响的范围变大，竖直应力峰值也在变大。工作面前 30 m 处巷道断面的竖直应力峰值为 13 MPa，工作面前 20 m 处巷道断面的竖直应力峰值为 15 MPa，工作面前 10 m 处巷道断面竖直应力峰值为 16 MPa。断面支承压力随着工作面接近逐渐升高。同时还发现，工作面前方顶板与采空区顶板应力传递路径在切缝处被切断，大幅度降低了巷道顶板压力。超前支护方案的实施，较好地维护了采动影响下工作面前方的巷道，为工作面开采及留巷围岩控制奠定了基础。

（2）工作面围岩应力分析

随着工作面的持续回采，采空区顶板的运动开始影响工作面后方，导致围岩压力逐渐增大。特别是在煤帮区域，应力集中现象较为显著，煤体的应力状态逐步向更深的煤帮扩展。然而，随着工作面进一步推进，煤体的应力分布逐渐趋于稳定。图 7-34 展示了工作面推进 100 m 后的水平剖面云图。

结合工作面后方不同距离处断面围岩应力云图（图 7-35）分析，可以发现，在 60 m 范围内，围岩压力随着距工作面距离增加而增大，顶板受上覆岩层压力的影响，顶板围岩应力状态受到较大扰动，围岩将逐渐由弹性状态转变为塑性状态，通过液压支柱支护结构协同控制，顶板受到来自采空区顶板岩层应力扰动变弱，同时在锚网带联合支护下，减缓了顶板弹

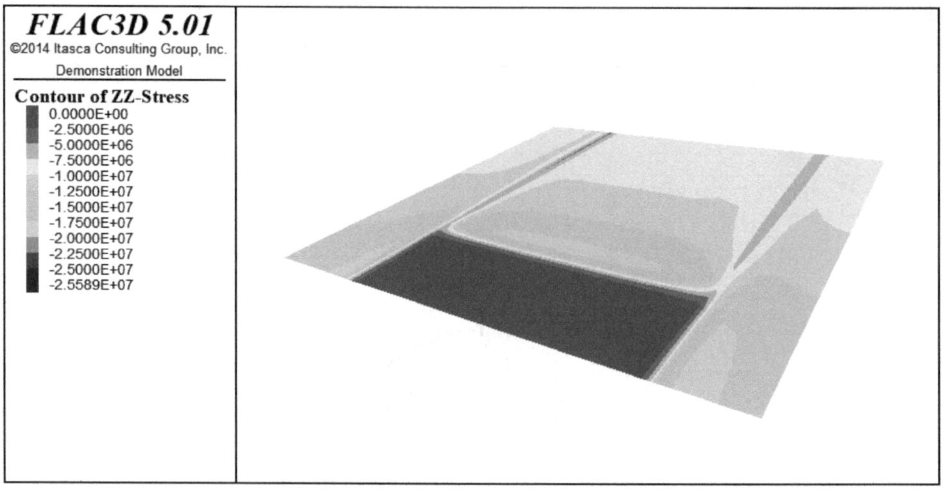

图 7-32　超前支承压力分布云图

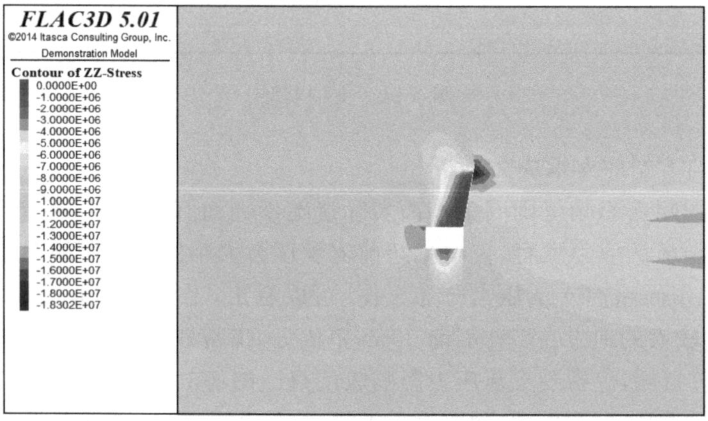

(a) 工作面前方10 m

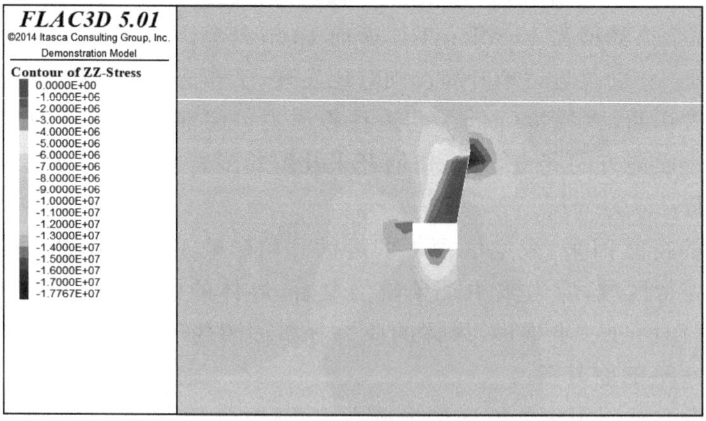

(b) 工作面前方20 m

图 7-33　工作面前方 30 m 内巷道断面竖直应力云图

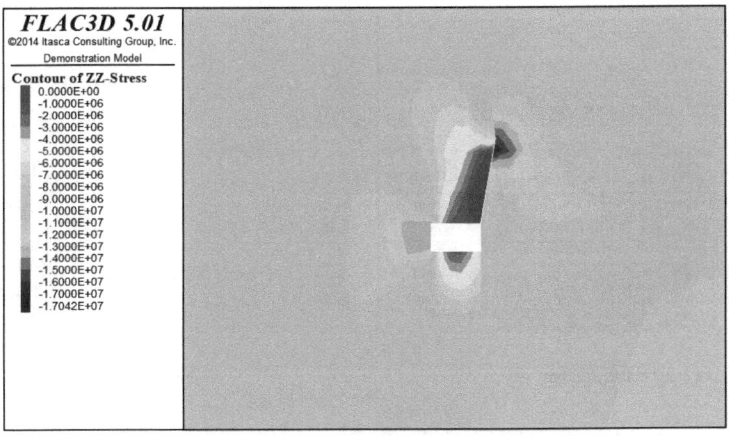

(c) 工作面前方30 m

图 7-33 （续）

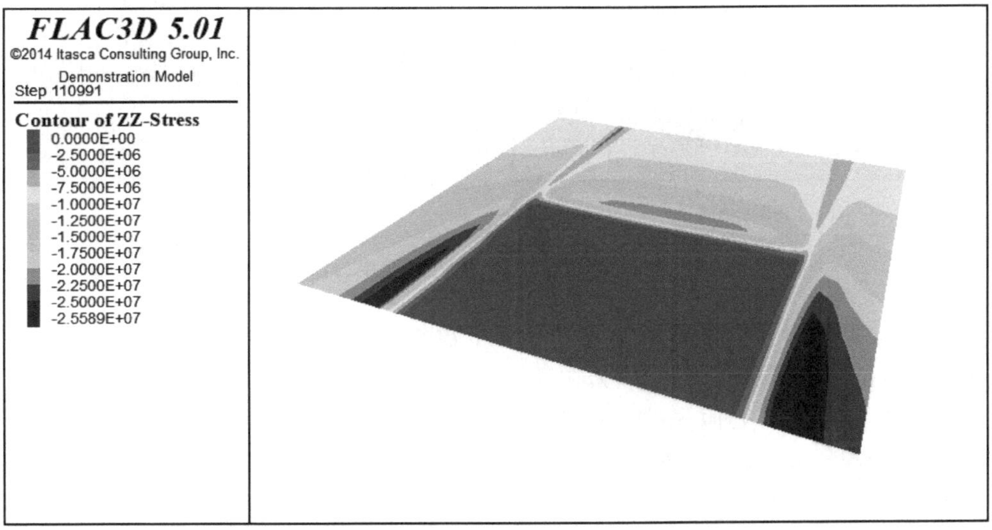

图 7-34　工作面推进 100 m 后应力分布水平剖面云图

性应力释放，进一步提高了顶板围岩的自承能力。在工作面后 20 m 处，煤帮处出现应力集中区域，竖直应力峰值为 21 MPa；在工作面后方 40～60 m 范围内，工作面围岩压力增大较快，煤体应力集中现象在该阶段较为明显；在 60 m 处，应力集中范围有所缩小，竖直应力峰值可达到 31 MPa，主要是因为受顶板来压影响，顶板围岩运动较为剧烈，此阶段允许围岩出现部分可控范围内的变形，避免围岩内部应力集中范围进一步扩散；当工作面在 60～80 m 范围内时，工作面距离较远，受采动影响较小，采空区顶板在来压后逐渐趋于稳定，煤帮、顶板与采空区矸石共同承载上覆岩层，对工作面围岩起卸压作用，煤帮处应力峰值有所下降，应力分布区域有所收缩，顶板竖直应力变化较为缓慢，顶板几乎达到稳定状态。

结合应力云图和模拟数据可以发现，煤柱应力集中范围得到了限制，应力值为 30 MPa，说明改善了围岩应力环境。顶板切缝区域可以看出，受采空区顶板岩层来压影响的顶板应

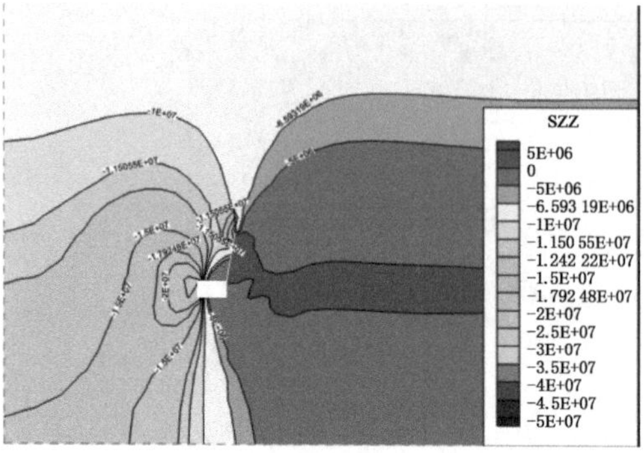

(a) 工作面后方20 m

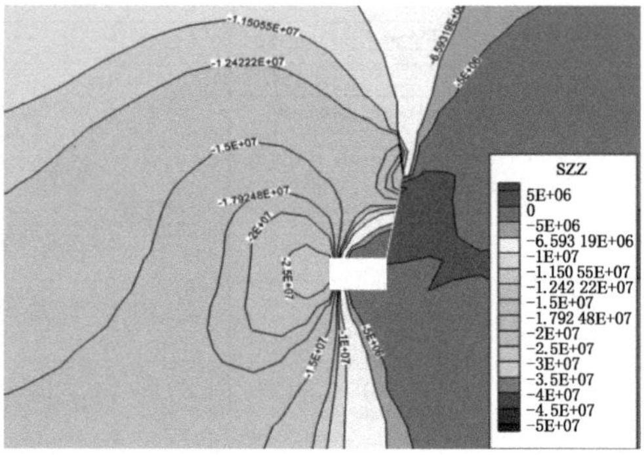

(b) 工作面后方40 m

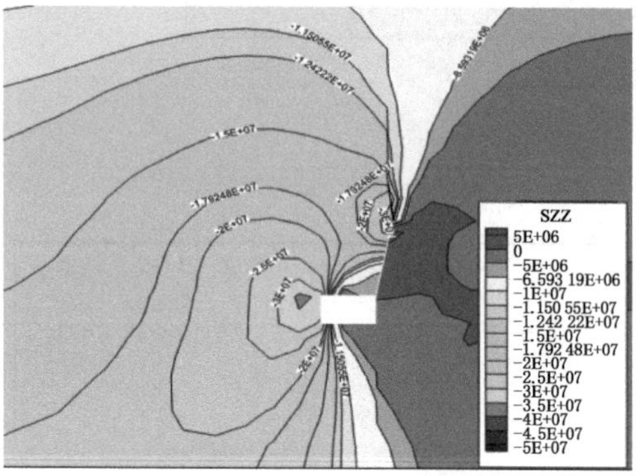

(c) 工作面后方60 m

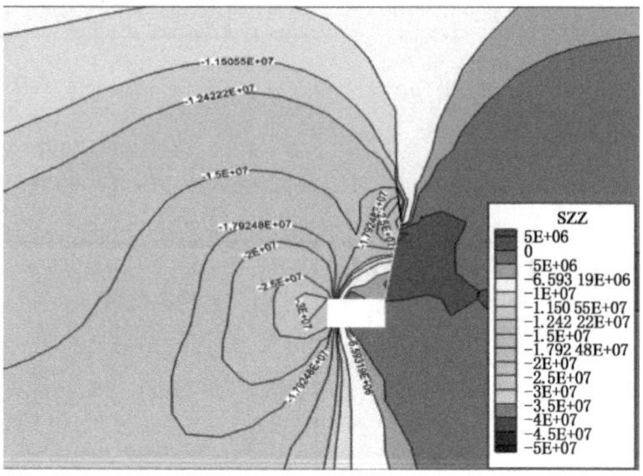

(d) 工作面后方80 m

图 7-35 工作面后方不同距离处断面围岩应力云图

力，在切缝处被阻断部分传导路径。通过运行步数与竖直应力的数据图分析可知，煤帮处应力具有更明显的卸压机制，煤帮应力在顶板发生冒落前达到峰值，顶板冒落后，顶板应力转移至采空区，使得煤帮处原先的严重应力集中现象得到缓解，煤帮应力降低并最终保持稳定，说明顶板卸压效果较好(图 7-36)。

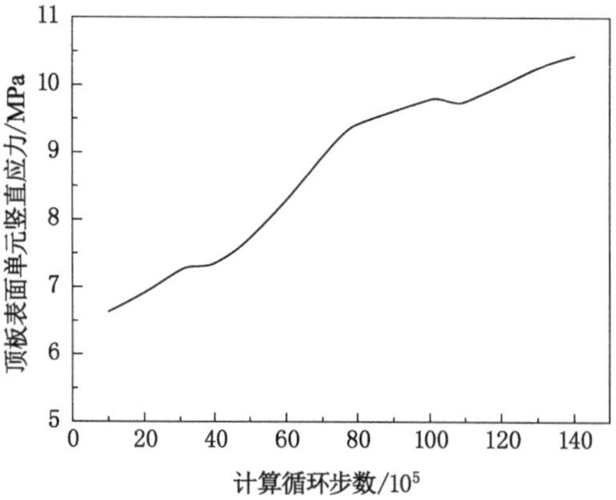

(a) 顶板中心

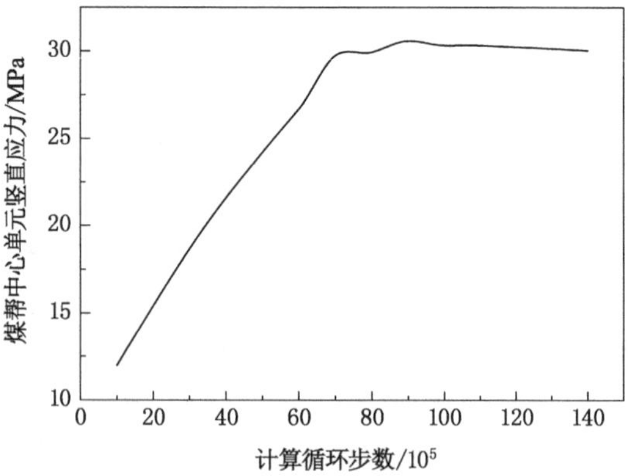

(b) 煤帮内部

图 7-36 工作面围岩竖直应力曲线

（3）工作面围岩变形分析

以工作面顶板岩层大变形和大断裂的运动特征为依据，通过在 UDEC 软件中分别建立模型，对支护条件下的围岩变形控制进行研究和支护方案设计进行模拟分析。具体围岩支护结构 UDEC 数值计算模型如图 7-37 所示。

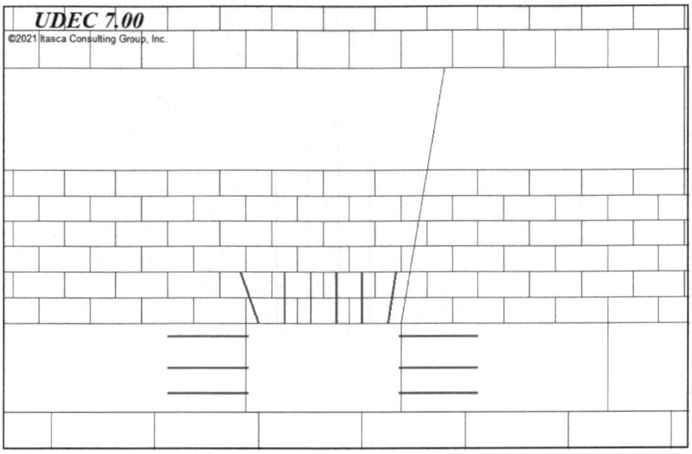

图 7-37 UDEC 数值计算模型

结合图 7-38 和图 7-39 分析可知，工作面围岩变形主要出现在顶板，顶板变形呈现非对称性。顶板采空侧最大位移为 271 mm，顶板中心部位最大位移为 168 mm；煤帮侧顶板最大竖向位移为 76 mm，在煤帮部中心水平位移为 60 mm，底板底鼓现象不明显。顶板在锚网带联合支护下，综合来说，顶板旋转下沉运动趋势得到了有效控制，围岩变形在可控范围内。对于出现的顶板非对称变形，液压支柱支护作用下，围岩变形得到了较好控制。由图 7-39 可以看出，顶板冒落高度受岩石岩性和采动应力的影响，将部分基本顶转化为直接顶，顶板冒落由下而上分层进行，顶板冒落较彻底，离散程度较高，使得冒落矸石达到充填采空区的要求，说明切顶参数选择较为合理。

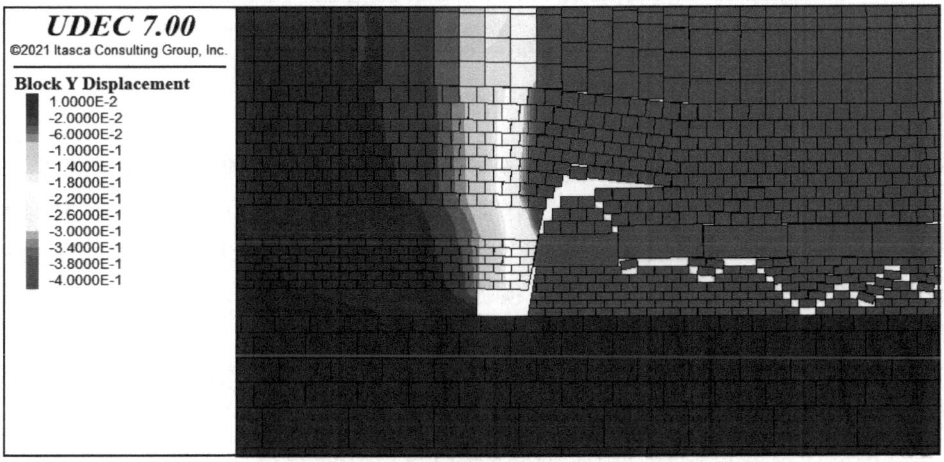

（a）竖向位移云图

图 7-38 支护条件下工作面围岩位移云图

（b）水平位移云图

图 7-38 （续）

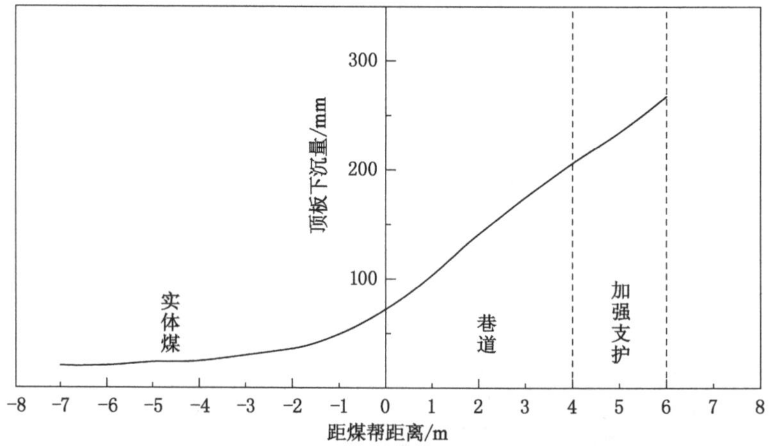

图 7-39 工作面围岩顶板位移曲线

基于以上对沿空留巷的数值模拟结果分析可知，随着工作面推进，工作面前方 30 m 范围为采动影响下的超前支承压力区域；工作面经过后，降低了受到来自采空区的顶板来压影响，同时起到了切断顶板间应力传递路径，但是仍无法避免围岩压力增大，应力集中出现在煤帮处。随着工作面继续推进，采空区顶板受初次来压和周期来压影响，采空侧顶板将沿着切缝开始冒落成矸石堆积，并逐渐接触采空区顶板岩层，此时留巷围岩应力达到峰值。当工作面推进 100 m 后，采空区顶板逐渐压实充填矸石，矸石支撑顶板与巷内支护体共同承受顶板上覆岩层压力，巷道围岩应力变化及变形趋于稳定。综合模拟分析结果来说，切顶方案与支护设计对留巷围岩起到了较好的控制作用，留巷空间满足下一工作面的回采要求。

分析图 7-40 可知，围岩变形主要出现在顶板，顶板变形呈现非对称特征，顶板围岩非对称变形程度较低，其原因是改变了悬露在采空区悬臂梁长度，使得直接顶及时冒落，加快了顶板来压，促进基本顶达到稳定，这个过程降低了对围岩的扰动。同时可以看出，顶板冒落高度将部分顶板转化为垮落带，顶板冒落较彻底，大幅度降低了顶板来压强度的影响。

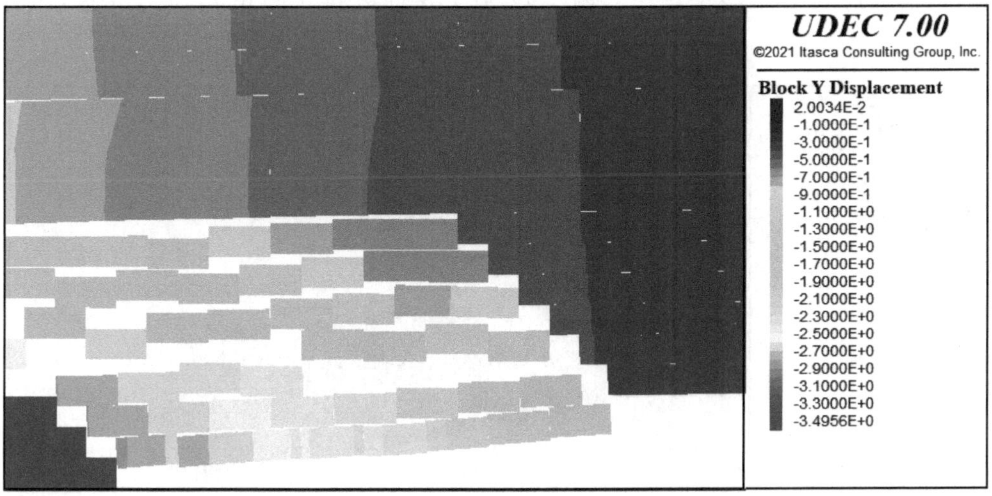

图 7-40　采空区顶板垮落分布

在模拟计算围岩变形中，从计算数据可以看出，在顶板运动前期，顶板下沉量就已经开始受开挖影响。由于对顶板岩层泄压，加快了采空区直接顶冒落进程。随着回采继续，从图中顶板位移数据可以看出，位移曲线变化率开始降低，顶板下沉量增长趋势减缓，说明顶板块体在切缝处冒落。由曲线可以看出，顶板运动得到了有效控制。随后，顶板下沉变化量逐渐变小，并趋于稳定。

顶板下沉量如图 7-41 所示。

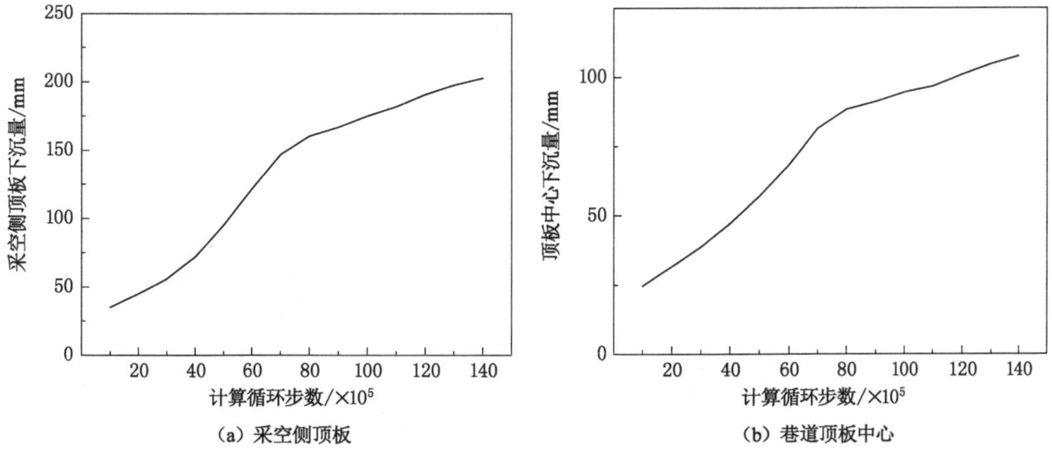

图 7-41　顶板下沉量

7.4.3 工作面顶板冒落数值分析

（1）工作面围岩应力分析

随着工作面不断回采，工作面后方开始受到采空区顶板运动的影响，围岩压力逐渐升高，其中煤帮应力集中现象较为突出，煤体应力状态逐渐向深部煤帮扩散，但是随着工作面继续推进，煤体应力分布趋于稳定。图 7-42 为工作面推进 100 m 后应力分布水平剖面云图。

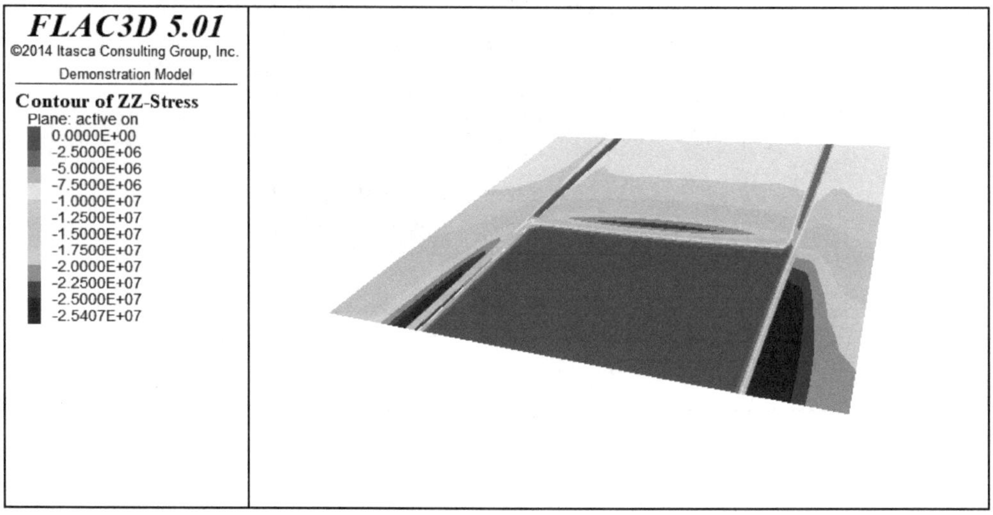

图 7-42　工作面推进 100 m 后应力分布水平剖面云图

结合工作面后方不同距离处的围岩断面应力分布云图（图 7-43）分析，在工作面 80 m 范围内，围岩压力仍然随着到工作面距离增加而增大。顶板受上覆岩层压力影响较小，煤帮处应力集中现象有所缓解，这是因为围岩的柔塑性特点，对顶板支护起到让压效果，缓解顶板压力，进而对围岩的影响降低。

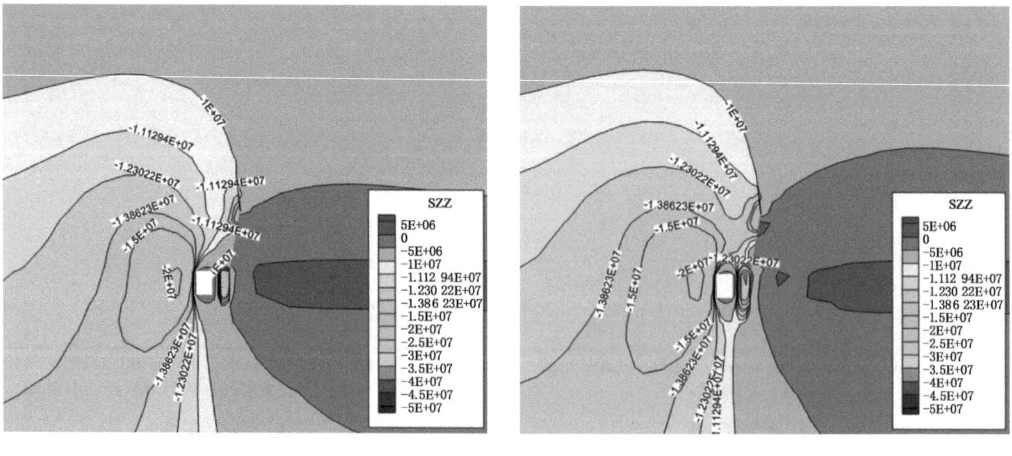

(a) 工作面后方20 m　　(b) 工作面后方40 m

图 7-43　工作面后方不同距离处的围岩断面应力分布云图

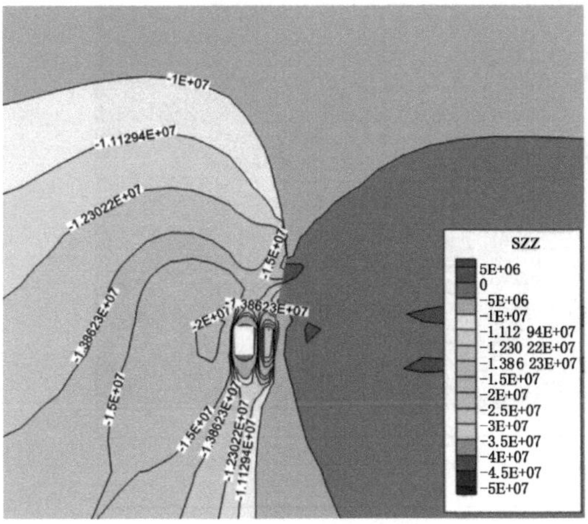

(c) 工作面后方60 m

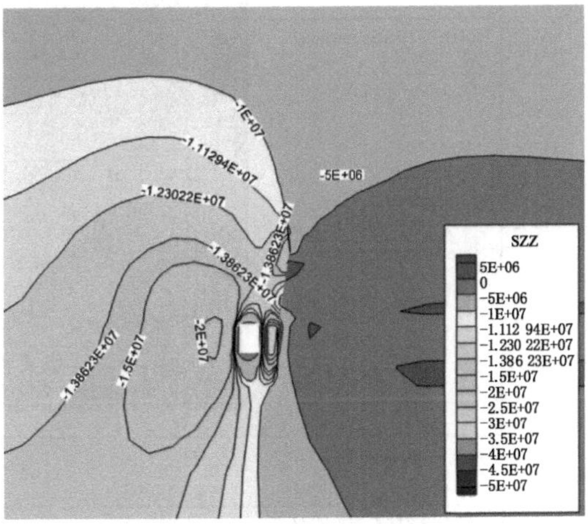

(d) 工作面后方80 m

图 7-43 （续）

在工作面推进后 20 m 处，煤帮处应力集中区开始出现，竖直应力峰值为 17 MPa，围岩应力变化较明显，该阶段围岩处于压实阶段；在工作面推进后 20～40 m 范围，围岩压力增大较快，受顶板来压影响，围岩支护顶板区域出现应力集中现象，但相比同时期支护的煤帮应力集中区范围较小；当工作面在 60～80 m 范围内时，采空区顶板逐渐冒落后围岩应力有较小幅度升高，该阶段围岩主要支承顶板的来压后即将稳定的压力，压力主要来源于顶板对采空区矸石接顶后的压密作用。工作面推进过程中，顶板必然会出现回转下沉，围岩的支护使得顶板下沉到一定程度后释放顶板部分压力，随着顶板逐渐垮落，受到顶板来压影响后，顶板侧断裂三角块的回转、下沉使支护体应力集中更显著，限制了顶板的下沉。

(2) 围岩变形分析

采用 UDEC 对围岩变形进行分析。

结合位移云图(图 7-44)及其变化曲线(图 7-45)分析可知，围岩变形主要出现在巷道顶板，顶板非对称变形程度有所下降。顶板采空侧最大位移为 253 mm，顶板中心部位最大位移为 161 mm；煤帮侧顶板最大竖向位移为 85 mm，在煤帮部中心水平位移为 63 mm，底板底鼓现象不明显。顶板在锚网带联合支护下，综合来说，顶板旋转下沉趋势得到了有效控制，围岩变形在可控范围内。对于出现的顶板非对称变形，围岩在采空侧顶板的支护作用下，变形得到了较好控制。

顶板位移受切顶高度影响较明显(图 7-46)，测点 1 时，由于顶板未完全冒落，采空区充填效果不佳，在较高的顶板压力的负面影响下，加重了顶板的弯曲，采空侧顶板位移达到 330 mm；测点 2 时，虽然仍然未达到理想状态，此时受到顶板自重影响较大，采空侧顶板位移达到 280 mm；测点 3 时，采空侧顶板位移达到 235 mm，围岩控制效果较好。

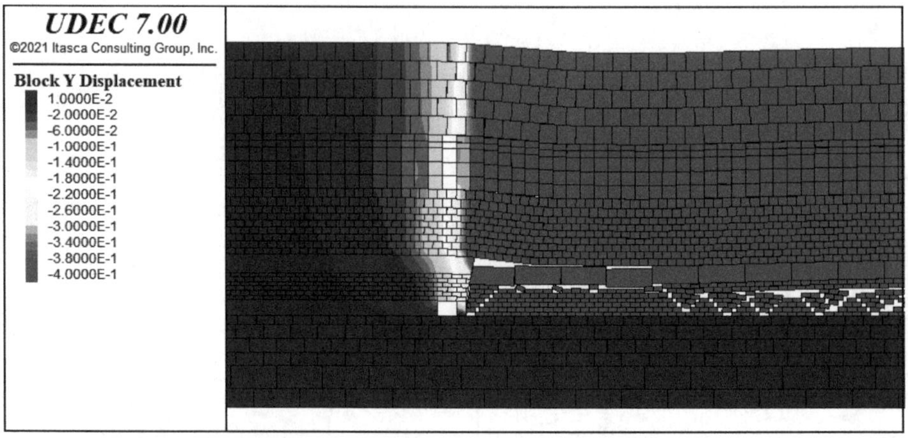

(a) 竖向位移云图

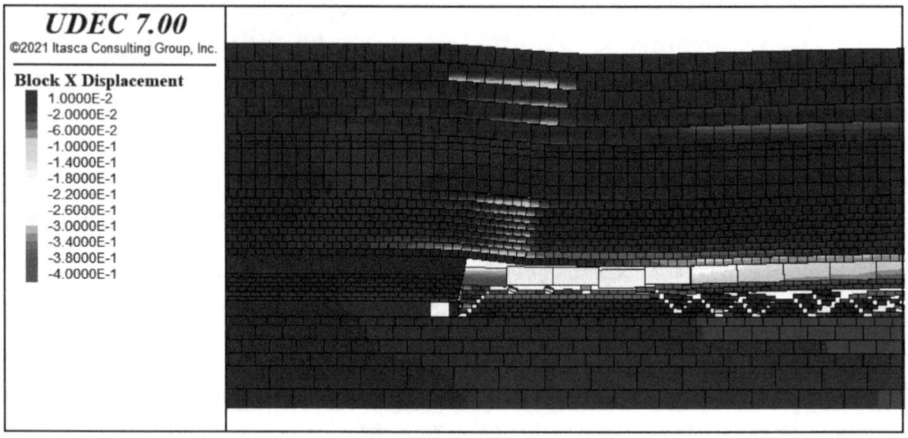

(b) 水平位移云图

图 7-44　围岩位移分布云图

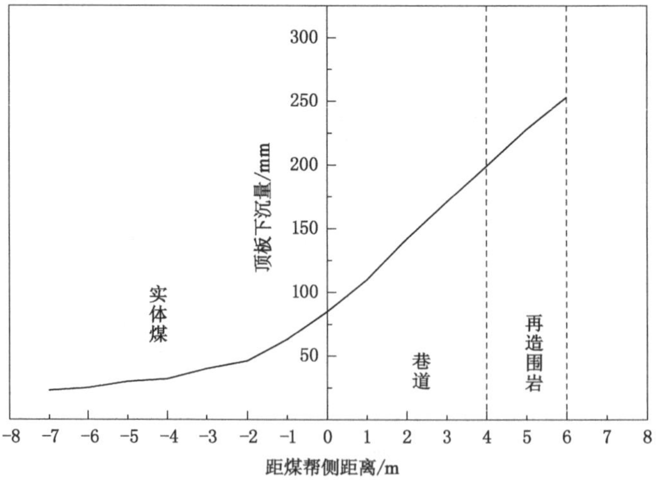

图 7-45　围岩顶板位移曲线

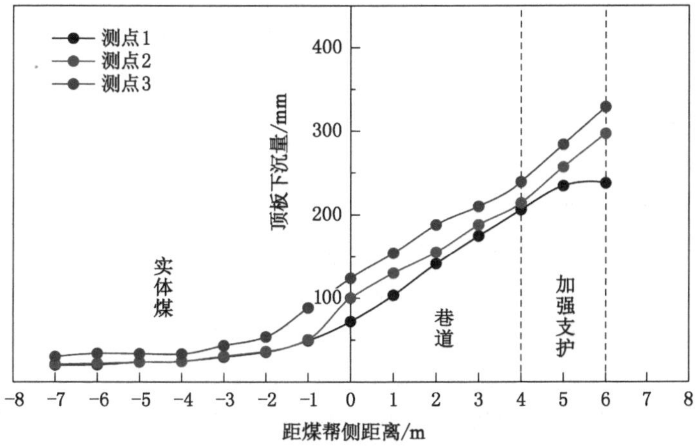

图 7-46 不同切顶高度时顶板位移监测数据及拟合曲线

7.5 注浆加固参数对煤层顶板稳定性的影响规律

7.5.1 西翼北运输巷道注浆加固方案

由于上湾煤矿 12403 工作面存在较多断层且邻近回采工作面和采空区，所以在工作面掘进过程中，围岩破碎，掘进困难，速度慢，顶底板围岩变形量最大达到 450 mm，两帮围岩变形量最大达到 400 mm。为了保证回采工作面的顺利进行，对该段工作面围岩采用注浆加固方案。

(1) 注浆工艺

目前采用的注浆工艺有充填注浆、裂隙注浆、渗透注浆、压密注浆以及劈裂注浆，根据工作面围岩破碎严重、变形量大等情况，拟采用渗透注浆工艺，利用浆液使煤岩体胶结固化，增大围岩强度，阻止围岩变形。

(2) 注浆材料

根据上湾煤矿 12403 工作面的实际情况，结合经济因素，综合考虑选取普通硅酸盐水泥加 10%外加剂作为注浆材料，外加剂为企业定制的专用外加剂，其主要成分为减水剂、速凝剂、膨胀剂，因此对注浆材料用水量需要严格控制，通过减水剂能够吸附在水泥颗粒表面使其具有带电性，使水分子中带相同电性的离子，因互相排斥而被释放出来，达到减水目的。同时减水剂还可以附着在水泥表面，减少水分流出进入围岩内部。速凝剂的作用是使水泥在水化后能够在较短时间内凝固，达到控制破碎围岩变形的目的。通过膨胀剂的水化反应生成物对水泥水化产物产生膨胀，使破碎围岩中更多的围岩裂隙和孔隙通道被浆液充填、胶结，从而排除围岩裂隙中的水和空气，同时提高围岩强度和承载能力[74]。

7.5.2 注浆加固对巷道围岩的作用机理

针对上湾煤矿 12403 工作面的特殊情况，采用渗透注浆对破碎围岩的各种节理、裂隙进行封堵，提高围岩强度，使破碎围岩有较好的抗变形能力。阻止围岩变形向深部拓展，同时延长工作面及巷道的使用年限，减少围岩维护量。对注浆加固作用机理进行深入研究具有重要意义。

(1) 注浆浆液固结形成网络骨架

工作面开挖后，由于部分围岩应力集中的影响，岩体破碎并产生了各种错综复杂的裂隙或孔隙通道。受到周边地质环境、自身受力、外部地下水等影响，围岩更加破碎，对工作面整体稳定性影响巨大。采用注浆将浆液注入裂隙或孔隙，对裂隙或孔隙存在的区域进行挤密压实，使破碎围岩逐渐固结成一个整体。随着浆液不断涌入、渗流、凝固，围岩形成网络骨架结构。浆液在岩体内部的形状一般为段状、片状，相互连通，一般情况下具有较好的抗变形能力和固结强度，在外部应力作用下，可以承受较大压力。当围岩产生变形时，顶板岩体内的浆液固结体起到了较好的骨架作用，使破碎围岩形成一个整体，提高围岩强度，抑制变形的产生，提高巷道的安全性。

(2) 注浆改善围岩力学性质

根据经典莫尔-库仑强度准则，围岩抗剪强度公式为：

$$\tau = C + \sigma \tan \varphi \tag{7-31}$$

可以看出，C、σ 这两个参数决定了围岩 D 抗剪强度。在井下开挖后，工作面原有的三向应力被破坏，应力平衡失效。围岩切向应力随着应力集中而增大，径向应力消失。当增大的径向应力数值大于煤岩体自身承载极限时，围岩开始变形破碎，强度降低，丧失承载能力，围岩及顶板受力情况和强度发生较大改变，裂隙和孔隙通道交叉密集，抗变形能力大幅度削弱，若不采取合理的加固控制技术，围岩塑性区将进一步拓展，工作面顶板会出现更大的变形量，无法保证工作面的正常使用和正常的井下生产。注浆加固就是充填松动圈内的破碎区和塑性区围岩裂隙和孔隙通道，当浆液逐渐凝固后，围岩固结成一个整体，达到改善 C、σ 数值，增大围岩之间产生相对滑移时的阻力，提高破碎围岩的整体结构稳定性和抗变形能力，围岩强度得到提高的目的，效果更显著。

(3) 注浆对围岩的充填压密

在注浆压力的作用下，将浆液泵送到裂隙发育程度不同和孔隙相互交叉的通道后，破碎围岩在浆液压力的作用下被充填压密，使岩体内的孔隙水或空气被排出，内部裂隙减少，围岩之间的孔隙率降低，浆液对围岩的各种结构弱面进行封堵裂隙、胶结，使围岩固结成一个整体，逐渐降低了周边岩体应力集中程度，将裂隙周围的岩体由原来的二向应力状态在注浆加固作用下转化成三向应力状态，使岩体的破坏机制和物理力学性质发生改变，如图 7-47 所示。

(4) 注浆对于围岩的其他作用

将浆液注入裂隙或孔隙通道后，浆液与围岩发生化学反应，生成一些有利于围岩稳定的固结体，使围岩间的黏结作用增强，改善围岩的力学性质。同时浆液与围岩发生反应时会产生正负离子，在裂隙或孔隙通道中进行离子交换和吸附，使得围岩间黏结更加紧密。同时围岩遇水软化，强度降低，产生变形，因此需要从改善围岩自身性质的角度，注浆加固可以有效封堵裂隙或孔隙，当水和空气浸入破碎围岩内部时形成隔断层，使围岩力学性质不变。

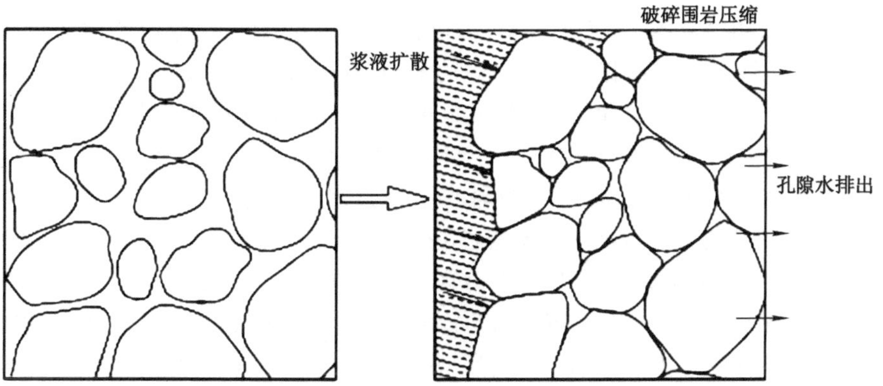

图 7-47　充填压密示意图

7.5.3　注浆材料配合比及性能测试

(1) 注浆材料选择原则

根据上湾煤矿 12403 工作面主要用于通风、运输、行人以及巷道沿着煤层底板进行掘进后的现状，巷道变形量大，围岩破碎严重，整体性较差，因此对选用的注浆加固材料有着一定的要求。

① 选用的注浆材料流动性好，渗透性强，在一定的注浆压力作用下，浆液沿着裂隙和孔隙通道进入破碎围岩后，在一段时间内扩散半径能够到达塑性区和破碎区范围内，实现较好的注浆效果。

② 选用的注浆材料的初凝时间和终凝时间可调。通过浆液的胶结固化作用，及时、高效地增强围岩强度，抑制巷道变形进一步发展，同时也能有效封堵巷道围岩表面，减少围岩漏浆、跑浆现象的发生。

③ 选用的注浆材料要具有较长时间稳定性，不易损坏，破坏材料性能。

④ 选用的注浆材料在胶结后能够达到所需强度，在邻近工作面多次采动、采空区和断层的叠加应力的影响下有较高的自承载能力。

⑤ 由于上湾煤矿 12403 工作面变形破碎区域较大，注浆材料使用量较多。因此要求注浆材料的成本低廉，同时注浆材料的来源广、容易运输。

⑥ 选用的注浆材料无毒、无污染，绿色环保。

(2) 注浆材料的选取

当前矿井所采用的注浆材料一般为水泥、水泥加外加剂、水泥加水玻璃。工作面围岩普遍裂隙发育，存在各种不同尺度的弱面，围岩破碎，产生的岩体形状不一致，颗粒大小不均匀，随着塑性区的进一步拓展，裂隙发育差异较大，围岩强度和整体性急剧下降。同时根据注浆材料的选用原则判断，单独使用水泥或水泥加水玻璃作为注浆材料不适用于加固运输巷道。

① 单水泥浆液具有高析水率，致使工作面顶底板及两帮内的泥岩成分与水发生反应，产生膨胀现象，使注浆后的两帮和顶底板产生剧烈变形，以及在注浆过程中，难以有效封堵围岩裂隙，注浆材料跑浆现象普遍，浪费严重，需要经过多次翻修和注浆才能保证注浆效

果。同时单水泥浆液的初凝时间较长。

② 水泥加水玻璃浆液颗粒粒径较大,难以进入一些裂隙或孔隙通道较小的围岩内部,无法有效扩散到塑性区和破碎区,对破碎围岩整体的充填率影响较大,对凝固后固结体的强度也产生一定影响。一般情况下,水泥加水玻璃作为注浆材料需水量较多。价格上相比于其他两种材料较高。该类材料作为一种无机胶体混合物具有一定程度的腐蚀性。

本次选取的注浆材料为水泥加外加剂的主要原因:外加剂的主要成分为减水剂、速凝剂和膨胀剂等。浆液具有流动性强、渗透性强、扩散半径大、初凝时间和终凝时间可调、浆液固化后不收缩、抗压强度高等特点。浆液颗粒粒径较小,能够进入细小的裂隙或孔隙通道,在注浆压力的作用下,对破碎围岩进行充填压密,使加固后的围岩强度前期较大,减少了工作面顶板和两帮围岩表面的漏浆、跑浆现象的发生。根据工作面的围岩特性,采用的是渗透注浆方式,选取的外加剂使注浆效果较好,同时成本较低。

③ 由上湾煤矿 12403 工作面的围岩特性可知,工作面底板为泥岩,围岩破碎,完整性较差,遇水膨胀,易造成流动性和膨胀性底鼓。因此要对注浆材料的用水量严格把控,防止底鼓现象的发生,对围岩二次变形破坏和周边围岩的应力环境造成影响。结合上湾煤矿现场以往的施工经验,本次选取的水灰比为 0.5、0.6、0.7。

7.5.4 性能试验

为了增强注浆材料性能的对比性,本次试验选择 PO·42.5 普通硅酸盐水泥,将其定义为 A 料,将水泥加 10%外加剂材料定义为 B 料,分别测试水灰比为 0.5、0.6、0.7 时注浆材料的黏度、流动性、析水性、收缩性的变化情况,并对测试的结果进行分析,找出相对合适的注浆材料配合比。

(1) 浆液黏度测试

黏度是用以衡量浆液在破碎围岩裂隙和孔隙内部流动时的内摩擦力的物理量。浆液沿着注浆孔进入围岩内部。由于浆液在流动过程中需要克服围岩裂隙的摩擦力以及排除围岩之间孔隙中原有的空气阻力等不利因素,浆液前期流速较快,扩散半径逐渐增大,直至阻力与动力抵消时,流速降低。浆液黏度越大,表明在破碎围岩中受到的阻力越大,需要更大的注浆压力才能推动浆液渗流,因此浆液黏度对工业试验注浆压力、注浆孔间排距等参数的确定具有重要的影响。为了测量室温条件下不同水灰比时 A 料和 B 料的浆液黏度,本次试验选取旋转式数字黏度计和烧杯配置不同水灰比的 A 料和 B 料。贴好便签,按照试验顺序分别加水溶解在容积为 500 mL 的烧杯中,进行浆液黏度测量。黏度计读数为该注浆材料浆液的黏度值。

(2) 浆液流动性测试

流动性是指浆液在重力或外力作用下是否易于流动的性能。在注浆泵泵送的作用下,浆液沿着裂隙和孔隙通道向四周扩散,克服摩擦阻力缓慢渗流,直至注浆动力无法推动浆液时,注浆结束。因此测量浆液流动性对研究注浆渗流扩散半径和注浆加固参数的选取具有一定的意义。为了测量不同水灰比的 A 料和 B 料的流动性,选取合适的注浆材料配合比,本次试验选取水泥流动度测定仪、金属托盘、圆柱形模具、卷尺等,将不同水灰比的 A 料和 B 料按照试验顺序加水溶解,分别放置在流动仪上,直至浆液无法继续向外扩散,通过卷尺测量流动半径。

（3）浆液析水性测试

析水性是指在浆液搅拌过程中颗粒分散悬浮于水中的状态，但是当停止搅拌时，颗粒将在重力的作用下沉淀，并使水向浆液顶端上升。当浆液进入围岩后，随着注浆时间的持续，析水高度越大，表明注浆加固效果差，注浆后围岩强度低。析水高度影响浆液水灰比的选择，因此测量浆液析水性具有很大影响。为了测量不同水灰比的A料和B料的析水性，选取合适的水灰比，本次试验选取带有刻度的500 mL烧杯，卷尺，将不同水灰比的A料和B料贴好便签，分别加水溶解，进行析水性测试。

（4）浆液收缩性测试

收缩性是指浆液中的水分在空气中蒸发后浆液失水干燥，这时凝固后的注浆材料就会出现收缩现象。浆液收缩性的强弱对注浆后围岩裂隙和孔隙通道的充填效果具有很大影响。因此研究浆液的收缩性对选取合适的注浆材料配合比具有很大意义。本次试验将不同水灰比的A料和B料贴好便签，加水溶解，放入试验模具，待两种注浆材料固结干燥后分别进行收缩率测试。根据测量浆液干燥后的体积变化情况计算浆液的收缩率。

（5）试验结果分析

为了对比水泥与水泥加外加剂的注浆材料性能，对注浆材料黏度、流动性、析水性和收缩性进行试验，得出了水泥加外加剂的显著优势。根据蒲河矿巷道地质条件和支护需求，选取水灰比为0.5∶1并与10%外加剂材料混合，该材料浆液黏度为6 464 Pa·s，流动半径为24.2 cm，析水高度为0.5 cm，收缩率为1.5%，对于加固破碎围岩和控制围岩变形具有较好的效果。

7.5.5 浆液扩散半径测试

通过上节对注浆材料进行性能测试得出了浆液的黏度、流动性、析水性和收缩性，表明水泥加外加剂的独特优势，然而浆液在破碎围岩中的扩散半径是影响注浆效果的关键，浆液扩散半径越大，表明充填围岩裂隙的效果越好，围岩变形控制效果越显著，因此需要研究注浆材料在破碎围岩中的扩散情况。为了研究井下煤矿破碎围岩顶板渗透注浆浆液扩散半径的变化特点，设计了一种模拟浆液扩散的装置，提前开展室内浆液扩散试验，为注浆加固方案中注浆工艺参数的确定提供依据。在对上湾煤矿的地质条件进行调研的基础上，根据试验要求对上湾煤矿围岩进行筛分，按照不同粒径岩石配合比制成的试件，模拟注浆压力与浆液渗透扩散半径的关系。根据浆液柱形渗透扩散原理，浆液沿着试件内部已有的裂隙和孔隙通道，以椭圆球形向外渗流扩散，浆液水平面上的扩散半径大于垂直水平面上的扩散半径。浆液前期依靠注浆压力提供渗流扩散的动力，克服试件内部的摩擦阻力后浆液流速缓慢后期仅依靠浆液的渗流作用向前扩散。

注浆设备选取高压注浆泵，用于提供浆液注浆压力，功率可达2 900 W，出浆速度为0～4 L/min；注浆管内径为10 mm，外径为15 mm，长度为3 000 mm；压力表量程为0～1 MPa，测量精度等级为1.6。插入试件内部的注浆管直径为15 mm，长度选用800 mm，在距离注浆管底部150 mm处设置2个水平圆形出浆口，直径为3 mm。电磁流量计用于对泵送注浆浆液瞬时流量的统计，测量范围为0～9 999 m^3/h，精度等级为0.5，采用全封闭传感器完全隔绝，防止水汽渗透进入表头，如图7-48所示。

(a)　　(b)

图 7-48　工作面回风顺槽注浆施工现场图

(1) 巷道超前补强注浆

在回风顺槽每 2 m 距底板 4 m 附近施工钻孔，对 124# ～126# 架顶梁煤岩交接位置加固；距底板 2～3 m 施工水平偏上钻孔，注入马丽散后可以对 123# ～124# 架煤体进行加固。

(2) 综采面煤壁注浆加固

根据现场实际情况在片帮漏顶严重的 115# ～126# 架注浆，每架 1～2 个钻孔，深度为 6～9 m，仰角为 30°～45°，加固煤壁(图 7-49)。

(a)　　(b)

图 7-49　工作面煤壁注浆施工现场图

(3) 采用探放水钻机注浆加固

为了提高人员作业的安全性，在超前支架前方 10 m 采用探放水钻机施工注浆钻孔，孔口距底板 1.9～3.5 m，钻孔深度为 12～26 m，仰角为 8°～30°，可以对 117# ～124# 架区域煤体及顶板进行注浆加固。

(4) 巷道锚索补强支护

在巷道顶板中部施工 28.6 mm×8 000 mm 的顶板锚索，排距为 2 m，对巷道顶板进行补强支护，目前已超前支护 100 m。在横三纵四锚索补强的基础上，距顶板 0.6～0.7 m 施工 28.6 mm×4 000 mm 的帮锚索，对巷帮进行补强支护，目前已补强支护 100 m。

(5) 漏大块处理方式

(a)

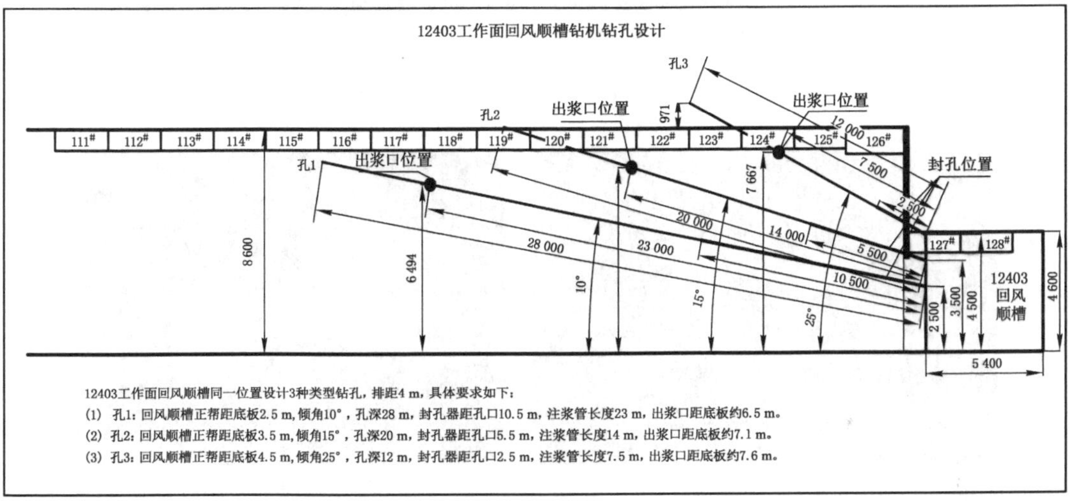

(b)

图 7-50 工作面回旋钻机施工现场及设计图

为了提高推进速度，对架前漏下的大块矸石，采用震破、劈裂器、风镐等方式进行处理（图 7-51）。

① 在 120#～126# 架前方采用工字钢梁、木板、40 t 链做假顶，在上方注入罗克休，充填护帮和煤壁空间创造安全环境（图 7-52）。

② 人员在假顶下作业，采用水冲、镐刨等方法清理被埋压的滚筒。

③ 待滚筒被完全清理出来以后，通过煤机牵引，短油缸顶导向滑靴助力等方式，使煤机开出被埋压区域。

④ 为了防止煤机再次被埋压，提前采用假顶、在运输机铲煤板前打眼爆破等方式推进机尾。

采用煤机拖拽、顶油缸和底油缸拉伸等方法，结合降架收侧护板，实现快速扶倒架。如扶 122# 架倒架，采用马蒂尔油缸固定在 118# 架顶梁，活柱油缸与 122# 架顶梁连接；煤机右摇臂通过钢丝绳和滑轮与 122# 架顶梁吊环连接；底座通过 121# 架四连杆上安设油缸对 122# 架拉拽，在 122# 架降架收侧护板的同时，煤机和两个油缸一起发力，实现快速扶倒架。对

(a) (b)

图 7-51　工作面钻孔爆破大块现场

(a) (b)

图 7-52　工作面 120# ～126# 架搭建人工假顶

于底座架缝的煤矸，具备条件时要及时清理，提高扶倒架效果。在扶倒架的同时及时挑梁，2 月 19 日，124# 架向外挑梁完毕，架形持续向好。工作面扶倒架现场作业如图 7-53 所示。

(a) (b) (c)

图 7-53　工作面扶倒架现场作业

(6) 清理架间矸石和防止架间漏矸是关键

125#、126#、127#架倒架严重,支架别劲,拉架困难,125#架右立柱挤在126#架顶梁上,通过从110#架向机尾持续扶倒架,为125#架向机头移动留出间隙。采用127#与128#架机尾向外倒推拉头,卸下126#架大侧护,在126#架和超前支架顶梁间用钢丝绳连接拖拽的方式,减小机尾段架间的挤压受力。应力释放后,在工作面向前推进过程中,125#与126#架间隙越来越大,采用煤机、长短油缸配合,在空间足够的前提下解决了125#架与126#之间的咬架问题。

7.6 冒顶原因分析

7.6.1 思想认识方面

(1) 对顶板管控重视程度不够。

工作面自2022年1月2日初次来压后,90#～110#架顶板一直较破碎,在第1次出现局部漏顶后,未认真分析总结原因并采取有效措施,而是继续组织生产。同样第2次在机尾段出现漏顶迹象后未第一时间停产采取措施加固顶板,错过处理漏顶的最佳时间,导致后期漏顶严重,处理时间增加。

(2) 注高分子材料效果评价不及时,未改进实施方案。

针对12403工作面回采过程中出现的机尾段煤壁片帮、顶板漏矸现象,生产办对回风正帮和煤壁进行注高分子材料,但是初期孔位置和注浆深度设计不合理,注浆效果不佳,未及时对高分子材料使用效果进行评估总结并改进施工方案。

(3) 矿内关注程度不够,依托区队自主管理,现场应急处置不到位。

矿内认为综采一队已经回采2个8.8 m超大采高综采面,经验丰富,不会出现大的问题,冒顶后综采队借鉴12402工作面经验采取快推措施,计划将压力快速甩过,使支架尽快接顶,没有考虑支架倒架、栽头支架拉架困难的问题。

(4) 未制定有针对性的工程质量验收标准,现场监管力度不够。

质量组未根据工作面生产情况,结合现场情况制定严格的工程质量验收标准,现场盯防不到位,未能对现场工程质量进行有效监管。

(5) 应急思想淡薄。

日常管理中应急思想淡薄,在本次大采高综采面出现漏顶后,高分子加固材料、火工品、空气炮等急需物资未能第一时间准备到位,增加了处理时间。

7.6.2 工程质量方面

(1) 未及时绘制工作面走势图,合理控制层位。

技术员未根据工作面顺槽剖面、探底煤数据探测及工作面地测剖面等资料,分析工作面埋深、顺槽高差、顶板岩性、煤层厚度及煤层走势,做好地质预测预报工作和绘制工作面走势图,导致工作面层位控制差。

(2) 煤机司机工程质量控制差,工作面未达到"三直一平"。

工作面整体起伏变化大,尤其是从100#架到机尾段126#架整体下坡,坡度为4°～7°,

造成 118$^{\#}$ ～126$^{\#}$ 架倒架，支架不齐。

(3) 矿压总结分析不到位，不能有效指导工作面回采。

技术员未充分利用神东集团矿压监测预警平台中矿压大数据分析系统，总结分析预测工作面每天周期来压时间、步距、大小及范围，指导工作面回采，未做到顶板管理“五到位”。

(4) 工作面机尾段支架倒架、栽头严重，支架接顶效果差。

带班队长现场管控不到位，工作面推进过程中支架工未及时调整支架状态，造成机尾段支架倒架、栽头及错茬，支架接顶效果差，遇工作面周期来压，工作面推进速度缓慢，无法甩压。

(5) 工程质量考核不严格。

在日常管理考核中，质量组针对 8.8 m 超大采高综采面工程质量的管理不到位，考核把关不严，机尾段底板控制差。

7.6.3 地质因素方面

(1) 未整体考虑工作面顶板岩性。

12401 综采面为四盘区首采面，机尾回风顺槽矿压显现不明显；12402 综采面煤层完整性好，无夹矸，伪顶厚度为 0.2～0.5 m，漏顶时采用快推的方式可以正常通过。12403 综采面煤层上部含有一层 0.2 m 左右厚的夹矸，顶板为炭质泥岩和砂质泥岩互层的复合顶板，厚度为 0.5～2 m，稳定性差。

(2) 采用水力压裂技术，顶板完整性降低。

根据 12402 综采面经验，工作面推进 100～600 m 范围，煤层埋深大于 200 m，矿山压力显现剧烈。为了降低来压强度，采用水压预裂方式对 12403 综采面顶板进行破坏，顶板完整性降低，增大了顶板漏顶的风险。在顶板中无坚硬岩层的情况下，不宜采用水力压裂技术。

(3) 资料分析不到位，巷道掘进未留底煤。

12403 综采面距开切眼 1 220 m 范围内直接顶岩性主要为砂质泥岩，抗压强度较小，直接顶厚度变异系数较大，且回风顺槽受二次采动影响，埋深大于 200 m，矿压显现强烈，顶板易破碎，存在漏矸、冒落风险。回风顺槽采用沿底掘进，未采取留底煤掘进，过渡架存在立柱升脱的风险。

(4) 工作面停机时机选择不当。

工作面开切眼定向长钻孔水力压裂 Y1 段位于工作面开切眼 63.6 m。1 月 6 日中班工作面初采来压结束推进至 62 m 停机，4 d 保障 22104 综采面末采贯通，未组织生产。停机时间长，遇周期来压，顶板破碎加剧，存在漏矸、冒顶风险。

(5) 钻孔设计不合理，顶、帮加固效果差。

工作面机尾段和回顺正帮设计初期钻孔的目的是利用注入马丽散加固煤岩交接滑面位置，导致钻孔施工过深，顶、帮加固效果不佳。后期根据护顶先护帮的理念，对钻孔深度和倾角进行调整，将马丽散集中注入煤层中上部，注浆效果明显。

7.6.4 人员素质方面

(1) 拉架未执行标准作业流程，造成 125$^{\#}$ 和 126$^{\#}$ 架咬架。

2月5日早班支架工操作125# 和126# 支架时，未观察支架相互错茬状态，未关闭自动补液，直接降架、拉架、升架，导致125# 和126# 架咬架，且由于工作面遇周期来压，架前漏矸影响生产，咬架处支架长时间不接顶，造成冒顶。

（2）支架工责任心不强，未及时调整支架状态。

工作面生产期间遇周期来压时，90# ～126# 架存在断断续续的漏矸，支架工未及时调整该区域支架状态，包括支架倒架、栽头、错茬等，支架架形不好，支护效果差。

（3）区队人员调整频繁。

12402工作面生产期间的部分煤机司机和支架工人员进行了调整，12403工作面生产期间煤机司机和支架工现场配合不当，遇工作面周期来压时，现场顶板管理“五到位”执行不到位。

（4）人员对综采面小的隐患和工程质量问题重视程度不够。

小隐患导致大问题。仍然存在畏难情绪和投机取巧的现象，12403工作面机尾支架拉架困难时，为了追产量，对机尾进行甩刀，造成机尾滞后，应力集中更明显。

7.6.5 区队管理方面

（1）区队组织管理混乱，顶板管控措施未执行到位。

区队组织管理不到位，未按照《12403综采面顶板管控安全技术措施》执行，机尾段出现工程质量差、支架倒架、栽头、憋劲等问题，遇周期来压，局部漏矸，同时由于支架工操作不当，导致125# 架和126# 架咬架，综采面推进速度缓慢，机尾115# ～126# 架冒顶。

（2）区队交接班制度执行不到位。

早班和夜班进行工作面交接班时，未在现场执行手拉手交接班，对机尾漏矸区域支架相互状态进行重点交接提醒。

（3）区队不注重员工技能培训。

区队不注重员工技能培训，同一工种员工技能差异较大，支架工操作126# 架时，未观察125# 架与126# 架错茬关系，造成支架咬架。

（4）支架护帮板贴帮效果差，未制定有效管理措施。

8.8 m超大采高工作面支架护帮板位于顶梁上面，工作面中上部片帮后，护帮板不能够贴紧煤壁，导致煤壁片帮严重，未制定有效管控措施。

（5）现场管理不到位，队伍建设管理力度不够。

区队的首要职能就是抓好现场管理，针对12403工作面回采期间出现的工程质量差、支架倒架、栽头等问题，现场带班队长未及时安排相关工种进行调整。

7.6.6 经验传承方面

（1）工作面安全生产技术管理规范不完善。

12401和12402综采面回采结束后，结合实际情况编制了8.8 m超大采高智能综采工作面安全生产技术管理规范，但总结分析不彻底，未能有效指导工作面生产，且对于12403工作面出现的新问题经验不足，不能够及时处理。

（2）综采面见方时矿压显现强烈。

12403综采面长度为300 m，2月5日推进至302 m，综采面见方，顶板来压强度大，准备工作未做到位。

(3) 在没有采取有效防护措施的情况下煤机进入冒顶区，造成煤机被压死，处理时间较长。

2 月 12 日下午 14:30，煤机割机尾在没有防护情况下进入机尾扫底，在即将割透机尾时，顶板突然掉落大量煤矸石，将右滚筒埋掉，2 月 14 日夜班煤机才出来，影响 7 个小班。

(4) 设备运行维护不到位。

处理漏顶期间运输机检修维护不到位，运行时监护不到位，导致运输机被压死，影响漏矸处理进度。现场人员作业安全意识不高，人员站位和配合不到位。

(5) 应急准备方面：

① 在 2022 年 1 月份，12403 综采面 $90^{\#}$ ～$110^{\#}$ 架就有漏顶征兆，采取措施不及时，火工品等准备不到位。

② 回顺正帮注入高分子材料打孔间距为 6 m，间距过大，整体性较差；在回风顺槽超前架前方注，每个孔注入 1 t 左右，注的量小，加固效果差。

③ 对于新材料和新技术应用少，处理矸石更多还是采用劈裂机，空气炮破碎大块矸石工艺未曾应用。

④ 人员危机意识不强，过分依赖经验，之前 12402 综采面也存在漏顶，通过快推很快就推过，对顶板管控重视程度不够，应急准备不到位。

⑤ 针对综采面可能发生的冒顶事故编写的冒顶处理应急预案质量低，工作面真正发生冒顶初期，部门、区队统筹管理不到位，人员组织效率不高。

(6) 设备改造方面：

① 支架护帮板重量大，为了防止伸缩梁卡阻支架顶梁或收不到位，护帮板安设在支架顶梁上，导致支架贴帮效果差，未充分发挥护帮作用。

② 支架侧护板上的导矸降尘槽为螺丝固定，涉及登高和起吊作业，安装拆卸困难。

③ 大侧护支架支护区域为综采面顶板垂直过渡区域，顶梁接顶效果差，支护强度不足。

④ 大采高综采面支架侧护板可以打出最大宽度 380 mm，油缸缸径小，大采高支架倒架时扶倒架效果差。

⑤ 支架伸缩梁长度过短，顶板破碎时护顶效果不好。

7.6.7 防范措施

(1) 思想认识方面：

① 思想上高度重视，上湾煤矿成立以矿长为组长的顶板管理小组，结合工作面冒顶原因，根据工作面埋深、顶板岩性、煤层厚度及矿压显现情况，分区域制定有针对性的顶板管理措施。冒顶事故发生后，矿内召开专题会议，借助自身和外部力量详细分析、总结原因、制定措施。

② 结合现场实际情况和专家意见，护顶先护帮，优化注高分子材料设计，缩短钻孔长度和间距，选取合理角度，提高注浆效果。

③ 跟班矿领导生产期间重点查 12403 综采面工程质量。若综采面顶板有漏顶迹象，分管领导必须第一时间到现场跟班指挥，视情况采用高分子材料对煤壁、顶板等围岩进行加

固，确保均衡生产。

④ 修订、完善工程质量管控考核标准，安排质量组生产期间现场盯工程质量，加强大采高综采面的工程质量管理，注重过程管控，将工作面现场工程质量奖罚与监管部门挂钩，提高考核管理力度。

⑤ 工作面推进长度 1 220 m 范围内埋深为 200～260 m，矿山压力显现强烈，回采过程中煤壁片帮，顶板破碎，顶板管控困难，漏矸时有发生，且极易发生冒顶事故，生产办组织人员每天早班针对工作面 115# ～125# 架之间片帮、漏矸情况，进行常态化注入高分子材料，加固煤壁。

⑥ 居安思危，提高危机意识，日常将冒顶事故处理的材料和工器具准备到位，提高应急处置能力。

（2）工程质量方面：

① 综采队每天做工作面剖面，早班探底煤，结合综采面剖面制定层位管控措施。机尾顶底板要保持平整，平缓过渡，在留住顶煤的前提下将煤壁上部夹矸留在顶板。

② 煤机司机根据技术员提供的工作面顺槽高差、煤层厚度、顶板岩性及煤层走势图等信息，结合现场实际情况，加强工作面提卧量控制，每次提卧量不大于 50 mm，保持“提一刀平一刀，卧一刀平一刀”的原则，严禁连续提卧，造成刮板输送机飘溜或支架栽头。

③ 采掘技术员或带班队长利用好神东矿压监测预警平台，工作面来压时对来压区段重点管控，保证顶板管理“五到位”现场落实到位。

④ 当班带班队长必须提前与上一个班带班队长进行沟通，掌握上个班井下实际情况，利用班前会对工作面生产组织、工程质量控制及顶板管控等重点事项进行强调，明确人员责任分工，保证现场落实到位。

⑤ 生产过程中要保证工程质量动态达标，每刀进行扶倒架，保证架形。落实好顶板支护“五到位”，护帮板收一架、煤机割一架，跟机拉架、收打护帮、初撑力、护帮板、伸缩梁务必使用到位，在顶板破碎段及时拉超前。机尾段在支架走下坡时，拉架时及时挑梁，杜绝栽头，防止处理漏顶时持续漏矸。机尾沿底留顶采高 7.6 m，中部严格控制采高 8～8.4 m，机头沿顶底过渡。

⑥ 支架单侧护最大行程为 190 mm，为了保证扶倒架效果和推进时的支架架形，每刀最大提卧量不超过 5 cm，每架长度范围内煤机提卧量不超过 5 cm。保证工作面顶底板平缓过渡，底板坡度不得大于 1.5°。

⑦ 工作面遇周期来压，矿压显现剧烈，片帮严重，且存在伪顶、滑面、漏矸等情况，必须投入高压增压泵，保证工作面初撑力必须架架达标，初撑力不低于 300 bar（$1\ \text{bar}=1\times10^5\ \text{Pa}$）。遇下列情况除外（关闭对应支架自动补液功能）：

a. 支架栽头护顶时，要尽量升够初撑力，保证支架对顶板的支撑作用，但是不得出现支架向煤壁严重倾倒。

b. 支架仰头时要尽量升够初撑力，保证支架对顶板的支撑作用，但不得超出平衡油缸伸行程。

c. 遇顶板破碎、煤层厚度变化大等区域支架错茬时，尽量升足初撑力，保证支架对顶板的支撑作用，支架错茬最大不得超过侧护板高度的 2/3，避免咬架。

⑧ 每班带班队长可利用班后会对当班存在的工程质量、设备等问题进行梳理，及时反

馈给队长及其他管理人员，队里结合现场实际，制定有针对性的措施及设备检修计划，均衡生产。

⑨ 修订、完善工程质量管控考核制度，加强大采高综采面的工程质量管理，注重过程管控，将工作面现场工程质量奖罚与监管部门挂钩，加大考核管理力度。

⑩ 生产期间实行煤机、三机等设备动态点检，实时掌握设备的整体运行状态，避免设备高温、断链等影响生产。

（3）地质因素方面：

① 加强地质预测预报，结合实际做到分层分类管控。根据埋深、顶板岩性和地表情况采取分段管控：12403 综采面顶板整体划分为 3 类 5 段。

a. 顶板管控重点区域：工作面开切眼至 1 066 m、5 100 m 至回撤通道，该区域煤层埋深为 220～260 m，矿山压力显现强烈。直接顶岩性主要为砂质泥岩，抗压强度较小，直接顶厚度变异系数较大。顶板易破碎，存在漏矸、冒落风险，需重点管控。

b. 顶板管控常态化区域：工作面推进 1 066～3 028 m、4 219～5 100 m，该区域煤层埋深为 140～200 m，矿山压力显现温和。直接顶岩性主要为粉砂岩，直接顶较厚，且变异系数较小，抗压强度相对较大，顶板管控难度相对容易。

c. 顶板管控异常区域：工作面推进 3 028～4 219 m，该段直接顶相对较厚、厚度变异系数较小，但区域内存在大面积伪顶，伪顶岩性为砂质泥岩，抗压强度较小，顶板易破碎，容易出现漏矸现象。该段煤层埋深小于 140 m，上覆压力较小，但是其直接顶厚度小，且岩性为砂质泥岩，抗压强度较小，存在顶板冒落风险，仍需要做好预防集中来压工作。

② 针对 12403 顶板预裂后管控难度加大，12404 综采面顶板不再进行水力压裂。

③ 综合考虑煤层厚度、顶板岩性及相邻工作面矿压显现等因素，12 煤四盘区其他工作面如煤层厚度大于 8.6 m，顶板岩性稳定性差，埋深大于 200 m，可采取留底煤的掘进方式，使机尾段支架充分接顶，保证支护质量。

④ 在顶板来压或破碎时，尽力往前推，避免长时间停机，顶板破坏程度加剧，增大漏顶风险。

⑤ 初期打钻注浆设计思路是打深孔，多注浆，经过实践检验优化了注浆方案，打浅孔（不超 7 m），缩短注浆孔间距（不超 4 m），角度为 30°～45°，提高工作面煤体整体性。

（4）人员素质方面：

加强基层、基础、基本功“三基”建设。

① 要制定员工培训计划或组织技能比武，提高员工顶板管理意识和技能水平，同时现场要求员工按照标准作业流程作业，避免操作失误。

② 提高支架工操作的规范性、责任心和技能水平，在拉机尾段过渡架时，要两人配合，一人监护，要关注支架错茬情况和架形，支架不接顶时关闭自动补液，防止拉架时咬架。

③ 相对固定煤机司机和支架工人员，提高两个工种密切配合的能力和技能水平。

④ 邀请矿压、顶板管理等方面专家，对业务部门、区队管理人员进行培训或知识扩展，提高管理人员的理论水平和顶板管理意识。

⑤ 组织员工进行对标或学习事故案例，提高其顶板管理意识和现场处理事故的能力，特别是要牢记本矿发生过的事故的原因和处理方式。

⑥ 要有居安思危的思想，结合 12403 综采面冒顶事故，深刻吸取教训，反漂浮、反懈怠、反松劲，以高度的责任心和执行力做好综采面安全生产工作。

⑦ 提高对综采、连采方面小的隐患的重视程度，发的问题要立行立改。

⑧ 提高安全意识和担当精神，保供首先要保安全，坚持问题导向，发现问题解决问题，杜绝以保供之名行投机取巧之实。

（5）区队管理方面：

① 针对暴露出来的问题不断完善区队管理制度和采取相应措施，提高技术管理的规范性，现场执行到位，加强现场工程质量考核力度。

② 工作面交接班必须在现场执行手拉手交接班，并对机头机尾过渡、顶底板控制情况、支架状态、架间隙等进行严格验收，接班后及时进行调整。

③ 组织员工进行作业规程、操作规程以及安全技术措施等方面的培训，使员工清楚工作标准和流程，做到“三知四会七个必须”。

④ 针对支架护帮缺陷制定专项的管控措施，例如煤壁片帮、顶板漏矸严重时可采取注入高分子材料加固围岩。

⑤ 全体人员都要防患于未然，结合自身岗位，多思考，多研究，从技术和现场操作方面不断改进。

（6）经验传承方面：

① 全矿上下针对此次冒顶事故要做到警钟长鸣，对顶板管控“五到位”和工程质量管控的要求入脑入心。

② 在此之前 8.8 m 的好的做法要捡起来，好的做法要传承下去。对 12401 和 12402 综采面规程措施再学习。采取有力措施，做好综采面初采及综采面第一次见方时的顶板管控。

③ 要充分进行危险源辨识，煤机滚筒进入漏顶区域扫底时，遇到漏矸滚筒不要停止转动，滚筒抬起，向机头方向移动，防止被压死。

④ 加强煤机、运输机设备检修，保证设备运行稳定可靠；提高措施的执行力，制定的措施一定要落实到现场。

⑤ 发生冒顶，处理困难安全风险较大，涉及登高作业、爆破、拉拽作业、电气焊、危岩活石下作业等，人员注意站位和配合，特别是在有活矸掉落风险区域作业，提前准备好退路。

⑥ 当咬架或片帮严重时，立即停机处理咬架，煤帮片帮深度应超过两个步距，采用多种方法充分加固煤壁，在具备打锚索条件区域，采用煤机作为平台施工顶、帮锚索，降低顶板冒落风险。

⑦ 机关业务保安部门要监督有力，经常检查，保证措施执行到位，做好业务保安。

（7）应急准备方面：

① 做好 12403 综采面漏顶防治准备工作，常态化在 12403 机尾和煤壁注入高分子材料，保证综采面正常推进。

② 注入高分子材料期间生产办和其他矿机关人员现场解决存在的问题，优化注浆方案，保证注入高分子材料效果。

③ 勇于尝试，在措施到位的前提下，加强空气炮等新材料的应用。

④ 当顶板破碎时，提前将火工品放在井下备用。日常储存空气炮，如果火工品没有及时批回来，可暂时应急。

⑤ 避免经验主义，提高危机意识，多学习，多思考，做好 8.8 m 超大采高综采面顶板管理工作。

⑥ 对不同厂家的不同材料进行比对，根据现场使用效果选择更好的加固材料。

⑦ 注重综采面冒顶演练，顶板演练中可加入现场处理冒顶流程，提高部门、区队的统筹协调能力，提高顶板事故处理效率。

(8) 设备改造方面：

① 建议采用强度高、质量小的材料制作护帮板，将护帮板铰接在伸缩梁上，提高支架贴帮效果，更好地发挥护帮作用。

② 建议在支架顶梁侧护板上预设卡槽或限位块，提高导矸降尘槽安装和拆卸效率。

③ 大侧护支架对应支护弧形顶板区域，建议将支架顶梁侧设计成斜面或弧形，提高大侧护支架支护质量。

④ 大采高综采面支架倒架后摆动幅度大，扶倒架困难，建议增大顶板侧护板油缸缸径和活柱长度，增大侧护板伸缩范围，提高扶倒架效果。

⑤ 增大伸缩梁油缸长度，缩小梁端距，提高综采面顶板围岩的支护效果，降低漏大块风险。

参考文献

[1] 钱鸣高，刘听成. 矿山压力及其控制[M]. 北京：煤炭工业出版社，1984.

[2] 钱鸣高，许家林，等. 岩层控制的关键层理论[M]. 徐州：中国矿业大学出版社，2000.

[3] 齐庆新，窦林名. 冲击地压理论与技术[M]. 徐州：中国矿业大学出版社，2008.

[4] 钱鸣高，石平五，许家林. 矿山压力与岩层控制[M]. 2 版. 徐州：中国矿业大学出版社，2010.

[5]中国煤炭工业协会. 煤和岩石物理力学性质测定方法[M]. 北京：中国国家标准化管理委员会. 2010.

[6] 张茹，艾婷，高明忠，等. 岩石声发射基础理论及试验研究[M]. 成都：四川大学出版社，2017.

[7] 靖洪文，李元海，赵保太，等. 软岩工程支护理论与技术[M]. 徐州：中国矿业大学出版社，2008:31-35.

[8] 何满潮，杨晓杰，孙晓明. 中国煤矿软岩黏土矿物特征研究[M]. 北京：煤炭工业出版社，2006:214-225.

[9] 郑颖人，孔亮. 岩土塑性力学[M]. 北京：中国建筑工业出版社，2010.

[10] SASAOKA T, SHIMADA H, LIN N Z, et al. Geotechnical issues in the application of rock bolting technology for the development of underground coal mines in Indonesia [J]. International journal of mining, reclamation and environment, 2014, 28(3): 150-172.

[11] WHITTAKER B N, SINGH R N. Design and stability of pillar in Longwall Mining [J]. The mining engineer, 1979:59-70.

[12] 刘鸿文. 高等材料力学[M]. 北京：高等教育出版社，1985:9-48.

[13] SYD SPENG. 岩层控制失效案例图集[M]. 徐州：中国矿业大学出版社，2009.

[14] 杨方亮，许红娜. “十四五”煤炭行业生态环境保护与资源综合利用发展路径分析[J]. 中国煤炭，2021，47(5):73-82.

[15] 陈浮，于昊辰，卞正富，等. 碳中和愿景下煤炭行业发展的危机与应对[J]. 煤炭学报，2021，46(6):1808-1820.

[16] 石建军. 沿空留巷顶板活动规律及控制研究[M]. 徐州：中国矿业大学出版社，2017.

[17] WHITTAKER B N. Design loads for gateside packs and support system[J]. Mining engineer, 1977(7):115-122.

[18] WILLIAMS B C. Packing technology[J]. The mining engineer, 1988(3):223-235.

[19] 赵阳升. 岩体力学发展的一些回顾与若干未解之百年问题[J]. 岩石力学与工程学报，2021，40(7):1297-1336.

[20] 韩瑞庚.地下工程新奥法[M].北京:科学出版社,1987.

[21] 苗胜军,王洋,李培良,等.新奥法巷道开挖监控及最佳二次支护时间的研究[J].黄金,2008,29(3):24-28.

[22] 刘德军,左建平,刘海雁,等.我国煤矿巷道支护理论及技术的现状与发展趋势[J].矿业科学学报,2020,5(1):22-33.

[23] 单仁亮,彭杨皓,孔祥松,等.国内外煤巷支护技术研究进展[J].岩石力学与工程学报,2019,38(12):2377-2403.

[24] 于学馥.轴变论与围岩变形破坏的基本规律[J].铀矿冶,1982,1(1):8-17.

[25] 董方庭,鹿守敏,高树棠.巷道围岩状态和支护理论的探讨:兼论软岩巷道支护[J].矿山压力,1987,4(2):12-15,65.

[26] 于辉,唐仁学,孔令根,等.围岩松动圈支护理论在煤巷支护设计中的应用[J].中国矿业,2014,23(8):115-118.

[27] 靖洪文,孟庆彬,朱俊福,等.深部巷道围岩松动圈稳定控制理论与技术进展[J].采矿与安全工程学报,2020,37(3):429-442.

[28] 侯朝炯,勾攀峰.巷道锚杆支护围岩强度强化机理研究[J].岩石力学与工程学报,2000,19(3):342-345.

[29] ROSCOE K H,SCHOFIELD A N,THURAIRAJAH A. Yielding of clays in states wetter than critical[J]. Géotechnique,1963,13(3):211-240.

[30] ROSCOE K H,BURLAND J B. On the generalized stress-strain behaviour of wet clay[J]. Engineering plasticity,1968:535-609.

[31] 袁文伯,陈进.软化岩层中巷道的塑性区与破碎区分析[J].煤炭学报,1986,11(3):77-86.

[32] 侯公羽,李晶晶.弹塑性变形条件下围岩-支护相互作用全过程解析[J].岩土力学,2012,33(4):961-970.

[33] 侯公羽,李晶晶,杨悦,等.围岩弹塑性变形条件下锚杆、喷混凝土和 U 型钢的支护效果研究[J].岩土力学,2014,35(5):1357-1366,1376.

[34] 侯公羽,李晶晶,杨悦,等.支护反力变化条件下轴对称圆巷围岩蠕变变形计算方法[J].岩石力学与工程学报,2014,33(增1):3355-3360.

[35] 侯公羽,梁金平,李小瑞.常规条件下巷道支护设计的原理与方法研究[J].岩石力学与工程学报,2022,41(4):691-711.

[36] 康红普.煤矿巷道支护与加固材料的发展及展望[J].煤炭科学技术,2021,49(4):1-11.

[37] 吴顺川,潘旦光,高永涛.深埋圆形巷道围岩和衬砌相互作用解析解[J].工程力学,2011,28(3):136-142.

[38] 崔金鹏,苏凯,常智慧,等.深埋 TBM 隧洞围岩稳定与衬砌支护时机研究[J].水电与新能源,2015,29(7):5-10.

[39] 鞠文君.冲击矿压巷道锚杆支护原理分析[J].煤矿开采,2009(3):59-61.

[40] 窦林名,许家林,陆菜平,等.离层注浆控制冲击矿压危险机理探讨[J].中国矿业大学学报,2004(2):145-149.

[41] 朱学军,魏中举,赵铁鹏.离层注浆技术在冲击地压防治中的应用[J].中国矿业,2011,20(11):67-70.

[42] 侯朝炯.深部巷道围岩控制的有效途径[J].中国矿业大学学报,2017,46(3):467-473.

[43] 赵善坤.深孔顶板预裂爆破与定向水压致裂防冲适用性对比分析[J].采矿与安全工程学报,2021,38(4):706-719.

[44] HE M C,ZHU G L,GUO Z B. Longwall mining "cutting cantilever beam theory" and 110 mining method in China:The third mining science innovation[J]. Journal of rock mechanics and geotechnical engineering,2015,7(5):483-492.

[45] 周华强,侯朝炯,易宏伟,等.国内外高水巷旁充填技术的研究与应用[J].矿山压力与顶板管理,1991,8(4):2-6.

[46] 侯朝炯,李学华.综放沿空掘巷围岩大、小结构的稳定性原理[J].煤炭学报,2001,26(1):1-7.

[47] 孙恒虎,吴健,邱运新.沿空留巷的矿压规律及岩层控制[J].煤炭学报,1992,17(1):15-24.

[48] 李迎富,华心祝,蔡瑞春.沿空留巷关键块的稳定性力学分析及工程应用[J].采矿与安全工程学报,2012,29(3):357-364.

[49] 宁建国,马鹏飞,刘学生,等.坚硬顶板沿空留巷巷旁"让-抗"支护机理[J].采矿与安全工程学报,2013,30(3):369-374.

[50] 刘玉玲.五步评价法在煤矿顶板事故防治中的应用研究[D].重庆:重庆大学,2010.

[51] 李光煜.基于不同力源的煤矿生产中冒顶事故的预防措施[J].黑龙江科技信息,2013(24):128.

[52] 张自政,柏建彪,陈勇.沿空留巷不均衡承载特征探讨与应用分析[J].岩土力学,2015,36(9):2665-2673.

[53] 郭东明,凡龙飞,高杰,等.梧桐庄矿墩柱式沿空留巷巷旁支护技术研究[J].煤炭科学技术,2018,46(1):81-87.

[54] 李世鹏,张卫锋,宋风光.浅谈采煤工作面漏冒型顶板事故治理[J].水力采煤与管道运输,2018(2):25-27.

[55] 刘加文.漏冒型冒顶的机理及预防[J].价值工程,2011,30(6):14.

[56] FENG X W,ZHANG N. Position-optimization on retained entry and backfilling wall in gob-side entry retaining techniques[J]. International journal of coal science & technology,2015,2(3): 186-195.

[57] ZHOU B J,XU J H,ZHAO M S,et al. Stability study on filling body in gob-side entry retaining filled by falling gangue naturally[J]. International journal of mining science and technology,2012,22(3): 423-427.

[58] 濮汝岭,高锋.复合顶板推垮型冒顶的机理与综合治理[J].煤矿开采,2007(1):66-68.

[59] 方伯成.复合顶板下采煤的顶板控制与实践[J].煤炭科学技术,2007(7):8-12.

[60] 刘晓茜.煤矿顶板灾害安全风险控制体系研究[D].重庆:重庆大学,2020.

[61] 朱建军.层次分析法的若干问题研究及应用[D].沈阳:东北大学,2005.

[62] 杨国梁,刘文斌,郑海军.数据包络分析方法(DEA)综述[J].系统工程学报,2013,

28(6):840-860.

[63] 毛德兵,尹希文,张会军.我国煤矿顶板灾害防治与监测监控技术[J].煤炭科学技术,2013,41(9):105-108,121.

[64] 陈勇,杨玉贵,闫帅,等.沿空留巷巷旁充填体对拉锚杆加固机理研究[J].采矿与安全工程学报,2018,35(6):1129-1134.

[65] 邓雪杰,董超伟,袁宗萱,等.深部充填沿空留巷巷旁支护体变形特征研究[J].采矿与安全工程学报,2020,37(1):62-72.

[66] ZHANG Z Z,BAI J B,CHEN Y,Et al. An innovative approach for gob-side entry retaining in highly gassy fully-mechanized longwall top-coal caving[J]. International journal of rock mechanics and mining sciences,2015,80:1-11.

[67] XU Y,CHEN J,BAI J B. Control of floor heaves with steel pile in gob-side entry retaining[J]. International journal of mining science and technology,2016,26(3):162-169.

[68] 潘一山,章梦涛.冲击地压失稳理论的解析分析[J].岩石力学与工程学报,1996(增1):504-510.

[69] 李忠华,潘一山.采煤工作面冲击地压的解析分析[J].辽宁工程技术大学学报(自然科学版),2002,21(1):40-42.

[70] 李忠华,潘一山.煤柱冲击地压的解析分析[J].地质灾害与环境保护,2001,12(2):62-65.

[71] 潘一山,李忠华,章梦涛.我国冲击地压分布、类型、机理及防治研究[J].岩石力学与工程学报,2003,22(11):1844-1851.

[72] 康红普,张镇,黄志增.我国煤矿顶板灾害的特点及防控技术[J].煤矿安全,2020,51(10):24-33,38.

[73] 景国勋,田国良,蒋方.2016-2022年我国煤矿顶板事故统计分析及防治对策[J].煤炭工程,2023,55(10):74-79.

[74] 杜龙龙,宋宜猛,冯宇峰.煤矿顶板事故分析与防治对策研究[J].中国煤炭,2020,46(10):50-54.

[75] 金紫霄,赵四男.论煤矿地质构造与顶板事故的关系[J].内蒙古煤炭经济,2020(24):193-194.

[76] 张旭栋.煤矿地质构造与顶板事故的关系[J].石化技术,2020,27(1):273-275.

[77] 于树奎.综采工作面过冒顶区支护技术研究与应用[J].煤炭工程,2020,52(8):84-87.

[78] 王政.中兴煤业综采工作面马丽散注浆加固技术应用研究[J].山西冶金,2023,46(6):229-231.

[79] 李睿峰.新型材料在掘进巷道冒顶事故中的应用实践[J].江西煤炭科技,2023(3):33-35.

[80] 罗文.灌注玛丽散罗克休处理综采工作面特大冒顶事故技术应用[J].煤炭工程,2008(12):54-55.

[81] 罗文.采用罗克休灌注工艺处理综采工作面大面积冒顶[J].陕西煤炭,2008(5):81-82,53.

[82] 姬凡,闫鹏佳.大采高工作面过构造区冒顶处理技术应用[J].陕西煤炭,2022,41(3):135-138.
[83] 蒋力帅,张培鹏,孔朋,等.基于煤巷两帮基础刚度效应的控帮护巷支护原理[J].煤炭学报,2019,44(4):1020-1029.
[84] 单仁亮,原鸿鹄,孔祥松,等.厚硬顶板巷道稳定性影响因素及强帮支护研究[J].煤炭科学技术,2018,46(1):207-214.
[85] 孟浩.青东煤矿坚硬顶板稳定性及其控制研究[D].北京:中国矿业大学(北京),2018.
[86] 郭金刚,李耀晖,石松豪,等.厚硬基本顶切顶卸压成巷及围岩控制技术[J].煤炭学报,2021,46(9):2853-2864.
[87] 朱珍.切顶成巷无煤柱开采围岩结构特征及其控制[D].北京:中国矿业大学(北京),2019.